手把手教你学系列丛书

手把手教你学
CPLD/FPGA 与单片机联合设计

周兴华　李玉丽　傅飞峰　编著

北京航空航天大学出版社

内 容 简 介

作者从 2009 年 1 月起，在《电子世界》杂志上连载了《手把手教你学 CPLD/FPGA 设计》讲座。本书以此为蓝本，并增加了大量的篇幅与实验例子进行充实。此外，为了帮助读者掌握 CPLD/FPGA 与单片机的联合设计，还介绍了 MCS-51 单片机的基本知识及单片机 C 语言编程的基础知识，并通过实例设计进行详解。

本书以实践（实验）为主线，以生动短小的实例为灵魂，穿插介绍了 Verilog HDL 语言的语法及 Altera 公司的 EPM7128S（或 Atmel 公司的 ATF1508AS）设计开发编程，理论与实践紧密结合，由浅入深、循序渐进地引导读者进行学习、实验，这样读者学得进、记得牢，不会产生畏难情绪，无形之中就掌握了 CPLD/FPGA 与单片机的联合设计。

本书贯彻《手把手教你学系列丛书》的教学方式。书中附有光盘，含本书所有的程序设计文件，可用作大学本科或专科、中高等职业技术学校、电视大学等的教学用书，也可作为 CPLD/FPGA 爱好者的自学用书。

图书在版编目(CIP)数据

手把手教你学 CPLD/FPGA 与单片机联合设计 / 周兴华，李玉丽，傅飞峰编著. -- 北京：北京航空航天大学出版社，2010.11

ISBN 978-7-5124-0244-7

Ⅰ. ①手… Ⅱ. ①周… ②李… ③傅… Ⅲ. ①可编程序逻辑器件－系统设计②单片微型计算机－系统设计
Ⅳ. ①TP332.1②TP368.1

中国版本图书馆 CIP 数据核字(2010)第 207943 号

版权所有，侵权必究。

手把手教你学 CPLD/FPGA 与单片机联合设计

周兴华　李玉丽　傅飞峰　编著

责任编辑　杨　昕　刘爱萍

*

北京航空航天大学出版社出版发行

北京市海淀区学院路 37 号（邮编 100191）　http://www.buaapress.com.cn
发行部电话：(010)82317024　传真：(010)82328026
读者信箱：bhpress@263.net　邮购电话：(010)82316936
北京时代华都印刷有限公司印装　各地书店经销

*

开本：787×1092　1/16　印张：19.25　字数：493 千字
2010 年 11 月第 1 版　2010 年 11 月第 1 次印刷　印数：5 000 册
ISBN 978-7-5124-0244-7　　定价：39.00 元（含光盘 1 张）

前 言

CPLD/FPGA 是什么样的器件？它起什么作用？它与单片机是怎样的关系？为什么学会了单片机的设计，还要再学习 CPLD/FPGA 的设计？刚接触本书的读者，很可能会有这些疑问。

- CPLD(Complex Programmable Logic Device)，复杂可编程逻辑器件的英语缩写。
- FPGA(Field Programmable Gate Array)，现场可编程门阵列的英语缩写。

尽管 CPLD 与 FPGA 的结构不同，但从应用的角度来看均属于可编程逻辑器件(Programmable Logic Device,PLD)的范畴。

接下来的问题是：可编程逻辑器件 PLD 有什么用(或者起什么作用)？它与单片机是怎样的关系？

为了说清楚这件事，先举一个例子：如果需要制作一个 50 MHz 的频率计，仅使用单片机显然是不可能实现的，因为单片机无法对高达 50 MHz 的频率信号进行计数及处理。

那怎么办呢？比较可行的方法是：先用数字逻辑电路对高达 50 MHz 的频率信号进行分频、计数、锁存，然后将测得的信号再交给单片机进行运算处理、显示、输出控制等。因为数字逻辑电路的工作频率比较高，可以满足几十至几百 MHz 的信号处理。但还有问题：完成这些工作的数字逻辑电路，需要十几片至几十片的通用数字逻辑集成电路芯片，显然结构太复杂了，可靠性也低。这个时候，可编程逻辑器件(CPLD 或 FPGA)就可以大显身手了，可以直接使用 PLD 芯片进行数字电路系统的设计，将分频、计数、锁存等功能通过软件编程的方法设计在 PLD 的芯片内部，使得从原来的印板级设计上升到芯片级设计，大大缩小了印板的体积，提高了可靠性。而单片机的特长是使用方便，运算精确灵活，控制能力强，将 CPLD/FPGA 与单片机结合起来应用之后，充分发挥了它们各自的特长，使其优势互补。这样整个系统的结构简单、功能强大、性价比非常高。

刚才只是举了一个很小的例子，实际上 PLD 所能完成的工作远不止这些，小至各种门电路、计数器、触发器、锁存器，大到雷达信号处理器、激光控制器，都可以用 PLD 来实现，甚至还可以用 PLD 直接构造出 CPU 内核。现在明白了吧，可编程逻辑器件 PLD 主要应用于单片机无法胜任的高频数字逻辑领域。因此，学会单片机之后，还需要学习 CPLD/FPGA 的设计。

本书贯彻《手把手教你学系列丛书》的教学方式(本书为《手把手教你学系列丛书》之一)，由浅入深，一步一步带领读者学会 CPLD/FPGA 与单片机的联合设计。

《手把手教你学系列丛书》是一套帮助初学者入门及学会真本事的丛书，它以实践(实验)为主线，理论与实践紧密结合，使读者学得会、学得好、学得快，深受国内外读者的喜爱，出版5年来，累计发行近 10 万册，迄今已有数十万读者通过本系列丛书学会了单片机设计，创造了很好的经济效益与社会效益。

本书的学习成本较低，学习时采用"CPLD(或单片机)下载程序→试验板通电实验"的方法，这样实验器材的配置只有 400 元左右。

随书所附的光盘中提供了本书的所有软件设计程序文件，可供读者朋友参考。

参与本书编写的主要工作人员有周兴华、李玉丽、吕超亚、傅飞峰、周济华、沈惠莉、周渊、周国华、丁月妹、周晓琼、钱真、周桂华、刘卫平、周军、李德英、朱秀娟、刘君礼、毛雪琴、邱华锋、胡颖静、吴辉东、冯骏、孔雪莲、王锛、方渝、刘郑州、王菲、付毛仙、吕丁才、唐群苗、吕亚波等，全书由周兴华统稿并审校。

本书的编写工作得到了我国单片机权威何立民教授的关心与鼓励，北京航空航天大学出版社嵌入式系统事业部主任胡晓柏老师也做了大量耐心细致的工作，使得本书得以顺利完成，在此表示衷心感谢。

由于作者水平有限，书中还存在不少缺点或漏洞，诚挚欢迎广大读者提出意见并不吝赐教。

周兴华

2010 年 9 月

一本优秀的入门书籍和一套与之相配的实验器材是学习的必要条件，在此前提下，加上自己的刻苦努力、持之以恒，才能在最短时间内学会、学好 CPLD/FPGA 与单片机联合设计。

如读者朋友自制或购买书中介绍的学习、实验器材有困难，则可与作者联系，咨询购买事宜。

本书所配的实验器材如下：
- Keil C51、MaxPlusII 10.2、QuartusII8.0 集成开发环境、Atmel ISP6.7 下载软件、Pof2Jed 转换软件；
- MCU & CPLD DEMO 试验板（配 AT89S51 及 ATF1508AS）；
- CPLD/FPGA JTAG 并口程序下载器；
- 单片机 USB 程序下载器；
- 16×2 字符型液晶显示模组；
- 9 V/800 mA 专用电源。

联系方式如下：

地址：上海市闵行区莲花路 2151 弄 57 号 201 室

邮编：201103

联系人：周兴华

电话（传真）：021-64654216   13774280345   13044152947

技术支持 E-mail：zxh2151@sohu.com

zxh2151@yahoo.com.cn

笔者主页：http://www.hlelectron.com

目 录

第1章 可编程逻辑器件概述 ... 1
1.1 可编程逻辑器件简介 ... 1
1.1.1 可编程逻辑器件的基本结构 ... 2
1.1.2 可编程逻辑器件的分类及特点 ... 2
1.1.3 可编程逻辑器件的逻辑表示方法 ... 4
1.2 CPLD/FPGA 的结构与特性 ... 5
1.2.1 基于乘积项的 CPLD 原理与结构 ... 6
1.2.2 基于乘积项的 CPLD 逻辑实现方式 ... 7
1.2.3 基于查找表的 FPGA 原理与结构 ... 8
1.2.4 基于查找表的 FPGA 逻辑实现方式 ... 9
1.2.5 CPLD 与 FPGA 器件的差别 ... 9
1.3 Altera 公司的 MAX7000 系列 CPLD 特性介绍 ... 12
1.3.1 逻辑阵列块(LAB) ... 14
1.3.2 宏单元 ... 15
1.3.3 扩展乘积项 ... 16
1.3.4 可编程连线阵列 ... 17
1.3.5 I/O 控制块 ... 17
1.3.6 其他特性 ... 18

第2章 可编程逻辑器件的设计流程及学习开发器材 ... 20
2.1 可编程逻辑器件的设计流程 ... 20
2.1.1 设计输入 ... 20
2.1.2 综合 ... 22
2.1.3 CPLD/FPGA 器件适配 ... 23
2.1.4 仿真 ... 23
2.1.5 编程下载 ... 24
2.2 CPLD/FPGA 与单片机联合设计的学习器材介绍 ... 24
2.2.1 Altera 公司的集成开发软件 MAX+plus II 及 Quartus II ... 24
2.2.2 Keil C51 Windows 集成开发环境 ... 25
2.2.3 MCU & CPLD DEMO 综合试验板 ... 26
2.2.4 ByteBlaster MV 并口下载器 ... 29
2.2.5 单片机 USB 程序下载器 ... 30
2.2.6 9 V 高稳定专用稳压电源 ... 30

第3章 开发软件的安装 ·················· 32
3.1 Keil C51 集成开发软件安装 ·················· 32
3.2 MAX＋plus II 集成开发软件安装 ·················· 33
3.3 Quartus II 集成开发软件安装 ·················· 38
3.4 USBasp 下载器的安装与使用 ·················· 49
3.4.1 USBasp 下载器的安装 ·················· 49
3.4.2 USBasp 下载器的使用 ·················· 51
3.5 Atmel 并口下载软件 atmelisp 的安装 ·················· 54
3.6 POF to JED 转换软件 Pof2jed 的安装 ·················· 55

第4章 第一个 CPLD/FPGA 入门实验程序 ·················· 56
4.1 使用 Max＋plus II 集成开发软件进行入门实验 ·················· 56
4.1.1 建立项目 ·················· 56
4.1.2 设计输入（原理图或硬件描述语言） ·················· 56
4.1.3 选择器件并锁定引脚 ·················· 59
4.1.4 编译器件 ·················· 60
4.1.5 仿 真 ·················· 62
4.1.6 编程下载 ·················· 67
4.1.7 应 用 ·················· 72
4.2 使用 Quartus II 集成开发软件进行入门实验 ·················· 72
4.2.1 建立项目 ·················· 73
4.2.2 设计输入（原理图或硬件描述语言） ·················· 76
4.2.3 设计编译 ·················· 79
4.2.4 仿 真 ·················· 79
4.2.5 引脚分配 ·················· 91
4.2.6 编程下载 ·················· 94
4.2.7 应 用 ·················· 94

第5章 Verilog HDL 硬件描述语言 ·················· 95
5.1 Verilog HDL 模块的基本结构 ·················· 95
5.1.1 模块声明 ·················· 95
5.1.2 端口定义 ·················· 96
5.1.3 信号类型说明 ·················· 96
5.1.4 逻辑功能描述 ·················· 96
5.1.5 实验程序 1——缓冲器 ·················· 98
5.1.6 实验程序 2——反相器（非门） ·················· 98
5.2 Verilog HDL 语法要素 ·················· 99
5.2.1 标识符与关键字 ·················· 99
5.2.2 常量、变量及数据类型 ·················· 100
5.2.3 实验程序 3——与门 ·················· 102
5.2.4 实验程序 4——与非门 ·················· 103

目 录

  5.2.5 实验程序5——LED的闪烁 103
  5.2.6 运算符 104
  5.2.7 运算符的优先级 108
  5.2.8 实验程序6——或门 109
  5.2.9 实验程序7——或非门 109
  5.2.10 实验程序8——异或门 110
  5.2.11 实验程序9——异或非门 111
  5.2.12 实验程序10——三态门 111
 5.3 Verilog HDL的行为语句 112
  5.3.1 赋值语句 113
  5.3.2 过程语句 113
  5.3.3 块语句 115
  5.3.4 条件语句 117
  5.3.5 循环语句 118
  5.3.6 编译预处理 119
  5.3.7 任务和函数 121
 5.4 Verilog HDL数字逻辑单元结构的设计 122
  5.4.1 结构描述方式 122
  5.4.2 实验程序——门级结构描述设计的基本门电路 125
  5.4.3 数据流描述方式 127
  5.4.4 行为描述方式 127

第6章 组合逻辑电路的设计实验 129

 6.1 2选1数据选择器 129
  6.1.1 2选1数据选择器简介 129
  6.1.2 采用数据流描述方式的设计 130
  6.1.3 采用行为描述方式的设计 131
 6.2 4选1数据选择器 131
  6.2.1 4选1数据选择器简介 131
  6.2.2 采用数据流描述方式的设计 132
  6.2.3 采用行为描述方式的设计 133
 6.3 3位二进制优先编码器(8-3优先编码器) 134
  6.3.1 3位二进制优先编码器简介 134
  6.3.2 3位二进制优先编码器的设计 135
 6.4 3位二进制译码器(3-8译码器) 136
  6.4.1 3位二进制译码器简介 136
  6.4.2 3位二进制译码器的设计 137
 6.5 BCD-7段译码器 139
  6.5.1 BCD-7段译码器简介 139
  6.5.2 BCD-7段译码器的设计 139

6.6 半加器 ·· 141
　6.6.1 半加器简介 ··· 141
　6.6.2 采用门级描述方式的半加器设计 ··· 142
　6.6.3 采用数据流描述方式的半加器设计 ·· 142
　6.6.4 采用行为描述方式的半加器设计 ··· 143
6.7 全加器 ·· 144
　6.7.1 全加器简介 ··· 144
　6.7.2 全加器的设计 ·· 144

第7章 触发器的设计实验 ·· 146
7.1 RS 触发器 ··· 146
　7.1.1 RS 触发器简介 ··· 146
　7.1.2 RS 触发器的设计 ··· 146
7.2 JK 触发器 ··· 148
　7.2.1 JK 触发器简介 ··· 148
　7.2.2 JK 触发器的设计 ··· 148
7.3 带有复位的 JK 触发器 ·· 150
　7.3.1 带有复位的 JK 触发器简介 ··· 150
　7.3.2 带有复位的 JK 触发器的设计 ··· 150
7.4 D 触发器 ·· 152
　7.4.1 D 触发器简介 ·· 152
　7.4.2 D 触发器的设计 ·· 153
7.5 带有复位的 D 触发器 ·· 154
　7.5.1 带有复位的 D 触发器简介 ··· 154
　7.5.2 带有复位的 D 触发器的设计 ··· 154
7.6 带有复位的异步 T 触发器 ·· 156
　7.6.1 带有复位的异步 T 触发器简介 ··· 156
　7.6.2 带有复位的异步 T 触发器的设计 ·· 156
7.7 带有复位的同步 T 触发器 ·· 158
　7.7.1 带有复位的同步 T 触发器简介 ··· 158
　7.7.2 带有复位的同步 T 触发器的设计 ·· 158

第8章 时序逻辑电路的设计实验 ··· 160
8.1 寄存器 ·· 160
　8.1.1 寄存器简介 ··· 160
　8.1.2 寄存器的设计 ·· 161
8.2 锁存器 ·· 162
　8.2.1 锁存器简介 ··· 162
　8.2.2 锁存器的设计 ·· 163
8.3 移位寄存器 ··· 164
　8.3.1 移位寄存器简介 ··· 164

    8.3.2 移位寄存器的设计 …………………………………………………………… 165
  8.4 计数器 ……………………………………………………………………………… 167
    8.4.1 4位二进制异步加法计数器简介 ……………………………………………… 167
    8.4.2 4位二进制异步加法计数器的设计 …………………………………………… 168
    8.4.3 十进制(任意进制)同步加法计数器简介 ………………………………………… 170
    8.4.4 十进制同步加法计数器的设计 ………………………………………………… 170

第9章 CPLD/FPGA 的设计应用 ………………………………………………………… 172
  9.1 跑马灯实验 ………………………………………………………………………… 172
    9.1.1 实验要求 ………………………………………………………………………… 172
    9.1.2 实现方法 ………………………………………………………………………… 172
    9.1.3 程序设计 ………………………………………………………………………… 172
  9.2 多位数码管的动态扫描显示 ……………………………………………………… 174
    9.2.1 实验要求 ………………………………………………………………………… 174
    9.2.2 实现方法 ………………………………………………………………………… 174
    9.2.3 程序设计 ………………………………………………………………………… 174
  9.3 蜂鸣器发声实验 …………………………………………………………………… 177
    9.3.1 实验要求 ………………………………………………………………………… 177
    9.3.2 实现方法 ………………………………………………………………………… 177
    9.3.3 程序设计 ………………………………………………………………………… 177
  9.4 简易电子琴实验 …………………………………………………………………… 178
    9.4.1 实验要求 ………………………………………………………………………… 178
    9.4.2 实现方法 ………………………………………………………………………… 178
    9.4.3 程序设计 ………………………………………………………………………… 179
  9.5 驱动字符型液晶显示器实验 ……………………………………………………… 180
    9.5.1 实验要求 ………………………………………………………………………… 180
    9.5.2 字符型液晶控制器的指令简介 ………………………………………………… 180
    9.5.3 字符型液晶控制器的工作时序 ………………………………………………… 183
    9.5.4 时序参数 ………………………………………………………………………… 184
    9.5.5 实现方法 ………………………………………………………………………… 184
    9.5.6 程序设计 ………………………………………………………………………… 184
  9.6 串口接收实验 ……………………………………………………………………… 188
    9.6.1 实验要求 ………………………………………………………………………… 188
    9.6.2 实现方法 ………………………………………………………………………… 188
    9.6.3 程序设计 ………………………………………………………………………… 188
  9.7 串口发送实验 ……………………………………………………………………… 192
    9.7.1 实验要求 ………………………………………………………………………… 192
    9.7.2 实现方法 ………………………………………………………………………… 193
    9.7.3 程序设计 ………………………………………………………………………… 193
  9.8 RS232 收发实验 …………………………………………………………………… 197

9.8.1	实验要求	197
9.8.2	实现方法	197
9.8.3	程序设计	198
9.9	RS232 收发不同内容的实验	204
9.9.1	实验要求	204
9.9.2	实现方法	205
9.9.3	程序设计	205
9.10	简易数字电子钟	212
9.10.1	实验要求	212
9.10.2	实现方法	212
9.10.3	程序设计	212

第 10 章 51 单片机的基本知识 217

10.1	51 单片机的基本结构	217
10.2	80C51 基本特性及引脚定义	218
10.2.1	80C51 的基本特征	218
10.2.2	80C51 的引脚定义及功能	219
10.3	80C51 的内部结构	220
10.4	80C51 的存储器配置和寄存器	222

第 11 章 单片机 C 语言基础知识 225

11.1	C 语言的标识符与关键字	225
11.2	数据类型	227
11.3	常量、变量及存储类型	227
11.4	数　组	230
11.4.1	一维数组的定义	231
11.4.2	二维及多维数组的定义	231
11.4.3	字符数组	232
11.4.4	数组元素赋初值	232
11.4.5	数组作为函数的参数	233
11.5	C 语言的运算	233
11.5.1	算术运算符	233
11.5.2	关系运算符	234
11.5.3	逻辑运算符	234
11.5.4	赋值运算符	235
11.5.5	自增和自减运算符	235
11.5.6	逗号运算符	236
11.5.7	条件运算符	236
11.5.8	位运算符	236
11.5.9	sizeof 运算符	236
11.6	流程控制	237

11.6.1　条件语句与控制结构……………………………………………………………237
　　11.6.2　循环语句………………………………………………………………………239
11.7　函　数………………………………………………………………………………241
　　11.7.1　函数定义的一般形式……………………………………………………………241
　　11.7.2　函数的参数和函数返回值………………………………………………………242
　　11.7.3　函数调用的三种方式……………………………………………………………242
11.8　指　针………………………………………………………………………………243
　　11.8.1　指针与地址………………………………………………………………………244
　　11.8.2　指针变量的定义…………………………………………………………………244
　　11.8.3　指针变量的引用…………………………………………………………………244
　　11.8.4　数组指针与指向数组的指针变量………………………………………………245
　　11.8.5　指针变量的运算…………………………………………………………………246
　　11.8.6　指向多维数组的指针和指针变量………………………………………………246
11.9　结构体………………………………………………………………………………247
　　11.9.1　结构体的概念……………………………………………………………………247
　　11.9.2　结构体类型变量的定义…………………………………………………………247
　　11.9.3　结构体类型需要注意的地方……………………………………………………249
　　11.9.4　结构体变量的引用………………………………………………………………249
　　11.9.5　结构体变量的初始化……………………………………………………………250
　　11.9.6　结构体数组………………………………………………………………………250
　　11.9.7　指向结构体类型数据的指针……………………………………………………250
　　11.9.8　用指向结构体变量的指针引用结构体成员……………………………………251
　　11.9.9　指向结构体数组的指针…………………………………………………………251
　　11.9.10　将结构体变量和指向结构体的指针作函数参数………………………………251
11.10　共用体………………………………………………………………………………252
　　11.10.1　共用体类型变量的定义…………………………………………………………252
　　11.10.2　共用体变量的引用………………………………………………………………253
11.11　中断函数……………………………………………………………………………253
　　11.11.1　什么是中断………………………………………………………………………253
　　11.11.2　中断响应及C51编程……………………………………………………………254
　　11.11.3　51单片机的常用中断源和中断向量……………………………………………255
　　11.11.4　编写51单片机中断函数时应严格遵循的规则…………………………………255
第12章　CPLD/FPGA与单片机的接口及数据传输……………………………………257
12.1　CPLD/FPGA与单片机AT89S51的接口连接及数据传输实验………………………257
　　12.1.1　实验要求…………………………………………………………………………257
　　12.1.2　实现方法…………………………………………………………………………257
　　12.1.3　CPLD/FPGA程序设计……………………………………………………………258
　　12.1.4　单片机程序设计…………………………………………………………………260
12.2　单片机直接访问方式驱动液晶………………………………………………………267

12.2.1 实验要求 …… 267
12.2.2 实现方法 …… 267
12.2.3 CPLD/FPGA 程序设计 …… 268
12.2.4 单片机程序设计 …… 269
12.3 单片机间接控制方式驱动液晶 …… 273
12.3.1 实验要求 …… 273
12.3.2 实现方法 …… 273
12.3.3 CPLD/FPGA 程序设计 …… 274
12.3.4 单片机程序设计 …… 274

第13章 CPLD/FPGA 与单片机的联合设计实例——液晶显示频率计 …… 279
13.1 设计要求 …… 279
13.2 实现方法 …… 279
13.2.1 CPLD/FPGA 的功能设计 …… 279
13.2.2 单片机的功能设计 …… 280
13.3 CPLD/FPGA 程序设计 …… 280
13.4 单片机程序设计 …… 286

参考文献 …… 293

第 1 章
可编程逻辑器件概述

多年来,人们设计数字电路系统都是使用标准的数字集成电路芯片,如 74/54 系列(TTL)、4000/4500 系列(CMOS)等,根据设计的功能从这些标准的芯片中进行选择,然后搭建成一个完整的数字电路应用系统。使用这种方法设计出来的系统,不仅芯片数量多、印板面积大,而且可靠性差,毫无设计的灵活性可言。

可编程逻辑器件 PLD(Programmable Logic Device)出现后,改变了人们的传统设计方法,可以直接使用 PLD 芯片进行数字电路系统的设计。例如,可以直接设计芯片内部的数字逻辑并定义输入/输出引脚等,从原来的印板级设计上升到芯片级设计。由于 PLD 设计时引脚定义非常灵活,不仅降低了电路原理和印板设计的难度,提高了设计效率,而且大大减少了芯片的数量和种类,缩小了印板面积,降低了功耗,并极大地提高了系统工作的可靠性。

1.1 可编程逻辑器件简介

可编程逻辑器件是 20 世纪 70 年代发展起来的一种新型器件,它给数字系统的设计方式带来了革命性的变化。

PLD 器件最早是 20 世纪 70 年代中期出现的可编程逻辑阵列 PLA(Programmable Logic Array),PLA 在结构上由可编程的与阵列和可编程的或阵列构成,阵列规模比较小,编程也很烦琐,并没有得到广泛应用。随后出现了可编程阵列逻辑 PAL(Programmable Array Logic),PAL 由可编程的与阵列和固定的或阵列组成,采用熔丝编程方式,它的设计比较灵活,器件速度快,因而成为第一个得到普遍应用的 PLD 器件。

20 世纪 80 年代初,Lattice 公司发明了通用阵列逻辑 GAL(Generic Array Logic)。GAL 器件采用了输出逻辑宏单元(OLMC)的结构和 EEPROM 工艺,具有可编程、可擦除、可长期保持数据的优点,使用灵活,所以 GAL 得到了极为广泛的应用,迄今还在大量使用。

80 年代中期,Altera 公司推出了一种新型的可擦除、可编程的逻辑器件 EPLD(Erasable Programmable Logic Device),EPLD 采用 CMOS 和 UVEPROM 工艺制成,集成度更高,设计也更灵活,但它的内部连线功能并不是很强。

EPLD 经 Lattice 公司改进后就成为 CPLD(Complex Programmable Logic Device),即复杂可编程逻辑器件,采用 EEPROM 工艺制作。与 EPLD 相比,CPLD 增强了内部连线,对逻

辑宏单元和 I/O 单元也有重大的改进,它的性能更好,使用更方便。并且,现在的大部分 CPLD 都具备在系统编程(ISP)功能。CPLD 是当前的主流 PLD 器件之一。

1985 年,Xilinx 公司推出了现场可编程门阵列 FPGA (Field Programmable Gate Array),这是一种采用单元型结构的新型 PLD 器件。它采用 CMOS 的 SRAM 工艺制作,在结构上和阵列型 PLD 不同,它的内部由许多独立的可编程逻辑单元构成,各逻辑单元之间可以灵活地相互连接,具有密度高、速度快、编程灵活、可重新配置等优点,FPGA 也是当前主流的 PLD 器件之一。

1.1.1 可编程逻辑器件的基本结构

可编程逻辑器件的基本结构如图 1-1 所示,由输入控制电路、与阵列、或阵列以及输出控制电路组成。在输入控制电路中,输入信号经过输入缓冲单元产生每个输入变量的原变量和反变量,并作为与阵列的输入项。与阵列由若干个与门组成,输入缓冲单元提供的各输入项被有选择地连接到各个与门输入端,每个与门的输出则是部分输入变量的乘积项。各与门输出又作为或阵列的输入,这样或阵列的输出就是输入变量的与或形式。输出控制电路将或阵列输出的与或式通过三态门、寄存器等电路,一方面产生输出信号,另一方面作为反馈信号送回输入端,以便实现更复杂的逻辑功能。因此,利用可编程逻辑器件可以方便地实现各种逻辑功能。

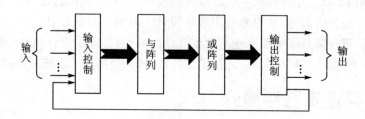

图 1-1 可编程逻辑器件的基本结构

1.1.2 可编程逻辑器件的分类及特点

表 1-1 可编程逻辑器件按集成度分类示意

PLD		
LDPLD	PROM	
	PLA	
	PAL	
	GAL	
HDPLD	CPLD	
	FPGA	

可编程逻辑器件按照不同的类型和标准,可以有许多种分类方法。如按器件的集成度划分,可分为低密度可编程逻辑器件(LDPLD)和高密度可编程逻辑器件(HDPLD)。常见的低密度可编程逻辑器件有 PROM、PLA、PAL 和 GAL 等,通常称为简单 PLD 器件;常见的高密度可编程逻辑器件有 CPLD 以及 FPGA 等。表 1-1 所列为可编程逻辑器件按集成度分类示意。

1. 低密度可编程逻辑器件

根据可编程逻辑器件的"与"阵列和"或"阵列的编程情况以及输出形式,低密度可编程逻辑器件(LDPLD)通常可分为四类。

(1) 与阵列固定、或阵列可编程的 PLD 器件

这类 PLD 器件以可编程只读存储器 PROM 为代表。可编程只读存储器 PROM 是组合逻辑阵列,它包含一个固定的与阵列和一个可编程的或阵列。PROM 中的与阵列是全译码形式,它产生 n 个输入变量的所有最小项。PROM 的每个输出端通过或阵列将这些最小项有选择地进行或运算,即可实现任何组合逻辑函数。由于与阵列能够产生输入变量的全部最小项,所以用 PROM 实现组合逻辑函数不需要进行逻辑化简。但是随着输入变量数的增加,与阵列的规模会迅速增大,其价格也随之大大提高。而且与阵列越大,译码开关时间就越长,相应的工作速度也越慢。因此,实际上只有规模较小的 PROM 可以有效地实现组合逻辑函数,而大规模的 PROM 价格高,工作速度低,一般只做存储器使用。

(2) 与阵列和或阵列均可编程的 PLD 器件

以可编程逻辑阵列 PLA 为代表。PLA 和 PROM 一样也是组合型逻辑阵列,与 PROM 不同的是它的两个逻辑阵列均可编程。PLA 的与阵列不是全译码形式,它可以通过编程控制只产生函数最简与或式中所需要的与项。因此 PLA 器件的与阵列规模较小,集成度相对高一些。

但是,由于 PLA 只产生函数最简与或式中所需要的与项,因此 PLA 在编程前必须先进行函数化简。另外,PLA 器件需要对两个阵列进行编程,编程难度较大。而且,PLA 器件的开发工具应用不广泛,编程一般只能由生产厂家完成。

(3) 以可编程阵列逻辑 PAL 为代表的与阵列可编程、或阵列固定的 PLD 器件

这种器件的每个输出端是若干个乘积项之或,其中乘积项的数目固定。通常 PAL 的乘积项数允许达到 8 个,而一般逻辑函数的最简与或式中仅需要完成 3~4 个乘积项或运算。因此,PAL 的这种阵列结构可以满足大多数逻辑函数的设计要求。

PAL 有几种固定的输出结构,如专用输出结构、可编程 I/O 结构、带反馈的寄存器输出结构以及异或型输出结构等。一定的输出结构只能实现一定类型的逻辑函数,因此,PAL 的通用性较差。

(4) 具有可编程输出逻辑宏单元的通用 PLD 器件

以通用型可编程阵列逻辑 GAL 器件为主要代表,GAL 器件的阵列结构与 PAL 相同,都是采用与阵列可编程及或阵列固定的形式,两者的主要区别是输出结构不同:PAL 的输出结构是固定的,一种结构对应一种类型芯片,如果系统中需要几种不同的输出形式,就必须选择多种芯片来实现;GAL 器件的每个输出端都集成有一个输出逻辑宏单元 OLMC(Out Logic Macro Cell),输出逻辑宏单元是可编程的,通过编程可以决定该电路是完成组合逻辑还是时序逻辑,是否需要产生反馈信号,并能实现输出使能控制以及输出极性选择等。因此,GAL 器件通过对输出逻辑宏单元 OLMC 的编程可以实现 PAL 的各种输出结构,使芯片具有很强的通用性和灵活性。

2. 高密度可编程逻辑器件

高密度可编程逻辑器件(HDPLD)主要包括 CPLD 和 FPGA 两类器件,这两类器件也是当前 PLD 的主流应用器件。

CPLD 是基于乘积项(Product-Term)技术,采用 Flash(或 EEPROM)工艺制作的 PLD 器件,配置数据掉电后不会丢失,一般多用于 5 000 门以下的中小规模设计,适合做复杂的组

合逻辑,如译码器等。

FPGA 采用静态存储器(SRAM)结构,属于单元型的 PLD 器件,它的基本结构是可编程逻辑块,由许多这样的逻辑块排列成阵列状,逻辑块之间由水平连线和垂直连线通过编程连通。FPGA 器件采用查找表(Look-Up Table)技术及 SRAM 工艺,配置数据易失,需要外挂非易失性器件进行配合。FPGA 的集成度高(其密度远高于 CPLD),触发器多,多用于较大规模的设计,适合做复杂的时序逻辑,如数字信号处理和各种算法等。

1.1.3 可编程逻辑器件的逻辑表示方法

由于可编程逻辑器件的阵列结构特点,现在广泛采用如下的逻辑表示方法。

1. PLD 输入缓冲单元

PLD 的输入缓冲单元由若干个缓冲器组成,每个缓冲器产生该输入变量的原变量和反变量,其逻辑表示方法如图 1-2 所示,表 1-2 是它所对应的真值表。

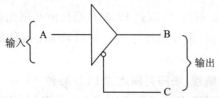

表 1-2 PLD 输入缓冲单元真值表

A	B	C
0	0	1
1	1	0

图 1-2 PLD 输入缓冲单元逻辑表示方法

2. PLD 与门

以三输入与门为例,其 PLD 表示法如图 1-3 所示。A、B、C 为输入项,D 为输出项。其中 $D=A\times B\times C$

3. PLD 或门

以三输入或门为例,其 PLD 表示法如图 1-4 所示。A、B、C 为输入项,D 为输出项。其中 $D=A+B+C$

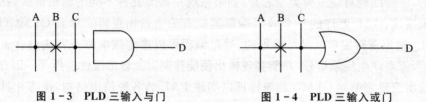

图 1-3 PLD 三输入与门　　　　　　　图 1-4 PLD 三输入或门

4. PLD 连接方式

PLD 有 3 种不同的连接方式:固定连接、可编程连接以及断开,其表示方法如图 1-5 所示。

图 1-5(a)表示的固定连接是厂家在生产芯片时连好的,是不可改变的。图 1-5(b)表示可编程连接,在熔丝编程工艺的 PLD 中(如 PAL),接通对应于熔丝未熔断;断开对应于熔丝

已熔断,又称该单元被编程。图 1-5(c)表示断开,这种断开,一种可能是该点原本就没有连接;另一种可能是由于熔丝熔断而形成的可编程断开。

图 1-5 PLD 的连接方式

1.2 CPLD/FPGA 的结构与特性

CPLD 是在 PAL、GAL 的基础上发展起来的阵列型 PLD 器件,具有高密度、高速度的优点。从结构上看,CPLD 大都包含了 3 种结构:宏单元、可编程 I/O 单元和可编程内部连线。

1. 宏单元

宏单元是 CPLD 器件的基本单元,宏单元内部主要包括"与或"阵列、触发器和多路选择器等电路,能独立地配置为组合或者时序工作方式。在 GAL 器件中,逻辑宏单元与 I/O 单元做在一起,称为输出逻辑宏单元(OLMC)。但高密度 CPLD 的逻辑宏单元都做在内部,称为内部逻辑宏单元。逻辑宏单元具有以下特点:

(1) 多触发器和"隐埋"触发器结构

GAL 器件每个输出宏单元只有一个触发器,而 CPLD 的宏单元内一般有多个触发器,其中只有一个触发器是与输出端相连的。其余触发器的输出不与输出端相连,但可以反馈到与阵列,构成更复杂的时序电路,这些触发器称为"隐埋"触发器。这种结构对于 I/O 口有限的 CPLD 器件来说,增加了其内部资源的利用率。

(2) 乘积项(Product Terms)共享结构

大多数逻辑函数能够用每个宏单元中的乘积项来实现,但某些逻辑函数比较复杂,要实现它们的话,需要附加乘积项。为提供所需要的逻辑资源,可以借助可编程开关将同一宏单元(或其他宏单元)中的未使用的乘积项联合起来使用,称为乘积项共享。

Altera 公司的 CPLD 无一例外地采用了乘积项共享结构,利用乘积扩展项可保证在实现逻辑综合时,用尽可能少的逻辑资源,得到尽可能快的工作速度。

2. 可编程 I/O 单元

输入/输出单元(I/O 单元)必须考虑下面的要求:
① 能够兼容 TTL 和 CMOS 多种接口电压和接口标准。
② 可配置为输入、输出、双向 I/O、集电极开路和三态门等各种组态。
③ 能够提供适当的驱动电流,以直接驱动小功率器件(如 LED)。
④ 降低功率消耗,防止过冲和减小电源噪声。

I/O 单元必须考虑能够支持多种接口电压。随着半导体工艺线宽的不断缩小,从器件功耗的要求出发,器件的内核必须采用更低的电压。比如当工艺线宽为 $0.5\sim1.2~\mu m$ 时,器件一般采用 5 V 电压供电;当工艺线宽为 $0.35~\mu m$ 时,器件的供电电压为 3.3 V;当工艺线宽为

0.25 μm 时，I/O 单元与芯片内核的供电电压不再相同，内核电压一般为 2.5 V，I/O 单元的工作电压为 3.3 V，并且能兼容 5 V 和 3.3 V 的器件；当工艺线宽为 0.18 μm 时，器件内核一般采用 1.8 V 的电压，I/O 单元则要能够兼容 2.5 V 和 3.3 V 的电压。

3．可编程连线阵列（PIA）

可编程连线阵列的作用是在各逻辑宏单元之间以及逻辑宏单元和 I/O 单元之间提供互连网络。在 FPGA 中基于通道布线方案的布线延时是累加的、可变的和与路径有关的。而在 CPLD 器件中，一般采用固定长度的线段来进行连接，这种连线的好处是有固定的延时，使得时间性能容易预测。

1.2.1 基于乘积项的 CPLD 原理与结构

基于乘积项的 CPLD 芯片有 Altera 公司的 MAX7000 系列、MAX3000 系列（EEPROM 工艺）、Xilinx 公司的 XC9500 系列（Flash 工艺）和 Lattice、Cypress 公司的大部分产品（EEPROM 工艺）。

这里以 Altera 公司的 MAX7000 为例，图 1-6 是这种 CPLD 的结构，主要包括宏单元、可编程连线（PIA）和 I/O 控制块。宏单元是 CPLD 的基本结构，由它来实现基本的逻辑功能。可编程连线 PIA 负责信号传递，连接所有的宏单元。I/O 控制块负责输入/输出的特性控制，比如可以设定集电极开路输出、摆率控制、三态输出等。图中上部的 INPUT/GCLK1，INPUT/GCLRn，INPUT/OE1，INPUT/OE2 是全局时钟、清零和输出使能信号，这几个信号有专用连线与 CPLD 中每个宏单元相连，信号到每个宏单元的延时相同并且延时最短。MAX7000 中宏单元的具体结构如图 1-7 所示。

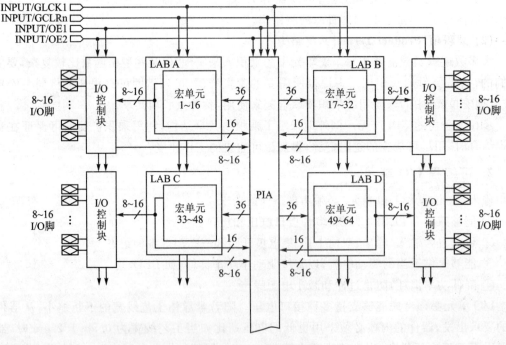

图 1-6　MAX7000 的结构

第 1 章 可编程逻辑器件概述

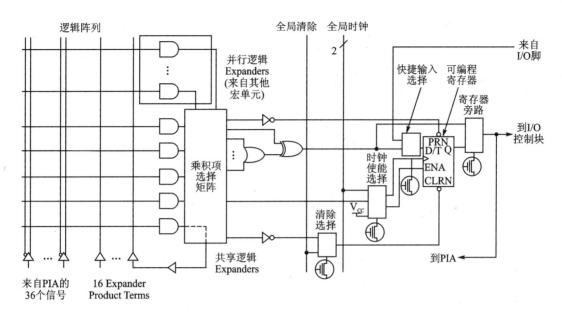

图 1-7 MAX7000 中宏单元的具体结构

图 1-7 左侧是乘积项阵列,实际上是一个与或阵列,每个交叉点都是一个可编程熔丝,如果导通就实现与逻辑,后面的乘积项选择矩阵是一个或阵列,两者一起完成组合逻辑。图 1-7 最右侧是一个可编程 D 触发器,它的时钟、清零输入都可以编程选择,可以使用专用的全局清零和全局时钟,也可以使用内部逻辑(乘积项阵列)产生的时钟和清零。如果不需要触发器,也可以将此触发器旁路,信号直接输给 PIA 或输出到 I/O 脚。

1.2.2 基于乘积项的 CPLD 逻辑实现方式

通过一个简单的实例电路,来具体说明 CPLD 是如何利用以上结构实现逻辑的,电路如图 1-8 所示。

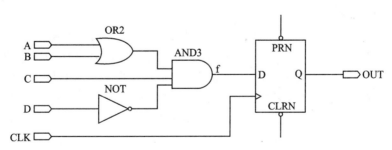

图 1-8 一个简单的实例电路

假设组合逻辑的输出(AND3 的输出)为 f,则 f=(A+B)×C×(~D)=A×C×(~D)+B×C×(~D)。CPLD 将以图 1-9 所示的电路来实现组合逻辑 f。

A、B、C、D 由 CPLD 芯片的引脚输入后进入可编程连线阵列(PIA),在内部会产生 A、~A、B、~B、C、~C、D 和~D 八个输出。图 1-9 中每一个"*"点表示相连(可编程熔丝导通),所以得到:f=f1+f2=A×C×(~D)+B×C×(~D)。这样组合逻辑就实现了。

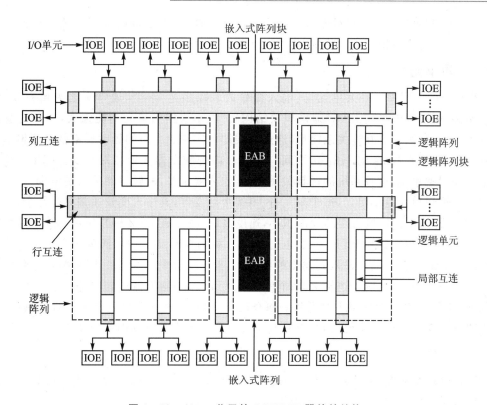

图 1-10 Altera 公司的 ACEX 1K 器件的结构

1.2.4 基于查找表的 FPGA 逻辑实现方式

以图 1-8 所示的逻辑电路为例,说明查找表结构 FPGA 逻辑实现的方式。A、B、C、D 由 FPGA 芯片的引脚输入后进入可编程连线,然后作为地址线连接到 LUT,LUT 中已经事先写入了所有可能的逻辑结果,通过地址查找到相应的数据然后输出,这样组合逻辑就实现了。该电路中 D 触发器是直接利用 LUT 后面的 D 触发器来实现的。时钟信号 CLK 由 I/O 脚输入后进入芯片内部的时钟专用通道,直接连接到触发器的时钟端。触发器的输出与 I/O 脚相连,把结果输出到芯片引脚。这样 FPGA 就完成了图 1-8 所示电路的功能。以上这些步骤都是由设计软件自动完成的。

这是一个很简单的例子,只需要一个 LUT 加上一个触发器就可以完成。对于一个 LUT 无法完成的电路,就需要通过进位逻辑将多个单元相连,这样 FPGA 就可以实现更复杂的逻辑。

1.2.5 CPLD 与 FPGA 器件的差别

尽管 CPLD 和 FPGA 都是可编程的逻辑器件,有很多共同特点,但由于 CPLD 和 FPGA 结构上的差异,它们各有特点。

CPLD 和 FPGA 都是由逻辑单元、I/O 单元和互连三部分组成的。其中 I/O 单元的功能基本一致,两者的逻辑单元和互连法则各不相同。另外,两类器件的编程工艺也有很大的差别,这些区别决定了应用范围的差别,现从以下几个方面介绍两者之间的差别。

1. 逻辑单元

CPLD 中的逻辑单元是大单元,其输入变量数可以多达 20 个,通常称之为粗粒度结构。因为变量多,所以只能采用 PAL(即乘积项结构)。由于这样的单元功能强大,一般的逻辑在单元内均可实现,因而其互连关系简单,通过总线即可实现。电路的延时通常就是逻辑单元本身和总线的延时(在数 ns 到十几 ns 之间),但芯片内的触发器数量相对较少。CPLD 较适合控制器等逻辑型系统,这种系统的逻辑关系复杂,输入变量多,对触发器的需要量少。

FPGA 逻辑单元是小单元,每个单元有 1~2 个触发器,其输入变量通常只有几个,因此采用 LUT。这样的工艺结构占用芯片面积小,速度高(延时只有 1~2 ns),每块芯片上能集成的单元数多,但逻辑单元的功能弱,因此,也把 FPGA 称为细粒度结构。实现一个复杂的逻辑函数,需要用到多个逻辑单元,输入到输出的延时大,互连关系比较复杂。FPGA 较适合信号处理等数据型系统,这种系统的逻辑关系简单,输入变量少,对触发器的需要量多。

结论:CPLD 更适于完成各种算法和组合逻辑,FPGA 更适于完成时序逻辑。换句话说,FPGA 更适合于触发器丰富的结构,而 CPLD 更适合于触发器有限而乘积项丰富的结构。

2. 互 连

CPLD 逻辑单元大,单元数量少,互连使用的是总线,其互连特点是总线上任意一对输入与输出之间的延时相等,而且是可预测的。

FPGA 因逻辑单元小,单元数量多,所以互连关系复杂,使用的互连方式较多,主要有分段总线、长线和直连等方式。因此,FPGA 属于分段式布线结构。分段总线分布在各单元之间,通过配置将不同位置的单元连接起来,但速度慢。长线有水平长线和垂直长线两种,贯穿芯片内部,相当于高速公路,使用频率较高,速度快。直连是速度最快的一种互连方式,但只限于单元与其四周的 4 个单元之间。由于一对单元之间的互连路径可以有多种,其速度不同,传输延迟也不好确定。应用 FPGA 时,除了逻辑设计外还要进行延时设计,通常需经数次设计和仿真,才能找出最佳设计方案。

结论:CPLD 的连续式布线结构决定了它的时序延迟是均匀的和可预测的,而 FPGA 的分段式布线结构决定了其延迟的不可预测性。

3. 编程灵活性

在编程上 FPGA 比 CPLD 具有更大的灵活性。CPLD 通过修改具有固定内连电路的逻辑功能来编程,FPGA 主要通过改变内部连线的布线来编程;FPGA 可在逻辑门下编程,而CPLD 是在逻辑块下编程。

4. 编程方式及次数

在编程方式上,CPLD 主要是基于 EPROM、EEPROM 和 Flash ROM 存储器编程,编程次数可达 1 万次,优点是系统断电时编程信息也不丢失。CPLD 又可分为在编程器上编程和在系统编程两类。FPGA 大部分是基于 SRAM 编程,编程信息在系统断电时丢失,每次上电时,需从器件外部的存储器将编程数据重新写入 SRAM 中。其优点是可以编程任意次,可在工作中快速编程,从而实现板级和系统级的动态配置。

5. 集成度

FPGA 的集成度比 CPLD 高,具有更复杂的布线结构和逻辑实现。

6. 使用方便性

CPLD 比 FPGA 使用起来更方便。CPLD 的编程采用 EEPROM 或快闪(Fast Flash)技术,无需外部存储器芯片,使用简单。而 FPGA 的编程信息需存放在外部存储器上,使用方法复杂。

7. 工作速度

CPLD 的速度比 FPGA 快,并且具有较好的时间可预测性。这是由于 FPGA 是门级编程,并且 CLB 之间采用分布式互联;而 CPLD 是逻辑块级编程,并且其逻辑块之间的互联是集总式的。

8. 功　耗

一般情况下,CPLD 的功耗要比 FPGA 大,且集成度越高越明显。

9. 保密性

CPLD 的保密性要比 FPGA 好。

FPGA 是一种高密度的可编程逻辑器件,自从 Xilinx 公司 1985 年推出第一片 FPGA 以来,FPGA 的集成密度和性能提高很快,其集成密度最高达 500 万门/片以上,系统性能可达 200 MHz。由于 FPGA 器件集成度高,方便易用,开发和上市周期短,在数字设计和电子生产中得到迅速普及和应用,并一度在高密度的可编程逻辑器件领域中独占鳌头。

CPLD 是由 GAL 发展起来的,其主体结构仍是与或阵列,自从 20 世纪 90 年代初 Lattice 公司开发出高性能的具有在系统可编程 ISP(In System Programmable)功能的 CPLD 以来,CPLD 发展迅速。具有 ISP 功能的 CPLD 器件由于具有同 FPGA 器件相似的集成度和易用性,在速度上还有一定的优势,使其在可编程逻辑器件技术的竞争中与 FPGA 并驾齐驱,成为两支领导可编程器件技术发展的力量之一。

过去,由于受到 CPLD 密度的限制,对于较复杂的设计,只好转向 FPGA 和 ASIC(专用集成电路)。随着 CPLD 密度的提高,许多设计人员已经感受到 CPLD 容易使用、时序可预测和速度高等优点。现在,设计人员可以深切体会到密度高达数十万门的 CPLD 所带来的方便之处。

CPLD 结构在一个逻辑路径上采用 1~16 个乘积项,因而大型复杂设计的运行速度可以预测。因此,原有设计的运行可以预测,也很可靠,而且修改设计也很容易。CPLD 在本质上很灵活、时序简单、路由性能极好,用户可以在改变其设计的同时保持引脚输出不变。与 FPGA 相比,CPLD 的 I/O 更多,尺寸更小。

尽管 CPLD 与 FPGA 存在着一些差别,但开发它们的过程,所使用的工具软件、编程语言几乎是完全相同的,因此,学会了开发 CPLD,也就学会了开发 FPGA,故本书命名为《手把手教你学 CPLD/FPGA 与单片机联合设计》。

1.3 Altera 公司的 MAX7000 系列 CPLD 特性介绍

本书的学习实验主要基于 Altera 公司的 MAX7000 系列结构的 CPLD,因此这里对 MAX7000 系列特性作一下介绍。

MAX7000 系列是以第二代 MAX 结构为基础的基于 EEPROM 的可编程逻辑器件。MAX7000 系列 CPLD 包含 5.0 V MAX7000 器件和 5.0 V 基于 ISP 的 MAX7000S 器件。这里以 MAX7000S 器件的结构为例介绍 Altera 的 CPLD 结构特性。MAX7000S 器件使用 44~208 引脚的 PLCC、PGA、PQFP、RQFP 和 1.0 mm 的 TQFP 封装,图 1-11 为 84 引脚的 PLCC 封装图。表 1-3 为 MAX7000S 器件的资源。表 1-4 为 MAX7000 器件速度等级。表 1-5 为 MAX7000 器件的特性。表 1-6 为 MAX7000 器件的最大用户 I/O 引脚。

从结构上看,MAX7000S 器件包括下面几个部分:逻辑阵列块 LAB(Logic Array Blocks)、宏单元(Macrocells)、扩展乘积项(共享和并联)(Expander Hoduct Terms)、可编程连线阵列 PIA(Programmable Interconnet Array)、I/O 控制块(I/O Control Blocks)。

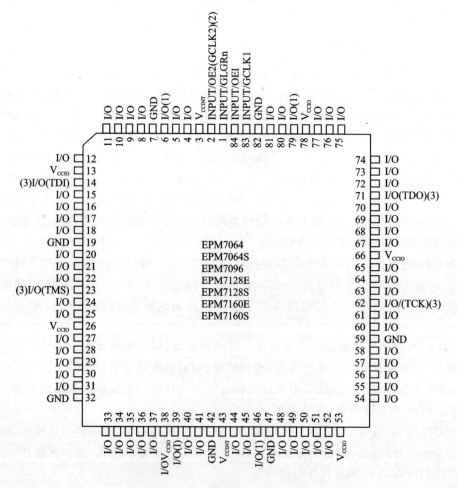

图 1-11　84 引脚的 PLCC 封装图

第1章 可编程逻辑器件概述

表1-3 MAX7000S器件的资源

特 性	EPM7032S	EPM7064S	EPM7128S	EPM7160S	EPM7192S	EPM7256S
可用门/个	600	1 250	1 800	2 500	3 200	3 750
宏单元/个	32	64	96	128	160	192
逻辑数组时钟/个	2	4	6	8	10	12
最大用户可用I/O引脚/只	36	68	76	100	104	124
t_{PD}/ns	6	6	7.5	7.5	10	12
t_{SU}/ns	5	5	6	6	7	7
t_{FSU}/ns	2.5	2.5	3	3	3	3
t_{eo1}/ns	4	4	4.5	4.5	5	6
f_{CNT}/MHz	151.5	151.5	125.0	125.0	100.0	90.9

表1-4 MAX7000器件速度等级

器 件	速度等级									
	-5	-6	-7	-10P	-10	-12P	-12	-15	-15T	-20
EPM7032		√	√	√		√	√	√		
EPM7032S	√	√	√		√					
EPM7064		√	√		√		√	√		
EPM7064S	√	√	√		√					
EPM7096			√		√		√	√		
EPM7128E			√	√	√		√	√		√
EPM7128S		√	√		√					
EPM7160E				√	√		√	√		√
EPM7160S	√	√		√						
EPM7192E							√	√		√
EPM7192S			√		√			√		
EPM7256E							√	√		√
EPM7256S			√		√			√		

表1-5 MAX7000器件的特性

特 性	EPM7032、EPM7064、EPM7096	所有MAX7000E器件	所有MAX7000S器件
经JTAG界面的ISP			√
JTAG BST电路			√[①]
开漏输出选择			√
快速输入寄存器		√	√
6个全局输出使能		√	√
2个全局时钟		√	√
斜率控制		√	√

续表 1-5

特性	EPM7032、EPM7064、EPM7096	所有 MAX7000E 器件	所有 MAX7000S 器件
MultiVolt 界面②	√	√	√
可编程寄存器	√	√	√
并行扩展器	√	√	√
共享扩展器	√	√	√
节电模式	√	√	√
加密位	√	√	√
PCI 相容器件	√	√	√

① 仅用于 EPM7128S、EPM7192 和 EPM7256S 器件。

② 在 44 脚的封装中没有 MultiVolt I/O 接口。

表 1-6 MAX7000 器件的最大用户 I/O 引脚①

器件	44 脚 PLCC	44 脚 PQFP	44 脚 TPFP	68 脚 PLCC	84 脚 PLCC	100 脚 PQFP	100 脚 TQFP	160 脚 PQFP	160 脚 PGA	192 脚 PGA	208 脚 FQFP	208 脚 RQFP
EPM7032	36	36	36									
EPM7032S	36		36									
EPM7064	36		36	52	68	68						
EPM7064S	36		36		68		68					
EPM7096				52	64	76						
EPM7128E					68	84		100				
EPM7128S					68	84	84②	100				
EPM7160E					64	84		104				
EPM7160S					64		84②	104				
EPM7192E								124	124			
EPM7192S								124				
EPM7256E								132②		164		164
EPM7256S											164②	164

① 当 MAX7000S 的 JTAG 接口用于边界扫描测试或 ISP 时，4 个 I/O 引脚用做 JTAG 引脚。

② 在将某个设计定为这种封装形式以前要进行热分析。更详细的信息见 Alreta 器件操作要求数据手册。

此外，每个芯片包含 4 个专用输入，可用做通用输入，也可作为每个宏单元和 I/O 引脚的高速、全局控制信号：时钟、异步清零和两个输出使能。

1.3.1 逻辑阵列块(LAB)

MAX7000S 结构主要是由逻辑阵列块(LAB)以及它们之间的连线构成的，如图 1-12 所示。每个 LAB 包含 16 个宏单元，多个 LAB 通过可编程连线阵列 PIA 和全局总线连接在一起。所有的专用输入端、I/O 脚和宏单元共享一个全局总线。

第1章 可编程逻辑器件概述

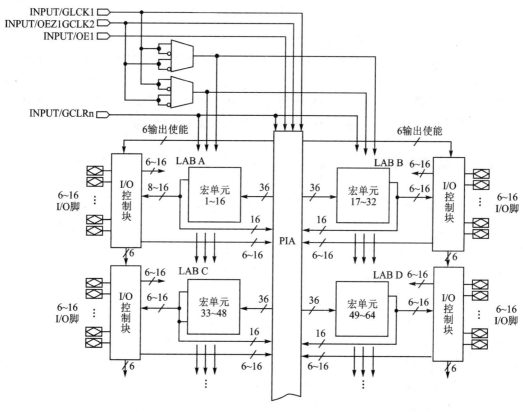

图1-12 MAX7000S结构

1.3.2 宏单元

MAX7000S的宏单元可分别设置成时序逻辑或组合逻辑功能。每个宏单元由3个功能块组成：逻辑阵列、乘积项选择矩阵和可编程触发器。宏单元的结构框图如图1-13所示。

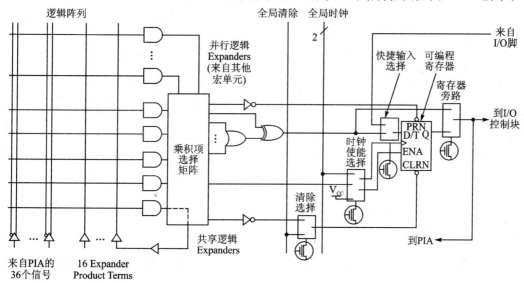

图1-13 宏单元的结构框图

逻辑阵列实现组合逻辑功能,它为每个宏单元提供5个乘积项。乘积项选择矩阵分配这些乘积项作为到"或"门和"异或"门的基本逻辑输入来实现组合逻辑函数。每个宏单元的一个乘积项可以反相后回送到逻辑阵列。这个"可共享"的乘积项能够连到同一个LAB中任何其他乘积项上。

每个宏单元的触发器都可以单独地编程为具有可编程时钟控制的D、T、JK或RS触发器工作方式。如果需要的话,也可将触发器旁路,以实现纯组合逻辑的输出。

1.3.3 扩展乘积项

尽管每个宏单元中的5个乘积项能实现大部分的逻辑功能,但某些逻辑函数比较复杂,要实现它们需要附加乘积项,所需的逻辑资源由其他宏单元提供。MAX7000S结构还允许共享和并行扩展乘积项(扩展),直接为同一个LAB中的任意宏单元提供额外的乘积项。这些扩展可以确保以最少的逻辑资源来实现最快速的逻辑合成。

1. 共享扩展项

每个LAB有16个共享扩展项。共享扩展项就是由每个宏单元提供一个未使用的乘积项,并将它们反相后反馈到逻辑阵列,便于集中使用。每个共享扩展乘积项可被LAB内任何(或全部)宏单元使用和共享,以实现复杂的逻辑函数。采用共享扩展项后会增加一个短的延时。共享扩展项的结构如图1-14所示。

2. 并联扩展项

并联扩展项是一些宏单元中没有使用的乘积项,并且这些乘积项可分配到邻近的宏单元去实现快速复杂的逻辑函数。并联扩展项允许多达20个乘积项直接馈送到宏单元的或逻辑,其中5个乘积项是由宏单元本身提供的,15个并联扩展项是由LAB中相邻宏单元提供。并联扩展项结构如图1-15所示。

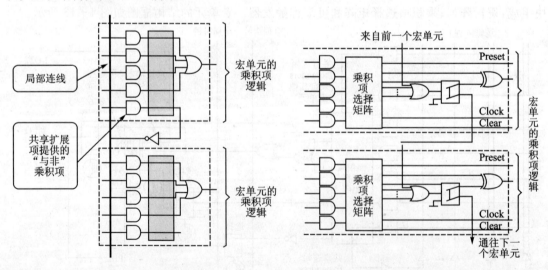

图1-14 共享扩展项的结构　　　　　图1-15 并联扩展项结构

1.3.4 可编程连线阵列

可编程连线阵列(PIA)是将各 LAB 相互连接构成所需逻辑的布线通道。PIA 能够把器件中任何信号源连到其目的地。所有 MAX7000S 的专用输入、I/O 引脚和宏单元输出均馈送到 PIA,这就使得 PIA 上包含了贯穿整个器件的所有信号,PIA 可把这些信号送到器件内的各个地方。图 1-16 所示为 PIA 信号是如何输入到 LAB 的。1 个 EEPROM 单元控制着 2 输入端"与"门的 1 个输入端信号,用来选择 1 个 PIA 信号,使其进入相应的 LAB。MAX7000S 的 PIA 有固定的延时,它消除了信号之间的时间偏移,使得延时性能容易预测。

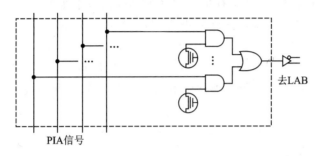

图 1-16 PIA 布线到 LAB

1.3.5 I/O 控制块

图 1-17 所示为 I/O 控制块的结构图。I/O 控制块允许每个 I/O 引脚单独地配置为输入、输出和双向工作方式。所有 I/O 引脚都有一个三态缓冲器,它能由全局输出使能信号控

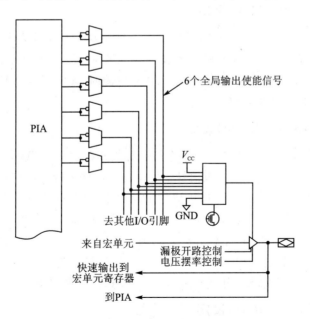

图 1-17 I/O 控制块的结构图

制,或者把使能端直接连到地(GND)或电源(Vcc)上。当三态缓冲器的控制端接地时,输出为高阻态,此时I/O引脚可作为专用输入引脚使用。当三态缓冲器的控制端接高电平时,输出被使能(即有效)。MAX7000S器件有6个全局输出使能信号,由2个输出使能信号、1组I/O引脚和1组I/O宏单元信号进行同相或反相驱动。

1.3.6 其他特性

1. 在系统编程

MAX7000S器件通过一个工业标准4脚的JTAG接口来实现在系统编程(ISP),这样可在开发和调试过程中快速、高效地反复进行编程操作。MAX7000S可以通过在线测试仪(ICT)、嵌入式处理器或Altera MasterBlaster、ByteBlasterMV、ByteBlaster、BitBlaster、USB Blaster下载电缆进行信息下载并编程。将器件安装到电路板上再对其编程,可以防止多引脚封装形式下(如QFP封装)由于操作器件而出现引脚损坏的情况。这样还可使系统在推向市场后仍能对器件进行重新编程,实现产品的升级等。

2. 可编程速度/功率控制

MAX7000S器件提供节电工作模式,可使用户定义的信号路径或整个器件工作在低功耗状态。因为大部分逻辑应用只需要所有门电路中的一小部分在最高频率下工作,所以这个特性可以使总的功耗减少50%或者更多。

设计者可以对器件中的每个独立的宏单元编程为高速(打开Turbo位)或者低速(关闭Turbo位),通常让设计中影响速度的关键路径工作在高速、高功耗状态,而器件其他部分仍工作于低速、低功耗状态,从而降低整个器件的功耗。

3. 多电压(Multivolt)I/O接口

MAX7000S器件支持多电压I/O接口,可与不同电源电压的系统相接。器件设有V_{CCIN}和V_{CCIO}两组电源引脚,一组供内核和输入缓冲器工作,一组供I/O引脚工作。根据需要,V_{CCIO}引脚可连到3.3V或5.0V电源,当接5.0V电源时,输出与5.0V系统兼容;当接3.3V电源时,输出与3.3V系统兼容。

4. 漏极开路(Open-Drain)设定

MAX7000S器件每个I/O引脚都有一个控制漏极开路输出的Open-Drain选项,利用该选项可提供诸如中断、写允许等系统级信号。可由几个器件进行选择控制。另外,它还提供一个额外的"线或"平面,通过使用外部5.0V的上拉电阻,MAX7000S器件输出引脚可以设置满足5.0V的CMOS输入电压要求。若Vcc为3.3V,则选择开漏输出,此时将会关闭输出上拉三极管,利用外部上拉电阻将输出拉高以满足5.0V的CMOS输入电压。若V_{CCIO}为5.0V,因为当引脚输出超过大约3.8V时上拉三极管已经关闭,外部上拉电阻可直接将输出拉高来满足5.0V CMOS输入电压的要求,所以不必选择开漏输出。

5. 电压摆率(Slew-Rate)设定

MAX7000S器件的I/O中的输出缓冲器都有一个可设定的输出摆率控制项,它能够根据需要配置成低噪声或高速度方式。低电压摆率可以减小系统噪声,但同时会产生 4~5 ns 的附加延时;高电压摆率能为高速系统提供高转换速率,但它同时会给系统引入更大的噪声。摆率控制连到 Turbo 位,当打开 Turbo 位时,电压摆率设置在快速状态;当关闭 Turbo 位时,电压摆率设置在低噪声状态。MAX7000S 器件的每一个 I/O 引脚都有一个专用的 EEPROM 位来控制电压摆率,它使得设计人员能够指定引脚到引脚的电压摆率。

第 2 章
可编程逻辑器件的设计流程及学习开发器材

2.1 可编程逻辑器件的设计流程

可编程逻辑器件的设计流程如图 2-1 所示,主要包括设计输入、综合、CPLD/FPGA 器件适配、仿真和编程下载等。

2.1.1 设计输入

设计输入是将设计者所设计的数字电路以开发软件要求的形式进行表达,然后输入到软件中去。设计输入有多种方式,最常用的是原理图输入方式和 HDL 文本输入方式两种。

原理图输入设计方式(图形方式),在设计规模较小的电路时经常采用的方法,这种方法直接把设计的电路用原理图方式表现出来,类似于在 Protel99SE 或 OrCAD 中画原理图,具有直观、形象的优点,尤其对表现层次结构、模块化结构更为方便。

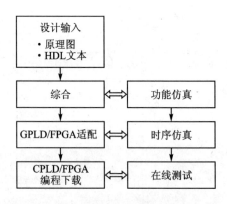

图 2-1 可编程逻辑器件的设计流程

原理图输入设计方式要求设计工具提供必要的元件库,以供调用。它比较适合于描述连接关系和接口关系,而对于描述逻辑功能就不如文本方式方便了;同时,如果所设计系统的规模比较大,或设计软件不能提供设计者所需的库单元时,这种方法就会受到很大的限制。而且用原理图表示的设计,通用性、可移植性也弱一些,所以在现今的设计中,越来越多地采用基于硬件描述语言 HDL 的设计方式。

硬件描述语言 HDL(Hardware Description Language)是一种用文本形式来描述和设计电路的语言。设计者可利用 HDL 语言来描述自己的设计,然后利用 EDA 工具进行综合和仿真,最后变成某种目标文件,再用 ASIC(专用集成电路)或 CPLD/FPGA 具体实现。现在这种设计方法已被普遍采用。

用 HDL 文本来描述设计,其逻辑描述能力强,但描述接口和连接关系则不如图形方式直观。流行的硬件描述语言有 Verilog HDL 和 VHDL 等，Verilog HDL 和 VHDL 的功能比较强，属于行为描述语言，能描述和仿真复杂的逻辑设计，它们都被采用为国际标准，被绝大多数的 EDA 工具所支持。

对于比较复杂的 PLD 器件的设计，往往采用层次化的设计方法，即分模块、分层次地进行设计描述（称为"Top-down"设计）。描述器件总功能的模块放置在最上层，称为顶层设计（Top）；描述器件最基本功能的模块放置在最下层，称为底层设计（down）。顶层和底层之间的关系类似于软件中的主程序和子程序的关系。层次化设计的方法比较自由，可以在任何层次使用原理图或硬件描述语言进行描述。目前一般做法是：在顶层设计中，使用图形法表达连接关系和芯片内部逻辑到引脚的接口；在底层设计中，使用硬件描述语言描述各个模块的逻辑功能。当然在顶层设计中也可使用硬件描述语言来描述各个模块的逻辑功能及连接关系，这样就实现了完全文本设计，方便程序在各种不同器件之间的移植，但各个模块的连接关系看上去没有图形表达法来得清晰明了。

硬件描述语言的发展只有 20 年左右的历史，却已成功应用于数字系统开发的各个阶段，如设计、综合、仿真、验证等。在 20 世纪 80 年代时，曾经出现了数十种硬件描述语言，它们对 PLD 的设计起到了促进和推动作用。但是，这些语言一般面向特定的设计领域与层次，而且众多的语言使用户无所适从，因此急需一种面向多领域、多层次，并得到普遍认同的标准 HDL 语言。20 世纪 80 年代后，硬件描述语言向着标准化、集成化的方向发展。最终，VHDL 和 Verilog HDL 适应了这种趋势的要求，先后成为 IEEE 国际标准。

1. 原理图设计方式

原理图（Schematic）是图形化的表达方式，使用元件符号和连线来描述设计。其特点是适合描述连接关系和接口关系，而描述逻辑功能则比较烦琐。原理图输入对用户来讲很直观，尤其对表现层次结构、模块化结构更方便。但它要求设计工具提供必要的元件库或逻辑宏单元。如果输入的是较为复杂的逻辑或者元件库中不存在的模型，采用原理图输入方式往往很不方便。因此原理图方式只适用于规模比较小、电路比较简单的数字逻辑系统。此外，原理图设计方式的可重用性、可移植性也较差。

2. VHDL 语言设计方式

VHDL（Very High Speed Integrated Circuit Hardware Description Language）即超高速集成电路硬件描述语言。众所周知，美国国防部电子系统项目有着众多的承包商，但他们各自建立并使用自己的硬件描述语言，这就使得各公司之间的设计不能被重复利用，造成了信息交换和维护方面的困难。因此，20 世纪 80 年代初美国国防部制定了 VHDL，以作为各承包商提交复杂电路设计文档的一种标准方案。1987 年 12 月，VHDL 被正式接受为国际标准，编号为 IEEE Std1076－1987，即 VHDL'87。1993 年被更新为 IEEE Std1164－1993，即 VHDL'93。目前 VHDL 已被广泛应用。

VHDL 的主要优点如下：

① 功能强大，描述力强。可用于门级、电路级甚至系统级的描述、仿真和设计。

② 可移植性好。对于设计和仿真工具采用相同的描述，对于不同的平台也采用相同的描述。

③ 研制周期短，成本低。这主要是由于 VHDL 支持对大规模设计的分解和对已有设计

的利用,因此加快了设计流程。

④ 可以延长设计的生命周期。因为 VHDL 的硬件描述与工艺技术无关,不会因工艺变化而使描述过时。

目前,在大规模复杂电路与系统的设计中,VHDL 等标准化硬件描述语言已经逐步取代门级描述、逻辑电路图和布尔方程等级别较低的硬件描述语言,从而成为主要的硬件描述工具之一。

3. Verilog HDL 语言设计方式

Verilog HDL 是目前应用最为广泛的硬件描述语言之一,它允许设计者用其来进行各种级别的逻辑设计,以及数字逻辑系统的仿真验证、时序分析和逻辑综合。

Verilog HDL 语言最初是于 1983 年由 Gateway Design Automation 公司为其模拟器产品开发的硬件建模语言,那时它只是一种专用语言。由于他们的模拟仿真器产品的广泛使用,Verilog HDL 作为一种便于使用且实用的语言逐渐为众多设计者所接受。1990 年 Cadence 公司成立了 OVI(Open Verilog International)组织来负责促进 Verilog HDL 语言的发展。基于 Verilog HDL 语言的优越性,1995 年,Verilog HDL 语言成为 IEEE 标准,称为 IEEE1364－1995。2001 年,在原标准的基础上经过改进和补充,发布了 Verilog HDL IEEE1364－2001 新标准。

4. Verilog HDL 与 VHDL 的比较

Verilog HDL 和 VHDL 都是用于逻辑设计的硬件描述语言,并且都已成为 IEEE 标准。VHDL 是在 1987 年成为 IEEE 标准的,Verilog HDL 则在 1995 年才正式成为 IEEE 标准。

之所以 VHDL 比 Verilog HDL 早成为 IEEE 标准,是因为 VHDL 是美国军方组织开发的,而 Verilog HDL 则是从一个普通的民间公司的私有财产转化而来的,基于其巨大的优越性才成为 IEEE 标准,因而有着更强的生命力。

Verilog HDL 和 VHDL 的共同的特点是:能抽象表示电路的行为和结构,支持逻辑设计中层次与范围的描述,可借用高级语言的精巧结构来简化电路行为的描述,具有电路仿真与验证机制以保证设计的正确性,支持电路描述由高层到低层的综合转换,硬件描述与实现工艺无关(有关工艺参数可通过语言提供的属性包括进去),便于文档管理,易于理解和移植等。

Verilog HDL 和 VHDL 各有自己的优势和特点。Verilog HDL 早在 1983 年就已推出,至今已有近 20 多年的历史,因而 Verilog HDL 拥有更广泛的设计群体,其设计资源也远比 VHDL 丰富。与 VHDL 相比,Verilog HDL 的最大优点是:它是一种比较容易掌握的硬件描述语言,只要有 C 语言的编程基础,通过一段时间的学习和实验操作,可以在较短的时间内掌握这种设计技术;而掌握 VHDL 设计技术则比较困难这是因为 VHDL 不很直观,需要有 Ada 编程基础,至少半年以上的专业培训及实验,才能掌握 VHDL 的基本设计技术。因此,Verilog HDL 作为学习 PLD 设计的入门是再合适不过了,本书也是以 Verilog HDL 为主进行可编程逻辑器件的入门学习及设计进阶的。

2.1.2 综 合

综合(Synthesis)是一个很重要的步骤,综合指的是将较高层次的设计描述自动转化为较低层次描述的过程。综合有下面几种形式。

① 将算法表示、行为描述转换到寄存器传输级(RTL),即从行为描述到结构描述,称为行为综合。

② RTL 级描述转换到逻辑门级(可包括触发器),称为逻辑综合。

③ 将逻辑门表示转换到版图表示,或转换到 PLD 器件的配置网表表示,称为版图综合或结构综合。根据版图信息能够进行 ASIC 生产,有了配置网表可完成基于 PLD 器件的系统实现。

综合器就是能够自动实现上述转换的软件工具。或者说,综合器是能够将原理图或 HDL 语言表达和描述的电路功能转化为具体的电路结构网表的工具。

硬件综合器与软件程序编译器有着本质的区别。软件程序编译器是将 C 语言或汇编语言等编写的程序编译为 0、1 代码流,而硬件综合器则将用硬件描述语言编写的程序代码转化为具体的电路网表结构。

2.1.3 CPLD/FPGA 器件适配

适配器(Fitter)有时也称为结构综合器,它的功能是将综合器产生的网表文件配置到指定的目标器件中,并产生最终的可下载文件。如对 CPLD 器件而言,产生熔丝图文件,即 JEDEC 文件;对 FPGA 器件则产生 Bitstream 位流数据文件。

利用适配器可将综合后的网表文件针对某一具体的目标器件进行逻辑映射操作,包括底层器件配置、逻辑分割、逻辑优化、布局布线等。映射是把设计分为多个适合器件内部逻辑资源实现的逻辑小块的过程。

适配器产生以下一些重要的文件:

① 适配报告,它包括芯片内部资源耗用情况,设计的布尔方程描述情况等。

② 面向其他 EDA 工具的输出文件,如 EDIF 文件等。

③ 适配后的仿真模型,包括延时信息等,以便进行精确的时序仿真。因为已经得到器件的实际硬件特性(如时延特性),所以仿真结果能精确地预测未来芯片的实际性能。如果仿真结果达不到设计要求,就需要修改源代码或选择不同速度的器件,直至满足设计要求。

④ 器件编程文件,如用于 CPLD 编程的 JEDEC、POF 等格式的文件;用于 FPGA 配置的 SOF、JAM、BIT 等格式的文件。

2.1.4 仿 真

仿真(Simulation)是对所设计电路进行功能验证的过程。用户可以在设计过程中对整个系统和各个模块进行仿真,即在计算机上用软件验证功能是否正确,各部分的时序配合是否准确。如果有问题可以随时进行修改,从而避免了逻辑错误。高级的仿真软件还可以对整个系统的设计性能进行检验。规模越大的设计,越需要进行仿真。

仿真包括功能仿真和时序仿真。不考虑信号时延等因素的仿真,称为功能仿真,又叫前仿真;时序仿真又称后仿真,它是在选择了具体器件并完成了布局布线后进行的包含定时关系的仿真。由于不同器件的内部时延不一样,不同的布局、布线方案也给延时造成了很大的影响,因此,在设计实现后,要对网络和逻辑块进行时延仿真,分析定时关系,评估设计性能。

2.1.5 编程下载

把适配后生成的编程文件装入到 PLD 器件中的过程称为下载。通常将基于 EEPROM 工艺的非易失结构 CPLD 器件的下载称为编程(Program),而将基于 SRAM 工艺结构的 FPGA 器件的下载称为配置(Configure)。编程需要满足一定的条件,如编程电压、编程时序和编程算法等。有两种常用的编程方式:在系统编程(ISP,In System Programmable)和专用的编程器编程。现在的 PLD 器件一般都支持在系统编程,因此在设计数字系统和 PCB 时,应预留器件的下载接口。

2.2 CPLD/FPGA 与单片机联合设计的学习器材介绍

学习一种新的技术,实验与实践是必不可少的,否则只能是纸上谈兵。本书使用下面介绍的廉价实验器材进行 CPLD/FPGA 与单片机联合设计的学习。
- Altera 公司的集成开发软件 MAX+plus II 或 Quartus II;
- Keil C51 Windows 集成开发环境;
- MCU & CPLD DEMO 综合试验板;
- ByteBlaster MV 并口下载器,用于 CPLD 的程序下载;
- USB 下载器,用于单片机的程序下载;
- 9 V 高稳定专用稳压电源。

下面简单介绍一下这些实验工具及器材。

2.2.1 Altera 公司的集成开发软件 MAX+plus II 及 Quartus II

MAX+plus II(Multiple Array Matrix and Programmable Logic User System)是 Altera 公司推出的一种集设计输入、处理与校验功能于一体的完全集成化、易学易用的第三代可编程逻辑设计软件。该软件允许设计人员自由选择设计进入的方法和工具,设计人员无需详细了解器件内部的复杂结构,只需选择自己熟悉的设计方法和工具,就可进行设计输入。该软件提供了一种真正与结构无关的可编程逻辑设计环境,它支持不同结构的器件,如 FLEX、MAX 及 CLASSIC 系列器件等。该软件可在多种平台上运行,并提供了丰富的设计库可供设计者调用;该软件还具有开放核(Opencore)的特点,允许设计人员添加自己认为有价值的宏功能模块,充分利用这些逻辑功能模块可大大减轻设计工作量。

发展到 10.2 版本后,Altera 已不再推出新版本,但 MAX+plus II 仍以其方便易用的界面和优良的性能,受到广大设计人员的喜爱和欢迎,是经典的大众化设计工具。图 2-2 为 MAX+plus II 的界面。

Quartus II 是 Altera 的最新一代(第 4 代)集成开发软件,使用 Quartus II 可完成从设计输入、综合适配、仿真到编程下载整个的设计过程,Quartus II 也可以直接调用 Synplify Pro、Leonardo Spectrum 以及 ModelSim 等第三方 EDA 工具来完成设计任务的综合和仿真。此外,Quartus II 与 MATLAB 和 DSP Builder 结合可以进行基于 FPGA 的 DSP 系统开发,方便

第 2 章　可编程逻辑器件的设计流程及学习开发器材

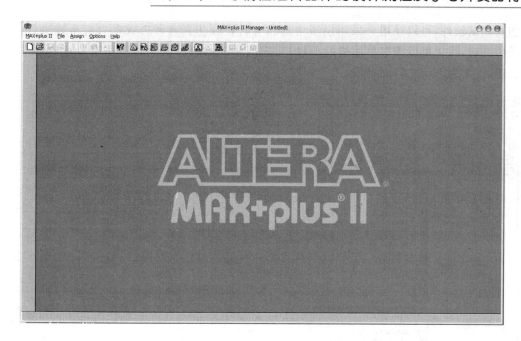

图 2-2　MAX+plus II 的界面

而快捷。Quartus II 还可以与 SOPC Builder 结合，实现 SOPC 系统的开发。图 2-3 为 Quartus II 的界面。

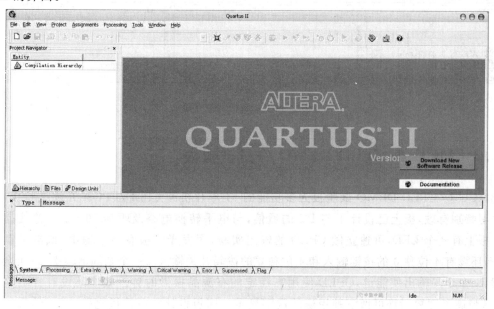

图 2-3　Quartus II 的界面

2.2.2　Keil C51 Windows 集成开发环境

Keil C51 是目前世界上最优秀、最强大的 51 单片机开发应用平台之一，它集编辑、编译、仿真于一体，支持汇编语言、PL/M 语言和 C 语言的程序设计，界面友好，易学易用。它内嵌的仿真调试软件,可以让用户采用模拟仿真和实时在线仿真两种方式对目标系统进行开发。软件仿真时,除了可以模拟单片机的 I/O 口、定时器、中断外,甚至可以仿真单片机的串行通信。图 2-4 为 Keil C51 的界面。

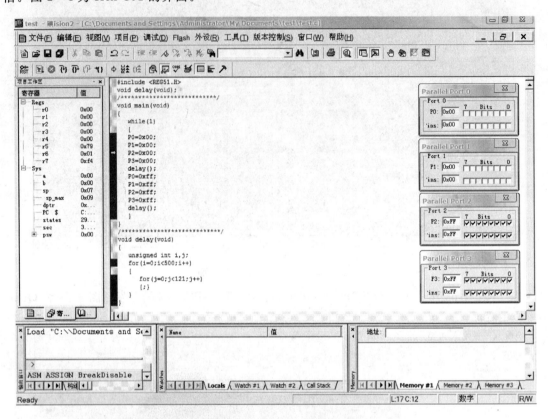

图 2-4　Keil C51 的界面

2.2.3　MCU & CPLD DEMO 综合试验板

　　MCU & CPLD DEMO 试验板为多功能的 51 单片机和 CPLD/FPGA 开发试验板,对入门实习特别有效,板上已设计了与 PC 的通信,与电平转换电路及驱动 16×2 字符液晶的接口。板上有 8 个 LED,可独立做 CPLD 的输出实验,用发光二极管指示输出(低电平有效)。另外,还设有 4 位独立的按键输入和 4 位独立的拨码开关输入。一个全局清零键、一个全局时钟键、一个全局输出使能键,CPLD 使用高稳定的有源晶振做时钟。板上还设有音响实验电路。8 位高亮数码管可做多种用途的数字显示。该板设计的单片机电路,对于学习设计较高级的智能化应用型产品(如 CPLD/FPGA 与单片机的联合设计)是很有效的,这也是此实验板的一大特色。MCU & CPLD DEMO 试验板功能强大、用途广泛,板上标有 89X51/52 系列单片机引脚标准标识及标准引脚引出,以及 CPLD(EPM7128S)引脚引出,便于用户实验时识别及进行扩展使用。MCU & CPLD DEMO 试验板使用 9 V 电源供电,板上带有 5 V 及 3.3 V 的可选稳压电路。

　　图 2-5 为 MCU & CPLD DEMO 试验板电路原理。

第 2 章 可编程逻辑器件的设计流程及学习开发器材

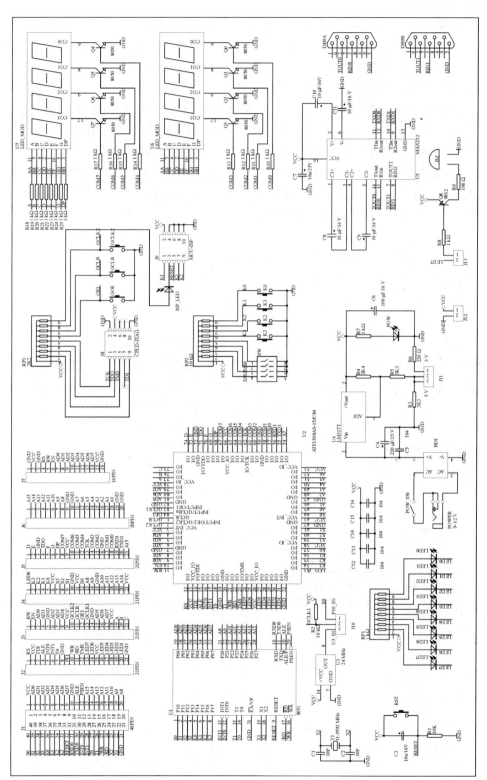

图2-5 MCU&CPLD DEMO试验板电路原理

板上资源简介：
- U1 为单片机 AT89S51，可进行单片机与 CPLD 的联合设计。
- U2 为 CPLD，这里使用 ATMEL 公司的 ATF1508AS，可直接代替 Altera 公司的 EPM7128S，烧写次数达 10 000 次，非常适合初学者的学习实验。
- U3 为 24 MHz 的高稳定有源晶振。
- U4 为可调三端稳压器，产生 5 V 或 3.3 V 电压供 CPLD 或单片机工作(通过 J11 跳针选择)。
- U5 为 232 通信芯片，便于单片机或 CPLD 与 PC 机进行 RS232 通信实验。
- J1 为双排针，它将单片机的 40PIN 引出，便于单片机外扩其他器件。
- J2~J5 为单排针，它将 CPLD 的 84PIN 引出，便于实验或外扩其他器件。
- LED0~LED7 为 8 个发光二极管，直接与 CPLD 连接，可做开关量输出的指示。
- MCU‐ISP 为单片机在线下载程序的接口。
- RST 为单片机复位按键。
- CPLD‐JTAG 为 CPLD 在线下载程序的接口。
- GCLK2 为 CPLD 全局时钟键。
- GCLR 为 CPLD 全局清零键。
- GOE 为 CPLD 全局输出使能键。
- J7 为驱动 16×2 液晶的接口，可做 16×2 液晶驱动实验。
- SW(S0~S3)为 4 位拨码开关，K0~K3 为 4 位独立按键，可做 CPLD 的输入实验。
- Q8 及蜂鸣器 BZ 组成音响电路，通过排针 BEEP 与 CPLD 连接，可做音响实验。
- U6、U7 为 8 位数码管显示器，字段码 A、B、C、D、E、F、G、DP 和位选码 COM0~COM7 均由 CPLD 送出，可做 8 位数码管动态扫描输出及驱动实验。
- POWER 为外接电源插口，输入 9~12 V 直流电压。
- POW SW 为电源开关。

图 2‐6 为 MCU & CPLD DEMO 试验板的元件排列布局。

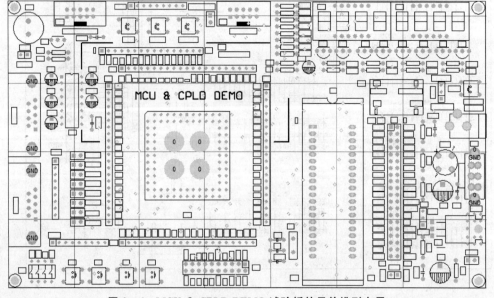

图 2‐6　MCU & CPLD DEMO 试验板的元件排列布局

图 2-7 为 MCU & CPLD DEMO 试验板外形照片。

图 2-7 MCU & CPLD DEMO 试验板外形照片

图 2-8 为 MCU & CPLD DEMO 试验板与 16×2 字符液晶的连接。

图 2-8 MCU & CPLD DEMO 试验板与 16×2 字符液晶的连接

2.2.4 ByteBlaster MV 并口下载器

ByteBlaster MV 并口下载器是进行 CPLD 程序下载的必用工具。图 2-9 为 ByteBlaster MV 并口下载器外形。

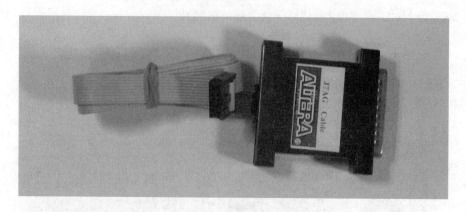

图 2-9　ByteBlaster MV 并口下载器外形

2.2.5　单片机 USB 程序下载器

　　USB 程序下载器是高性价比的程序下载工具。支持 AVR 单片机及 AT89S51/52 单片机,是下载单片机程序时必用的工具。图 2-10 为 USB 程序下载器外形。

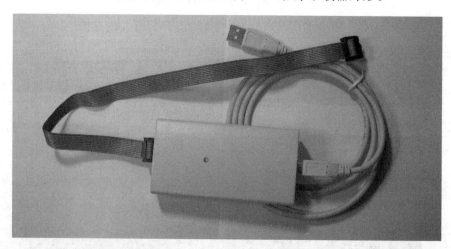

图 2-10　USB 程序下载器外形

2.2.6　9 V 高稳定专用稳压电源

　　9 V 高稳定专用稳压电源使用了集成稳压器,可输出纹波系数很小、非常纯净的直流电压,输出电流达 800 mA。

　　图 2-11 为本学习器材的套件照片。

第 2 章　可编程逻辑器件的设计流程及学习开发器材

图 2-11　学习套件照片

第 3 章 开发软件的安装

一个单片机与 CPLD/FPGA 的应用系统设计完成后,接着便是软件编写及仿真调试。这里先介绍有关软件的安装。

3.1 Keil C51 集成开发软件安装

在计算机中放入配套光盘,打开 Keil C51 文件,双击 Setup.exe 进行安装,在提示选择 Eval 或 Full 方式时,选择 Eval 方式安装,不需注册码,但有 2K 大小的代码限制。如购买了完全版的 Keil C51 软件(或通过其他途径得到),则选择 Full 方式安装,代码量无限制。安装结束后,如果想在中文环境使用,可安装 Keil C51 汉化软件,双击 KEIL707 应用程序进行安装,安装完成后在桌面上会出现 Keil μVision2(汉化版)图标,双击该图标便可启动程序,启动后的界面如图 3-1 所示。

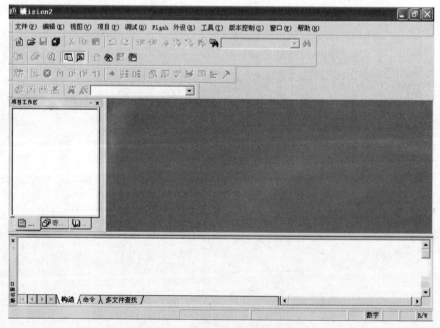

图 3-1　Keil C51 启动后界面

第3章 开发软件的安装

Keil C51集成开发环境主要由菜单栏(图3-2)、工具栏(图3-3)、源文件编辑窗口、工程窗口和输出窗口五部分组成。工具栏为一组快捷工具图标,主要包括基本文件工具栏、建造工具栏和调试工具栏,基本文件工具栏包括新建、打开、复制、粘贴等基本操作。建造工具栏主要包括文件编译、目标文件编译连接、所有目标文件编译连接、目标选项和一个目标选择窗口。调试工具栏位于最后,主要包括一些仿真调试源程序的基本操作,如单步、复位、全速运行等。在工具栏下面,默认有3个窗口。左边的工程窗口包含一个工程的目标(target)、组(group)和项目文件。右边为源文件编辑窗口,编辑窗口实质上就是一个文件编辑器,可以在这里对源文件进行编辑、修改、粘贴等。下边的为输出窗口,源文件编译之后的结果显示在输出窗口中,会出现通过或错误(包括错误类型及行号)的提示。如果通过则会生成"HEX"格式的目标文件,用于仿真或烧录芯片。

图3-2 Keil C51 菜单栏

图3-3 Keil C51 工具栏

MCS-51单片机软件Keil C51开发过程为:
① 建立一个工程项目,选择芯片,确定选项。
② 建立汇编源文件或C源文件。
③ 用项目管理器生成各种应用文件。
④ 检查并修改源文件中的错误。
⑤ 编译连接通过后进行软件模拟仿真或硬件在线仿真。
⑥ 编程操作。
⑦ 应用。

如果读者对Keil C51集成开发环境的使用不熟悉,建议先阅读《手把手教你学单片机C程序设计》一书(北京航空航天大学出版社出版)。

3.2 MAX+plus II 集成开发软件安装

在计算机中放入配套光盘,找到MaxPlus II10.2完全版软件,双击autorun.exe进行安装,在弹出的安装选择界面中,选择Custom进行安装(见图3-4)。然后单击Next按钮(见图3-5)。当弹出许可协议时,单击Yes按钮(见图3-6)。在随后弹出的安装类型中,以完全版方式安装(full\setup.exe),见图3-7。安装目录可使用默认方式将其安装在C盘中(见图3-8)。安装完成后,软件会提示加载License文件(见图3-9)。

手把手教你学 CPLD/FPGA 与单片机联合设计

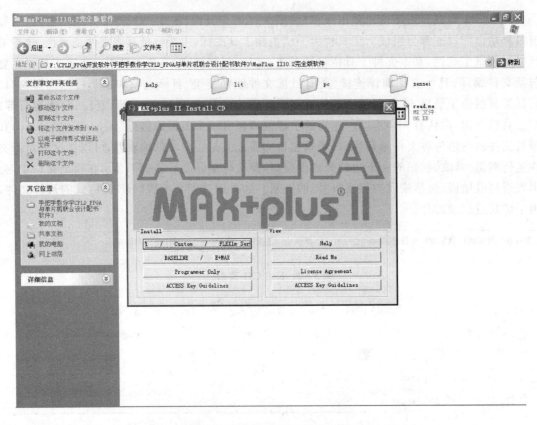

图 3-4　选择 Custom 进行安装

图 3-5　单击 Next 按钮

将 maxplusii10_21 升级包及全功能 license 文件夹复制到计算机的硬盘上。双击 max-plusii_1021_pc 自释放文件进行释放(释放出的文件中有 License.dat 文件)。随后打开进入 Maxplusii 集成开发环境,单击 Option 菜单项,在弹出的下拉菜单中选择 License Setup 选项(见图 3-10)。出现 License setup 菜单后,单击 Browse...按钮,加载 license.dat 文件(见图 3-11)。单击 OK 按钮,即获得使用授权(见图 3-12)。

第 3 章 开发软件的安装

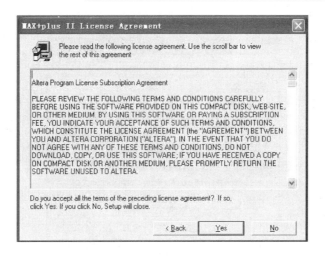

图 3-6　单击 Yes 按钮

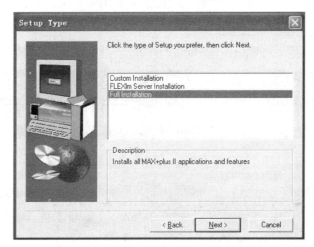

图 3-7　以完全版方式安装

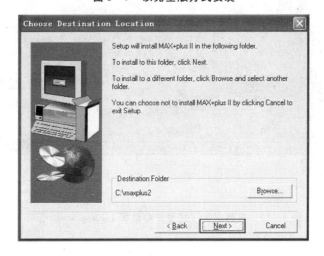

图 3-8　使用默认方式将其安装在 C 盘中

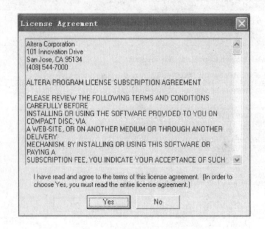

图 3-9 软件会提示加载 License 文件

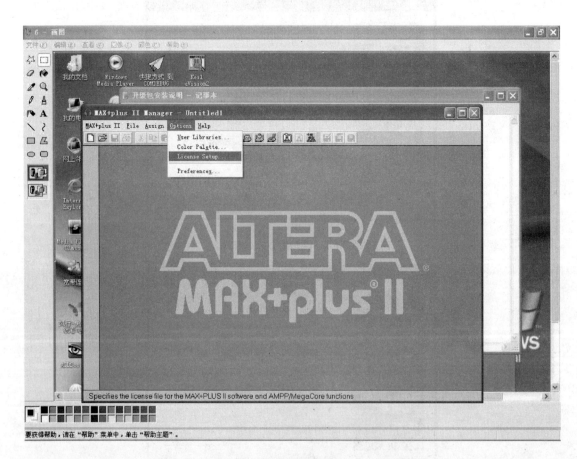

图 3-10 在弹出的下拉菜单中选择 License Setup 选项

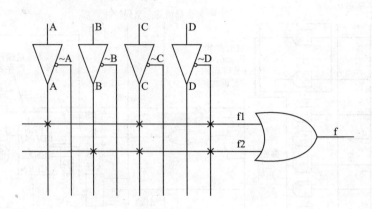

图 1-9 CPLD 实现组合逻辑

图 1-8 电路中 D 触发器的实现比较简单,直接利用宏单元中的可编程 D 触发器来实现。时钟信号 CLK 由 I/O 脚输入后进入芯片内部的全局时钟专用通道,直接连接到可编程触发器的时钟端。可编程触发器的输出与 I/O 脚相连,把结果输出到芯片引脚。这样 CPLD 就完成了图 1-8 所示电路的功能。以上这些步骤都由设计软件自动完成。

图 1-8 的例子比较简单,只需要一个宏单元就可以完成。但对于一个复杂的设计,一个宏单元是不能实现的,这时就需要通过并联扩展项和共享扩展项将多个宏单元相连,宏单元的输出也可以连接到可编程连线阵列,再作为另一个宏单元的输入。这样 CPLD 就可以实现更复杂逻辑。

这种基于乘积项的 CPLD 基本都是由 EEPROM 和 Flash 工艺制造的,上电后就可以工作,无需其他芯片配合。

1.2.3 基于查找表的 FPGA 原理与结构

采用查找表结构的 PLD 芯片称为 FPGA,如 Altera 公司的 ACEX、APEX 系列,Xilinx 公司的 Spartan、Virtex 系列等。

查找表(Look-Up-Table)简称为 LUT,LUT 本质上就是一个 RAM。目前,FPGA 中多使用 4 输入的 LUT,所以每一个 LUT 可以看成一个有 4 位地址线的 16×1 的 RAM。

当用户通过原理图或硬件描述语言描述了一个逻辑电路以后,FPGA 设计软件会自动计算出逻辑电路所有可能的结果,并把结果事先写入 RAM。这样,每输入一个信号进行逻辑运算就等于输入一个地址进行查表,找出地址对应的内容,然后输出即可。

图 1-10 是 Altera 公司的 ACEX 1K 器件的结构。主要包括嵌入式阵列块(EAB)、逻辑阵列块(LAB)、快速通道(Fast Track)互连、I/O 单元(IOE)等。由一组 LE 组成一个 LAB,LAB 按行和列排成一个矩阵,并且在每一行中放置了一个嵌入式阵列块(EAB)。在器件内部,信号的互连及信号与器件引脚的连接由快速通道提供,在每行(或每列)Fast Track 互连线的两端连接着若干 I/O 单元(IOE)。Altera 其他系列,如 APEX 的结构与此基本相同。

第 3 章 开发软件的安装

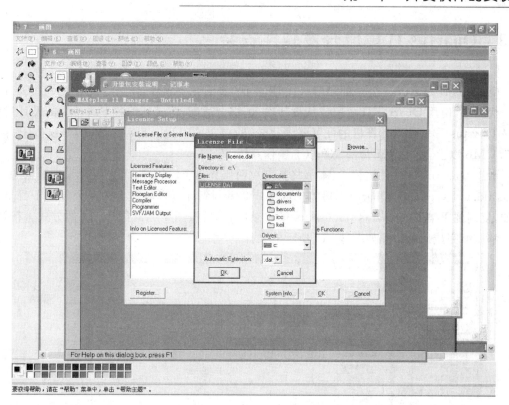

图 3-11 加载 license.dat 文件

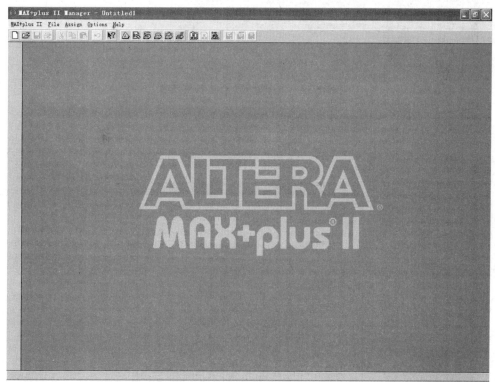

图 3-12 单击 OK 按钮后即获得使用授权

3.3 Quartus II 集成开发软件安装

Quartus II 是 Altera 公司的最新一代(第 4 代)集成开发软件,作为替代 MAX+plus II 的新一代软件,使用 Quartus II 可完成从设计输入、综合适配、仿真到编程下载整个的设计过程。但是 Quartus II 软件对计算机的配置要求比较高,要求 CPU 在奔腾 11 800 MHz 以上,内存在 512 MB 以上,使用 Windows XP 以上操作系统。

由于 Quartus II 软件比较大,本书将其刻在两张光盘上。因此,首先将两张光盘上的 Quartus II8.0_free.part1、Quartus II8.0_free.part2 复制到计算机硬盘上的一个自建子目录中,例如,复制到 E 盘的 Quartus II8.0setup 子目录中,然后按图 3-13、图 3-14 的方式进行解压缩。解压缩完成后就得到如图 3-15 所示的文件。

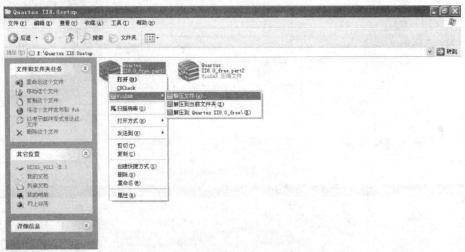

图 3-13 选择解压文件进行解压缩

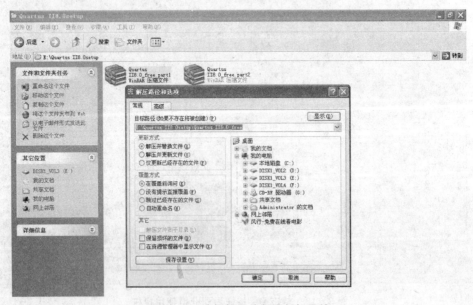

图 3-14 选择解压路径进行解压缩

第 3 章　开发软件的安装

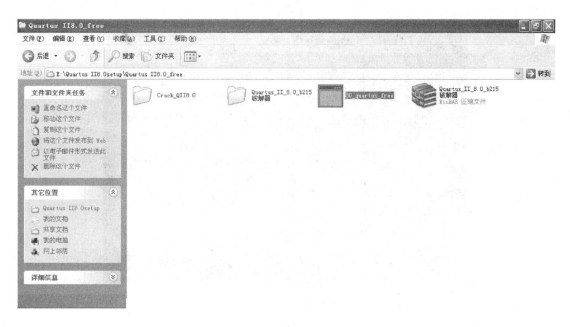

图 3-15　解压缩完成

双击 80_quartus_free 进行安装，单击 Next 按钮进入安装 Quartus II 软件的安装向导界面（见图 3-16）。在安装选择界面中，选择"同意"，并单击 Next 按钮继续安装（见图 3-17）。本书使用默认的安装路径继续安装，但要确保硬盘上有足够的空间，单击 Next 按钮进入下一步（见图 3-18），进入安装（见图 3-19）。当弹出安装通用串行总线软件的警告时，单击"仍然继续"按钮（见图 3-20），这时弹出一个安装失败的界面，单击"确定"按钮（见图 3-21）。接下来，安装提示是"否在桌面上生成快捷图标？"，单击"是"按钮（见图 3-22）。随后，单击 Finish 按钮结束安装（见图 3-23）。

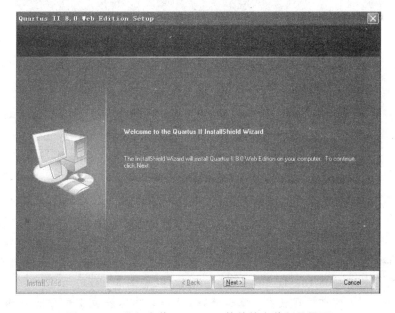

图 3-16　进入安装 Quartus II 软件的安装向导界面

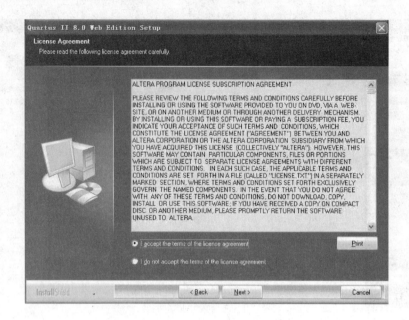

图 3-17 单击 Next 按钮继续安装

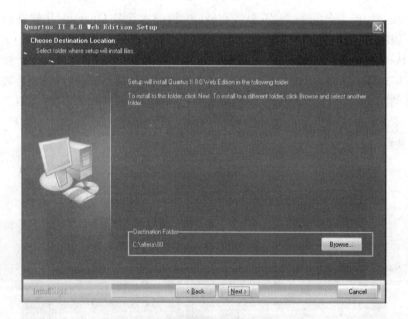

图 3-18 单击 Next 按钮进入下一步

接下来,注册 License 文件。运行 Crack_QII8.0 文件夹中的 Quartus_II_8.0_b215 破解器.exe(见图 3-24),直接单击"应用补丁"按钮,如果出现"未找到该文件,搜索该文件吗?",则单击"是"按钮,然后选中 sys_cpt.dll,单击"打开"按钮(安装默认的 sys_cpt.dll 路径是在C:\altera\80\quartus\bin 下),见图 3-25。这时会生成 License.dat 文件并提示保存(见图 3-26)。然后退出 Quartus_II_8.0_b215.exe 软件(见图 3-27)。

注意:License 文件可以存放在任意位置,但路径名称不能包含汉字和空格,空格可以用下划线代替。

第3章 开发软件的安装

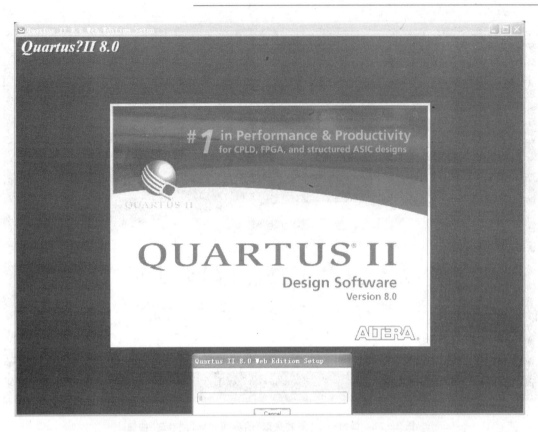

图3-19 进入安装

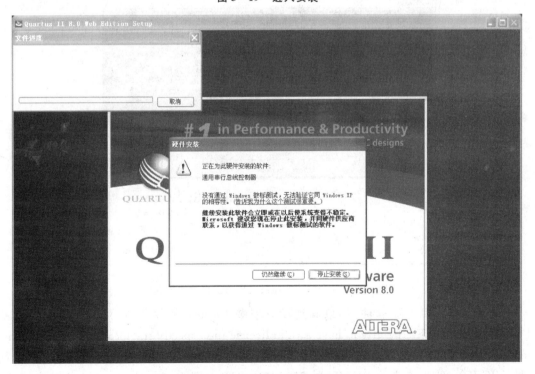

图3-20 单击"仍然继续"按钮

· 41 ·

图3-21 弹出一个"安装失败"的界面时单击"确定"按钮

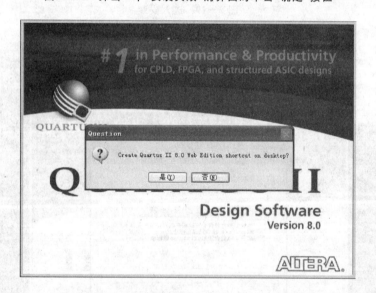

图3-22 单击"是"按钮后在桌面上生成快捷图标

打开 Quartus II 8.0 软件,如果看到没有安装 License 文件的话,只能使用30天(见图3-28)。选择最下面的"If you have a valid license file, specify the location of your license file."(见图3-29)。在 Quartus II 8.0 的 Tools 菜单下选择 License Setup,找到本计算机网卡号(NIC ID),例如,本人的 NIC ID 为:0013d413e874,见图3-30。

第3章 开发软件的安装

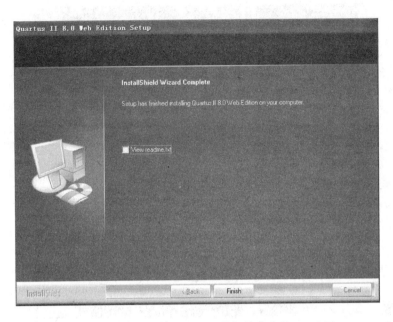

图 3-23 单击 Finish 按钮结束安装

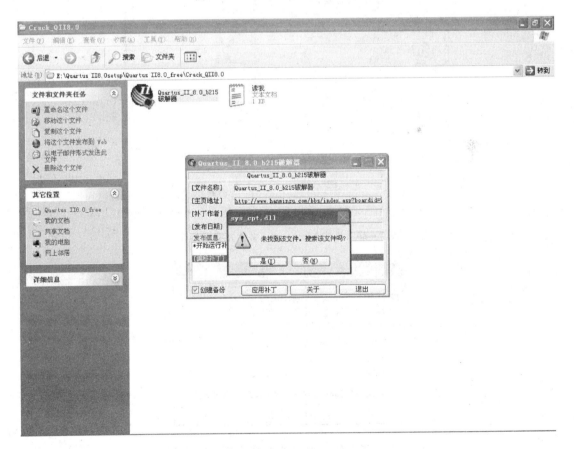

图 3-24 运行 Quartus_II_8.0_b215 破解器.exe

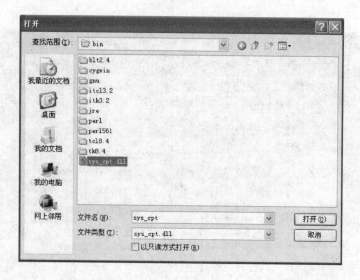

图3-25 安装默认的 sys_cpt.dll 路径是在 C:\altera\80\quartus\bin 下

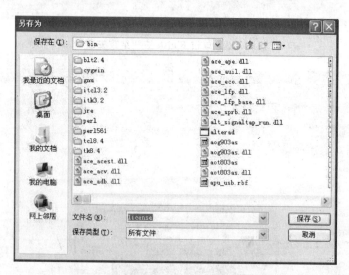

图3-26 生成 License.dat 文件并提示保存

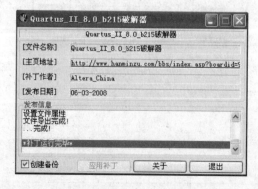

图3-27 退出 Quartus_II_8.0_b215 破解器.exe 软件

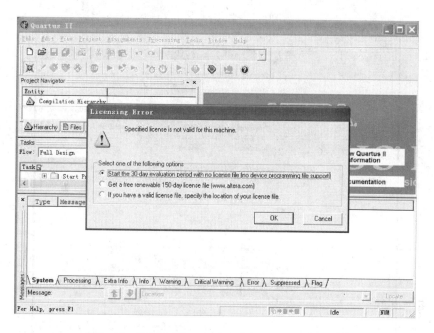

图 3-28 没有安装 License 文件的话只能使用 30 天

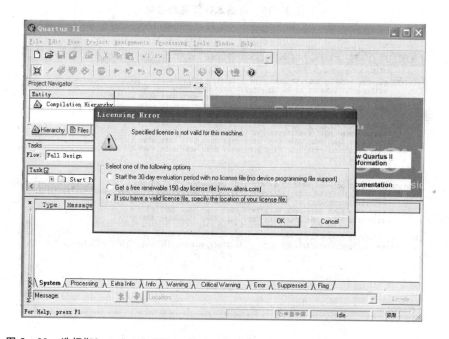

图 3-29 选择"If you have a valid license file, specify the location of your license file."

用记事本软件打开 license.dat 文件(见图 3-31),将里面的 XXXXXXXXXXXX 用计算机的网卡号替换(见图 3-32),然后保存(见图 3-33)。在 Quartus II 8.0 的 Tools 菜单下选择 License Setup,然后选择更改后的 License.dat 文件,最后单击 OK 按钮(见图 3-34),这样,软件可以使用到 2037 年,足够使用了。图 3-35 为 Quartus II 8.0 的启动界面。

手把手教你学 CPLD/FPGA 与单片机联合设计

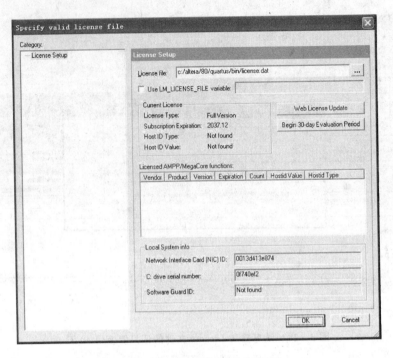

图 3-30 找到本计算机网卡号

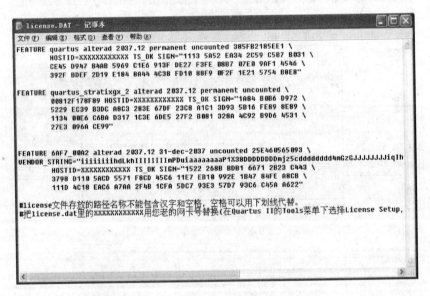

图 3-31 用记事本软件打开 license.dat 文件

第3章 开发软件的安装

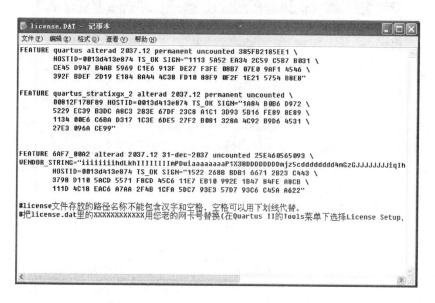

图3-32 将XXXXXXXXXXXX用计算机的网卡号替换

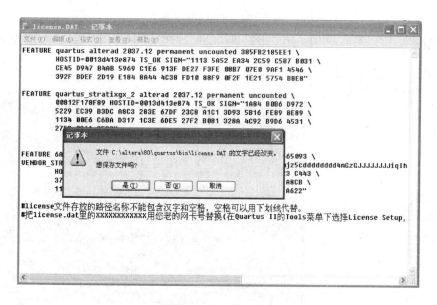

图3-33 保 存

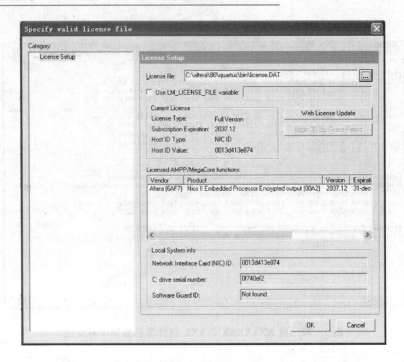

图 3-34 单击 OK 按钮

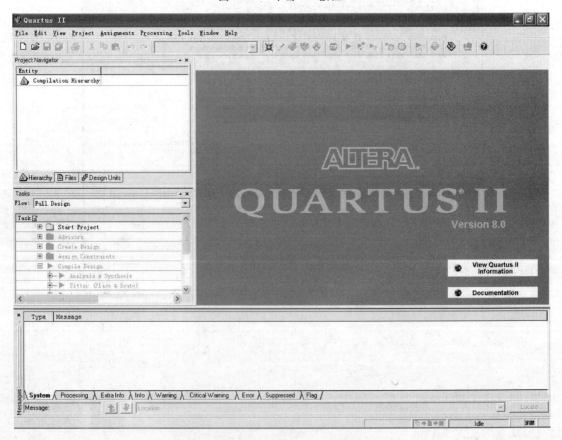

图 3-35 Quartus II 8.0 的启动界面

3.4　USBasp 下载器的安装与使用

3.4.1　USBasp 下载器的安装

将配套软件中的"USBasp 下载器的配套软件"文件夹复制到计算机硬盘上（例如复制到 D 盘上）。用 USB 电缆，一端（方口）插 USB 下载器，另一端（扁口）插在计算机的 USB 接口。计算机出现"发现新硬件"的提示（见图 3-36）。

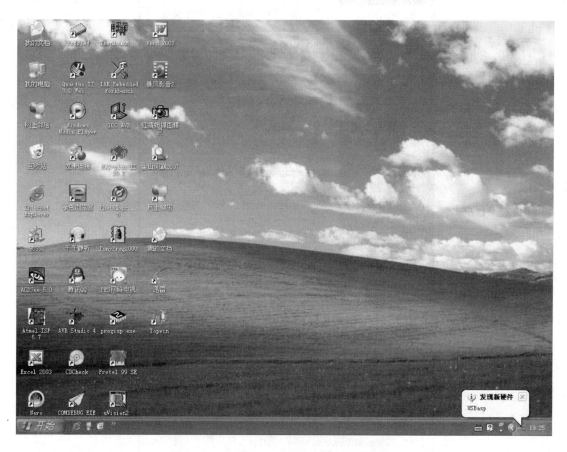

图 3-36　计算机出现"发现新硬件"的提示

随后出现"找到新的硬件向导"的界面（见图 3-37）。
选择"从列表或指定位置安装（高级）(S)"（见图 3-38）。
使用"浏览"按钮找到刚才复制到硬盘的"USBasp 下载器的配套软件\USBasp 驱动"，然后单击"下一步"按钮（见图 3-39）。
计算机进行 USB 驱动程序的安装（见图 3-40）。
USB 驱动程序安装完毕后，单击"完成"按钮（见图 3-41）。在桌面的右下方会出现"新硬件已安装并可以使用了"的提示（见图 3-42）。

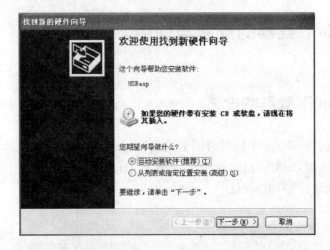

图 3-37 出现"找到新的硬件向导"的界面

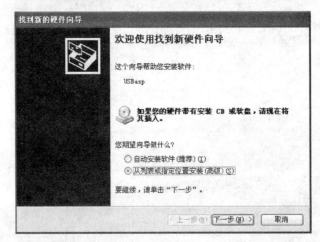

图 3-38 选择"从列表或指定位置安装(高级)(S)"

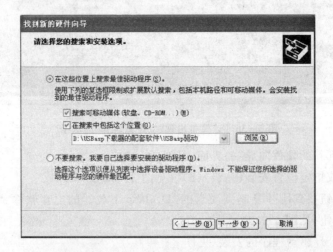

图 3-39 找到刚才复制到硬盘的"USBasp 下载器的配套软件\USBasp 驱动"

第 3 章　开发软件的安装

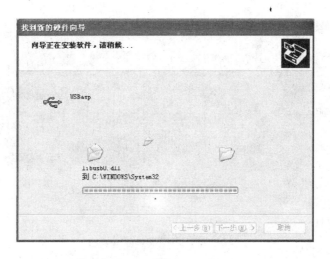

图 3-40　计算机进行 USB 驱动程序的安装

图 3-41　USB 驱动程序安装完毕后，单击"完成"按钮

3.4.2　USBasp 下载器的使用

打开"USBasp 下载器的配套软件\USBasp 下载软件"，双击 progisp.exe 图标，出现如图 3-43 所示的 PROGISP 下载软件界面。为了方便以后使用，也可右击 progisp.exe 图标，然后在桌面上生成一个快捷图标。

在 PROGISP 下载软件界面中，"编程器及接口"栏选择"USBASP"和"usb"。"选择芯片"栏可根据要求选择。例如：如果使用 AT89S51，就选择 AT89S51。

将 10 芯的扁平编程电缆，一端插 USB 下载器的 10 芯座，另一端插 MCU & CPLD DEMO 综合试验板的 MCU-ISP 下载口（注意不要插错）。

这里顺便提示一下：如果单片机的晶振频率低于 1.5 MHz，则必须用一个短路块插到

手把手教你学 CPLD/FPGA 与单片机联合设计

图 3-42 桌面的右下方会出现"新硬件已安装并可以使用了"的提示

图 3-43 双击"progisp.exe"图标,出现下载软件界面

USB 下载器的 10 芯座右侧的双芯针上(见图 3-44),使 USB 下载器能适应单片机较低的频率。当然,如果单片机的晶振频率高于 1.5 MHz,则应该拔掉短路块,这样可以达到最快的下载速度。

图 3-44　用一个短路块插到 USB 下载器的 10 芯座右侧的双芯针上

程序的下载以 AT89S51 为例。选择好芯片后,单击"调入 Flash"按钮,找到需要烧写的 hex 文件。编程选项卡中,在"读识别字"、"芯片擦除"、"空片检查"、"编程 FLASH"、"校验 FLASH"复选框前选中打勾。单击"自动"按钮进行编程(见图 3-45)。

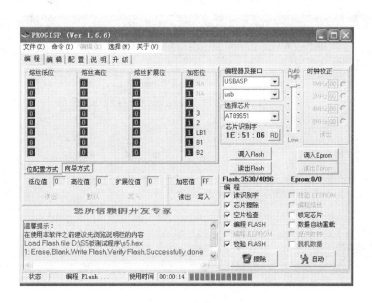

图 3-45　单击"自动"按钮进行编程

若编程成功,则下方的窗口会出现"Successfully done"的成功提示(见图 3-46)。

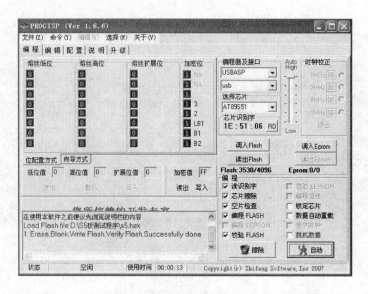

图 3-46　下方的窗口会出现"Successfully done"的成功提示

3.5　Atmel 并口下载软件 atmelisp 的安装

CPLD 的开发完成后，还要将其代码写入器件中，因此需要安装相应的下载软件。在计算机中放入配套光盘，找到 Atmel 并口下载软件，双击 atmelisp.exe 进行安装，一般只要一直单击 Next 按钮，以默认方式将其安装在 C 盘中即可。图 3-47 为 Atmel ISP 的工作界面。

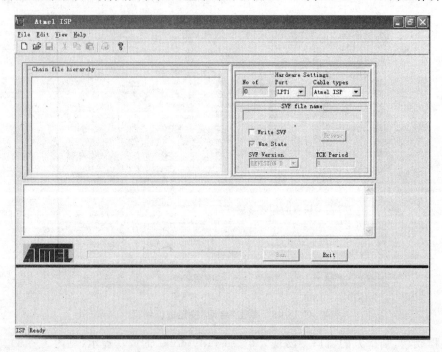

图 3-47　Atmel ISP 的工作界面

3.6 POF to JED 转换软件 Pof2jed 的安装

MAX+plus II 或 Quartus II 软件综合后产生适合 Altera CPLD 编程的 POF 文件,使用 Pof2jed 软件(Atmel 公司提供),就可将 POF 文件转换为适合 ATF1508AS 使用的工业标准 JEDEC 编程文件,下载到 ATF1508AS 芯片中。在计算机中放入配套光盘,找到 POF to JED 转换软件,双击 Pof2jed.exe 进行安装,只要一直单击 Next 按钮,以默认方式将其安装在 C 盘中即可。图 3-48 为 Pof To Jed 的工作界面。

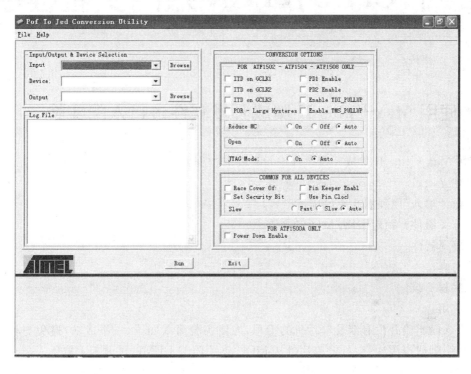

图 3-48 Pof To Jed 的工作界面

第 4 章
第一个 CPLD/FPGA 入门实验程序

4.1 使用 Max+plus II 集成开发软件进行入门实验

使用 Max+plus II 集成开发软件进行开发的过程如下：
- 建立项目；
- 设计输入（原理图或硬件描述语言）；
- 选择器件并锁定引脚；
- 编译器件；
- 仿真；
- 编程下载；
- 应用。

这个入门实验并没有涉及单片机的编程，为使实验简单明了、一举成功，避免与板载的单片机发生引脚或资源冲突，可将单片机从 MCU & CPLD DEMO 试验板上取下。

4.1.1 建立项目

打开 Max+plus II 集成开发软件，选择 File→Project→Name 命令（见图 4-1），建立一个新项目，项目名起为 decoder3_8，如图 4-2 所示（可在 D 盘中先建立一个文件名为 decoder3_8 的文件夹）。

4.1.2 设计输入（原理图或硬件描述语言）

选择 File→New 命令，在弹出的新建文件类型对话框里，打开 Text Editor file 编辑器（见图 4-3）。MAX+plus II 提供了 4 种编辑器，例如，在 MAX+plus II 的电路图编辑器里进行原理图输入编辑，完成的文件格式为 *.gdf，在 MAX+plus II 的符号编辑器里编辑，完成的文件格式为 *.sym。

这里选择 Text Editor file 文本编辑器。在 MAX+plus II 的文本编辑器里进行设计输入

第 4 章 第一个 CPLD/FPGA 入门实验程序

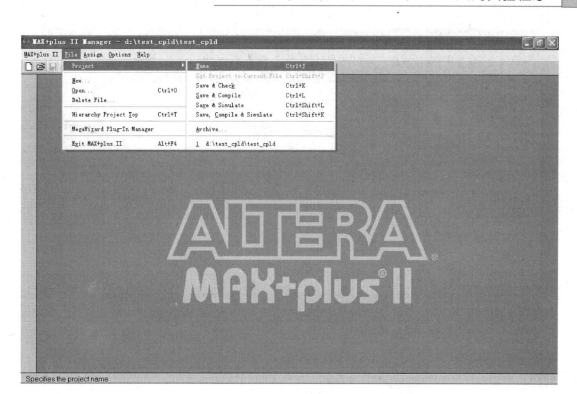

图 4-1 建立一个新项目

时,选用 AHDL 语法编写的文件格式为 *.tdf;选用 VHDL 语法编写的文件格式为 *.vhd;而选用 Verilog HDL 语法编写的文件格式为 *.v。MAX+plus II 的波形编辑器在设计电路时其文件格式为 *.wdf,而在用来观察或输入仿真的波形时其文件格式为 *.scf。

图 4-2 项目名起为 decoder3_8

图 4-3 打开 Text Editor file 编辑器

本书已经介绍过 Verilog HDL 的最大优点是:它是一种比较容易掌握的硬件描述语言,只要有 C 语言的编程基础,通过一段较短时间的学习和实验操作,就可以掌握这种设计技术。因此,本书采用 Verilog HDL 语言学习 PLD 的设计。

单击 OK 按钮,进入 Text Editor file 编辑器,输入源代码(如图 4-4 所示)。

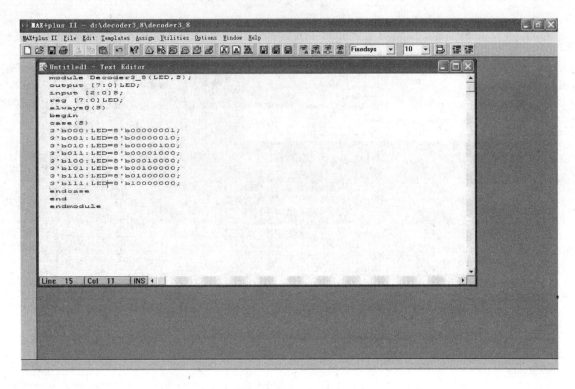

图 4-4 输入源代码

module decoder3_8(LED,S);

output [7:0]LED;

input [2:0]S;

reg [7:0]LED;

always@(S)

begin

case(S)

3'b000:LED = 8'b00000001;

3'b001:LED = 8'b00000010;

3'b010:LED = 8'b00000100;

3'b011:LED = 8'b00001000;

3'b100:LED = 8'b00010000;

3'b101:LED = 8'b00100000;

3'b110:LED = 8'b01000000;

3'b111:LED = 8'b10000000;

endcase

end

endmodule

输入完成后,单击"保存"按钮,将文件保存为 decoder3_8.v,见图 4-5。

选择 File→Project→Set Project to Curent File 命令,这样 Verilog HDL 语言输入完成。

第 4 章　第一个 CPLD/FPGA 入门实验程序

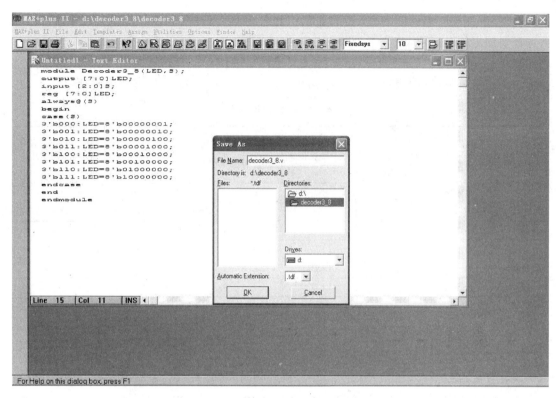

图 4-5　将文件保存为 decoder3_8.v

4.1.3　选择器件并锁定引脚

选择菜单项 Assign→Device，出现如图 4-6 所示 Device 对话框，从 Device Family 下拉菜单中选择 MAX7000S 系列。在 Device 下拉菜单中选择 EPM7128SLC84-15，单击 OK 按钮。
注意：要把 Show Only Fastest Speed Grades 前面的钩去掉，否则看不到 EPM7128SLC84-15。
选择菜单命令 Assign→Pin→Location→Chip，出现如图 4-7 的引脚锁定对话框。

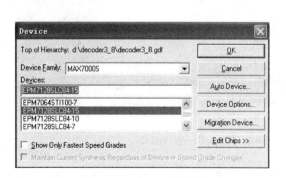

图 4-6　Device 对话框

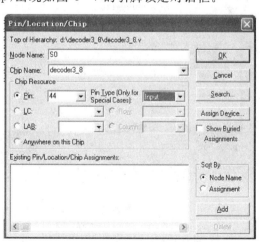

图 4-7　引脚锁定对话框

在 Node Name 编辑框中输入要锁定的引脚名 S0，在 Name in DataBase 列表中选择 Pin，再选择要锁定的引脚号 44（本书参考 MCU & CPLD DEMO 试验板电路原理，得到引脚锁定表如表 4-1 所列），在 Pin Type(Only for Special Cases)中选择 Input；单击 Add 按钮，进入下一个引脚锁定……直到将表 4-1 中所有引脚锁定完毕；再按 OK 按钮完成引脚锁定。

表 4-1 引脚锁定表

Node Name 引脚名	Pin 引脚号	Pin Type(Only for Special Cases) 输入或输出	板上丝印符号	Node Name 引脚名	Pin 引脚号	Pin Type(Only for Special Cases) 输入或输出	板上丝印符号
S0	44	Input	S0	LED3	29	Output	LED3
S1	41	Input	S1	LED4	28	Output	LED4
S2	40	Input	S2	LED5	27	Output	LED5
LED0	33	Output	LED0	LED6	25	Output	LED6
LED1	31	Output	LED1	LED7	24	Output	LED7
LED2	30	Output	LED2				

4.1.4 编译器件

选择菜单命令 Max＋plus II→Compiler 进行编译（见图 4-8），在编译命令对话框中按下 Start 按钮进行编译。如无错误则表示编译完成（见图 4-9），编译成功后会产生 *.pof 文件。

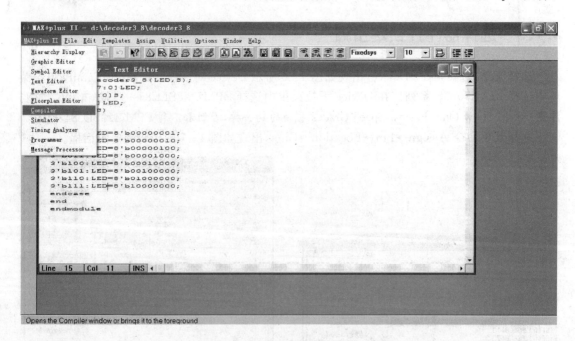

图 4-8 选择菜单命令 Max＋plus II→Compiler 进行编译

执行 Max＋plus II→Floorplan Editor 命令，可看到编译结果在芯片上的分布，双击空白处，可以看到 EPM7128SLC84-15 的 I/O 布局（见图 4-10）。

第4章 第一个CPLD/FPGA入门实验程序

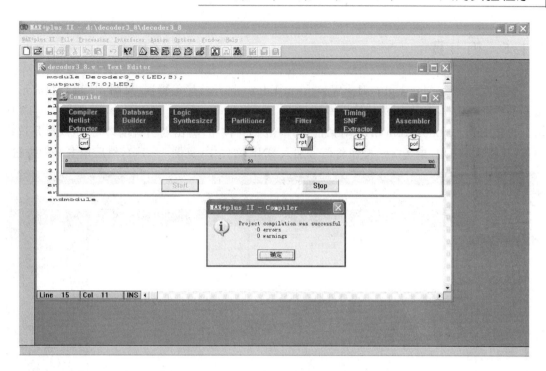

图4-9 如无错误则表示编译完成

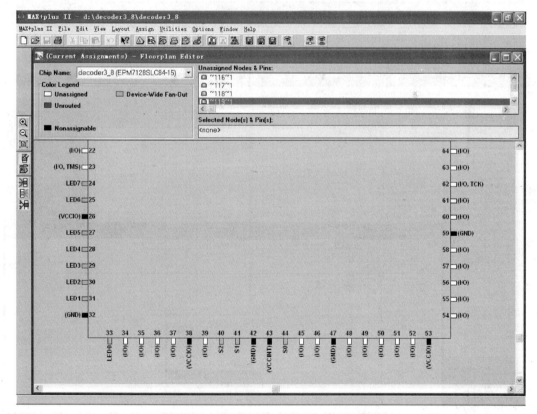

图4-10 EPM7128SLC84-15的I/O布局

4.1.5 仿 真

选择菜单命令 Max+plus II→Waveform Editor 打开波形编辑器(见图 4-11),在波形编辑器的空白处右击,在弹出的快捷菜单中选择 Enter Nodes from SNF…命令,如图 4-12 所示。出现 Enter Nodes from SNF 对话框后,单击 List 按钮,将出现引脚端口列表,默认是选择全部(见图 4-13)。单击"⇒"按钮将信号加入 SNF 文件中(见图 4-14),然后单击 OK 按钮。

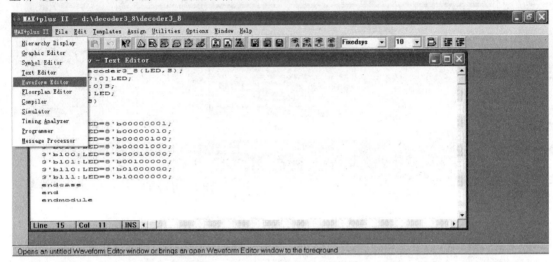

图 4-11 选择菜单命令 Max+plus II→Waveform Editor 打开波形编辑器

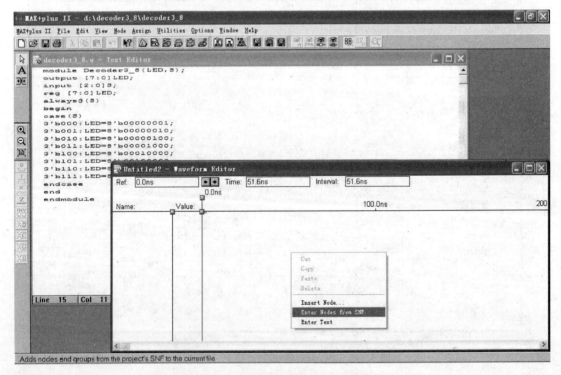

图 4-12 选择 Enter Nodes from SNF…

第 4 章 第一个 CPLD/FPGA 入门实验程序

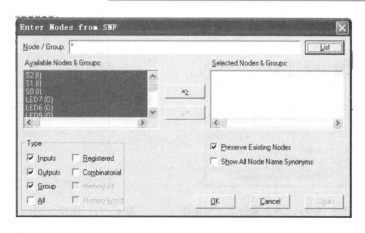

图 4-13 引脚端口列表

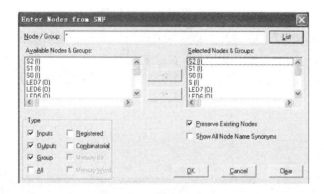

图 4-14 单击=>按钮将信号加入 SNF 文件中

选择菜单命令 File→End Time,将终止时间设置为 100 μs。

接下来,将对信号进行赋值,首先选中输入信号 S,单击 XC 图标(见图 4-15),会弹出如图 4-16 所示的对话框,将 Starting Value 的开始电平设为 000,Increment By 的增加值设为 001,Multiplied By 设为 10,即半周期为 1 μs,单击 OK 按钮关闭此对话框。然后将其保存为 decoder3_8.scf 文件(见图 4-17)。

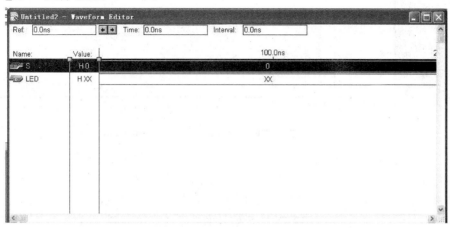

图 4-15 选中输入信号 S

第4章 第一个 CPLD/FPGA 入门实验程序

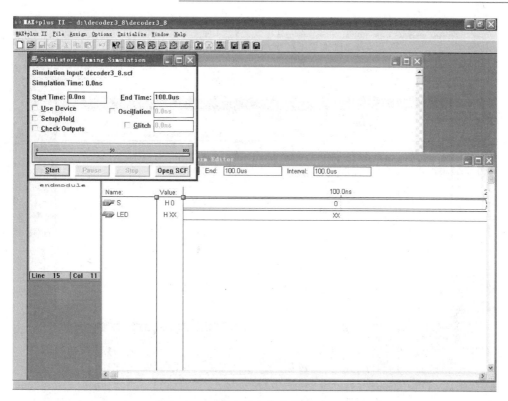

图 4-19 弹出时序仿真的命令窗口

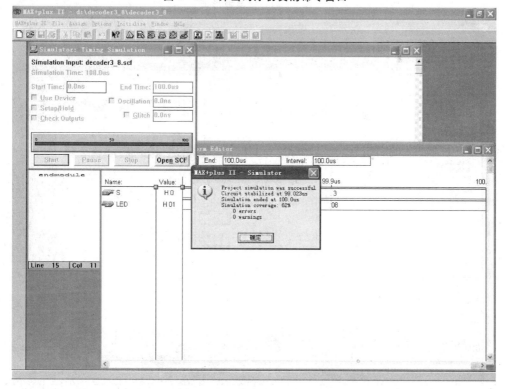

图 4-20 仿真成功的窗口

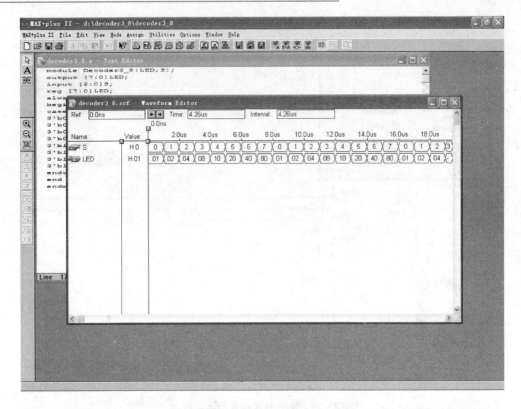

图 4-21 仿真波形图

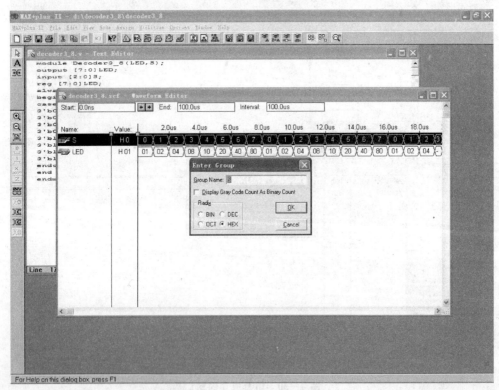

图 4-22 Enter Group 对话框

第4章 第一个 CPLD/FPGA 入门实验程序

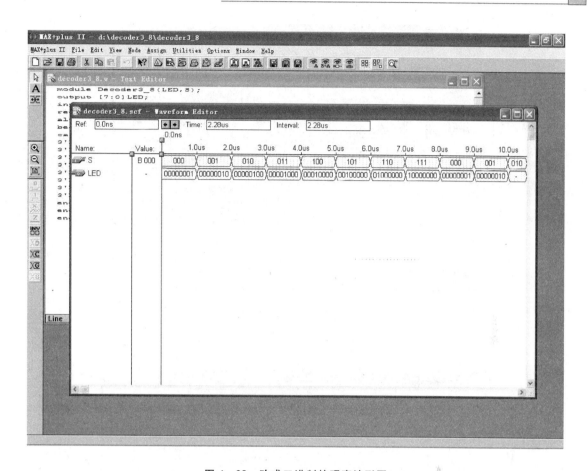

图 4-23 改成二进制的观察波形图

4.1.6 编程下载

Altera 公司的 EPM7000S 系列器件尽管性能优良,但只能烧写 100 次左右,这对于学习及开发实验是很不利的。因此本书使用 Atmel 公司的 ATF1508AS,它可以完全替代 EPM7128SLC84-15,烧写次数高达 10 000 次。在 Max+plus II 中编译生成的 *.pof 文件还不能直接下载到 ATF1508AS 中,必须通过 Atmel 公司提供的 Pof2jed 软件转换成 *.jed 文件才能进行下载。

打开 Pof To Jed 软件,见图 4-24。单击 Input 编辑框后的 Browse 按钮,选择刚才在 Max+plus II 中生成的 decoder3_8.pof 文件(具体位置在 D:\decoder3_8),这时软件将自动生成 Output 编辑框中的文件名。单击 Run 按钮开始转换,如果没有错误则表示将 decoder3_8.pof 文件成功转换成了 decoder3_8.jed 文件(见图 4-25)。

注意:输入文件存放的文件夹名称必须是英文的,而且小于或等于 8 个字符,否则可能会出现不正常的现象。

打开 Atmel ISP 软件,在 Hardware Settings 中的 Cable 编辑框下拉菜单中选择 Byte-Blaster MV(见图 4-26)。单击 File→New 命令新建文件,在弹出的 Creat New Device 对话

手把手教你学 CPLD/FPGA 与单片机联合设计

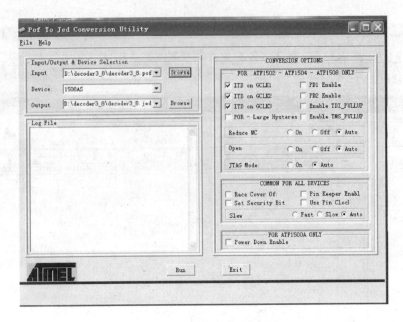

图 4-24 打开 Pof To Jed 软件

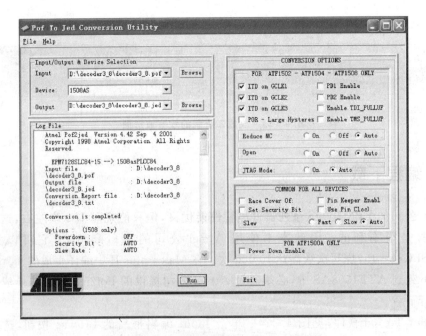

图 4-25 成功转换成 decoder3_8.jed 文件

框中输入 1,然后单击 OK 按钮(见图 4-27)。随后弹出如图 4-28 所示的对话框,在 Device Name 编辑框的下拉菜单中选择 ATF1508AS,在 Jtag 编辑框的下拉菜单中选择 Program/Verify,单击 Jedec 编辑框后的 Browse 按钮,选中 decoder3_8.jed 文件,然后单击 OK 按钮。选择 File→Save 命令,文件名填 1(见图 4-29),即保存为 1.chn 文件(见图 4-30)。单击 Run 按钮开始下载(见图 4-31),下载成功,软件会出现相应的提示(见图 4-32)。

第 4 章　第一个 CPLD/FPGA 入门实验程序

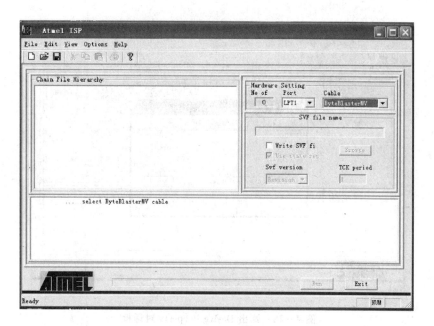

图 4-26　选择 ByteBlaster MV

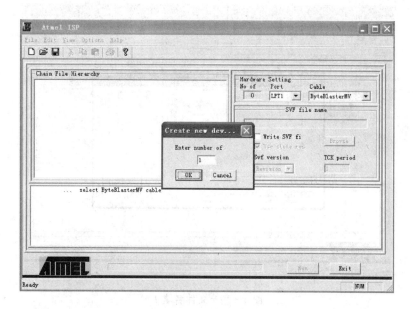

图 4-27　在 Creat New Device 对话框中输入 1,然后单击 OK 按钮

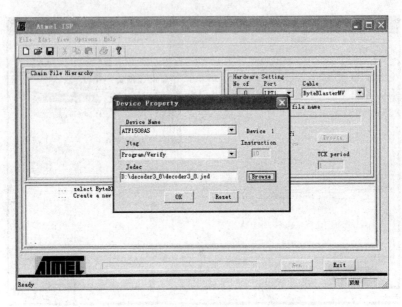

图 4-28　弹出 Device Property 对话框

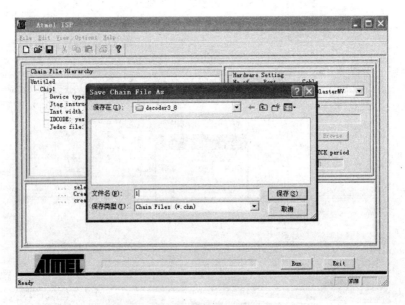

图 4-29　文件名填 1

第4章 第一个 CPLD/FPGA 入门实验程序

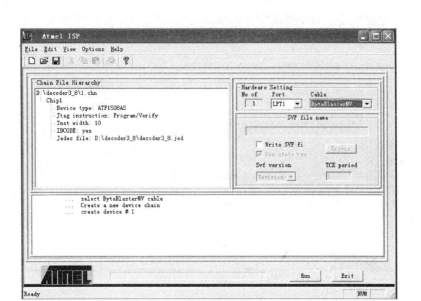

图 4-30 保存为 1.chn 文件

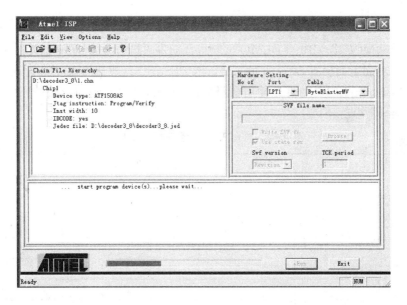

图 4-31 单击 Run 按钮开始下载

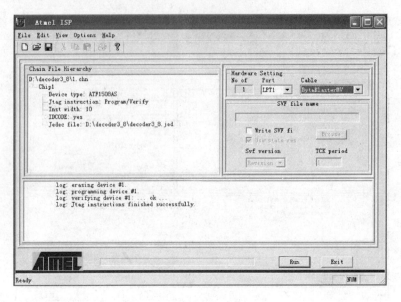

图 4-32 软件提示下载成功

4.1.7 应 用

下载完毕后,MCU & CPLD DEMO 试验板自动进入运行状态,板子的左下角有一个 SW 拨码开关,可以看到上面标有 S0~S3 的字样。拨动 S0~S2(拨码开关 ON 时为低电平,OFF 时为高电平),LED0~LED7 的灯光输出信号(高电平灭,低电平亮)完全符合 3-8 线译码器的真值表(见表 4-2)。

表 4-2 符合 3-8 线译码器的真值表

输 入			输 出							
S2	S1	S0	LED7	LED6	LED5	LED4	LED3	LED2	LED1	LED0
0	0	0	0	0	0	0	0	0	0	1
0	0	1	0	0	0	0	0	0	1	0
0	1	0	0	0	0	0	0	1	0	0
0	1	1	0	0	0	0	1	0	0	0
1	0	0	0	0	0	1	0	0	0	0
1	0	1	0	0	1	0	0	0	0	0
1	1	0	0	1	0	0	0	0	0	0
1	1	1	1	0	0	0	0	0	0	0

4.2 使用 Quartus II 集成开发软件进行入门实验

使用 Quartus II 集成开发软件进行开发的过程如下:
- 建立项目并选择器件;

- 设计输入(原理图或硬件描述语言);
- 设计编译;
- 仿真;
- 引脚分配;
- 编程下载;
- 应用。

同样,将单片机从 MCU & CPLD DEMO 试验板上取下,避免产生冲突。

4.2.1 建立项目

打开 Quartus II 集成开发软件,选择 File→New Project Wizard... 命令,如图 4-33 所示。出现如图 4-34 所示的介绍后,单击 Next 按钮。随后出现如图 4-35 所示的项目路径(上面一行)、项目名称(中间一行)、顶层文件(下面一行)设定窗口,分别指定创建项目的路径、名称和顶层文件名。项目名称和顶层文件可以一致也可以不同,一个项目中可以有多个文件,但只能有一个顶层文件。在此将项目名取为 decoder3to8,顶层文件也取名为 decoder3to8。

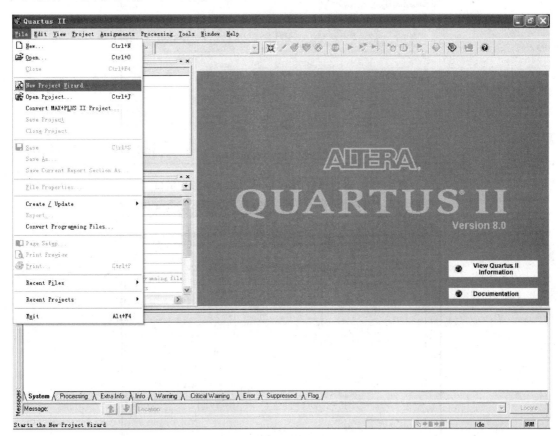

图 4-33　选择 File→New Project Wizard... 命令

单击 Next 按钮后,出现如图 4-36 所示的界面,可以在新建的项目中添加已有的 Verilog HDL 文件,这里不需要添加 Verilog HDL 文件,单击 Next 按钮即可。

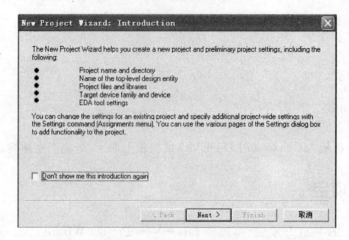

图4-34 单击Next按钮

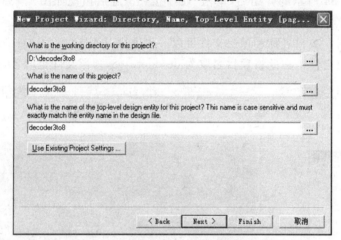

图4-35 项目路径、项目名称、顶层文件设定窗口

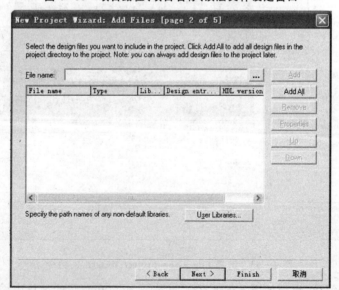

图4-36 在新建的项目中添加已有的Verilog HDL文件界面

第4章 第一个 CPLD/FPGA 入门实验程序

当出现如图 4-37 所示的界面后将进行器件选择。器件的选择是与 MCU & CPLD DEMO 试验板上的 PLD 芯片相关。本书使用 Atmel 公司的 ATF1508AS,完全兼容 Altera 公司的 EPM7000S,选择 MAX7000S 系列,型号为 EPM7128SLC84-15 的器件,封装为 PLCC,引脚数为 84,速度等级为 15,通过这些条件的限制,可以很快地在可选器件框(Available devices)中找到相应的器件,如图 4-38 所示。

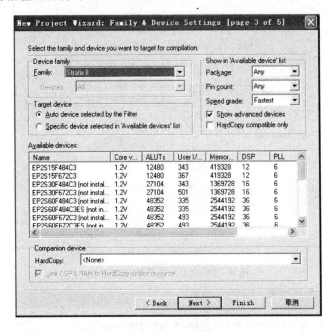

图 4-37 器件选择

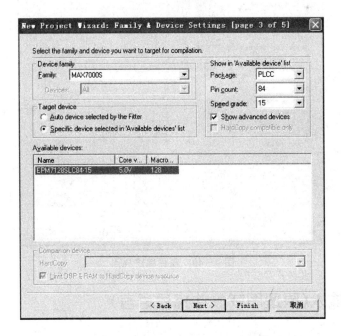

图 4-38 在可选器件框中找到相应的器件

单击 Next 按钮后,出现对 EDA 工具的设定界面(见图 4-39)。再单击 Next 按钮,出现项目综述的界面(见图 4-40),单击 Finish 按钮完成项目创建。

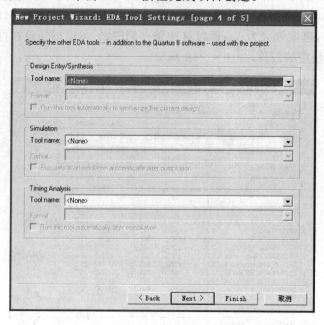

图 4-39　EDA 工具的设定界面

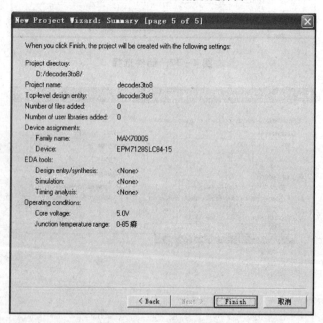

图 4-40　项目综述界面

4.2.2　设计输入(原理图或硬件描述语言)

选择 File→New 命令(见图 4-41),弹出一个新建设计文件选择对话框(见图 4-42),选择 Design Files 页面的 Verilog HDL File,单击 OK 按钮。

第4章 第一个 CPLD/FPGA 入门实验程序

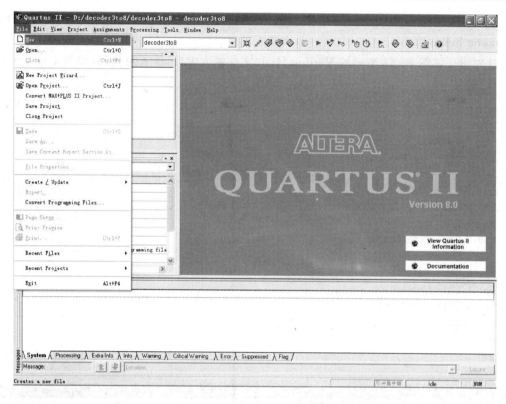

图 4-41 选择 File→New 命令

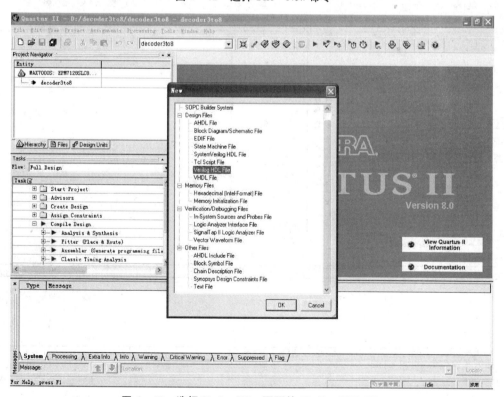

图 4-42 选择 Design Files 页面的 Verilog HDL File

如果需要进行原理图式的图形文件输入,则选择 Design Files 页面的 Block Diagram/Schematic File。

这时出现如图 4-43 所示的 Verilog HDL 文件输入窗口,输入源代码(如图 4-44 所示)。

```
module decoder3to8(LED,S);
output [7:0]LED;
input [2:0]S;
reg [7:0]LED;
always@(S)
begin
case(S)
3'b000:LED = 8'b00000001;
3'b001:LED = 8'b00000010;
3'b010:LED = 8'b00000100;
3'b011:LED = 8'b00001000;
3'b100:LED = 8'b00010000;
3'b101:LED = 8'b00100000;
3'b110:LED = 8'b01000000;
3'b111:LED = 8'b10000000;
endcase
end
endmodule
```

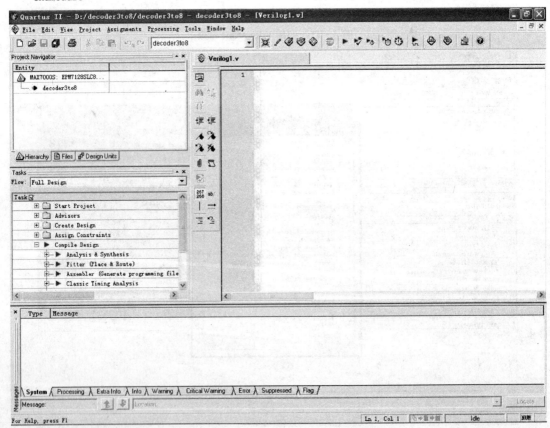

图 4-43 Verilog HDL 文件输入窗口

第4章 第一个CPLD/FPGA入门实验程序

输入完毕进行保存,保存时文件名与实体名保持一致,本书将文件保存为decoder3to8.v。

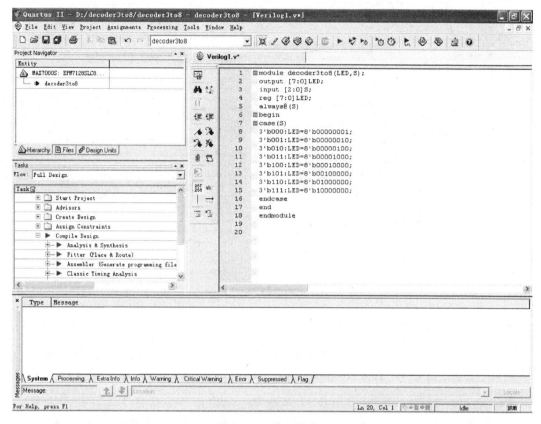

图4-44 输入源代码

4.2.3 设计编译

选择Processing→Start→Start Analysis & Synthesis命令(见图4-45),对以上程序进行分析综合,检查语法规范。如果出现问题,则对源程序进行修改,直至没有问题为止。可以看到检查下来没有问题(见图4-46)。然后,选择Processing→Start Compilation命令编译整个程序(见图4-47),图4-48是编译成功的提示。

4.2.4 仿 真

选择File→New→Verification/Debugging Files/Vector Waveform File,然后单击OK按钮建立仿真文件(见图4-49)。

出现如图4-50所示的波形文件后,在空白处右击,选择Insert→Insert Node or Bus...命令,或者选择Edit→Insert→Insert Node or Bus...命令,出现Insert Node or Bus对话框(见图4-51),此时可在该对话框的Name栏直接键入所需仿真的引脚名,也可单击Node Finder...按钮,将所有需要仿真的引脚一起导入(见图4-52)。单击List按钮,出现所有已定义的引脚名(见图4-53)。

手把手教你学 CPLD/FPGA 与单片机联合设计

图 4-45 选择 Processing→Start→Start Analysis & Synthesis 命令

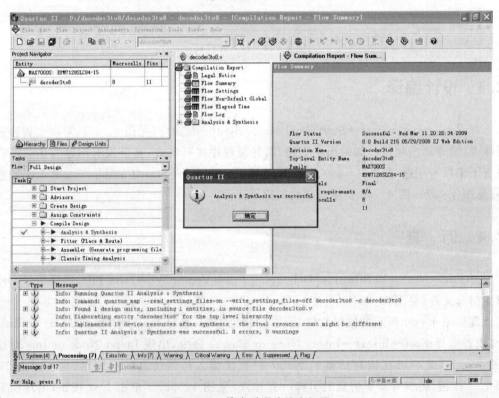

图 4-46 检查后语法没有问题

第4章 第一个 CPLD/FPGA 入门实验程序

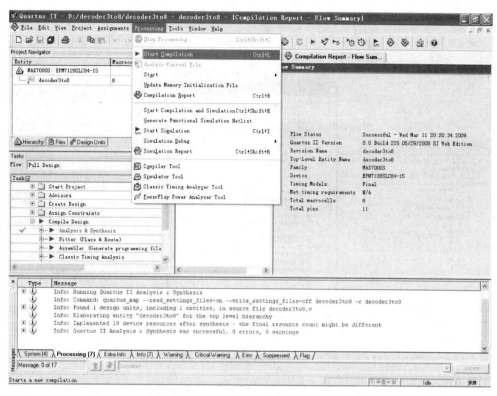

图 4-47 选择 Processing→Start Compilation 命令编译整个程序

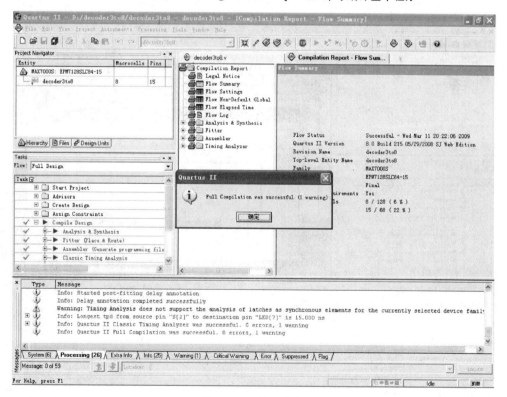

图 4-48 编译成功

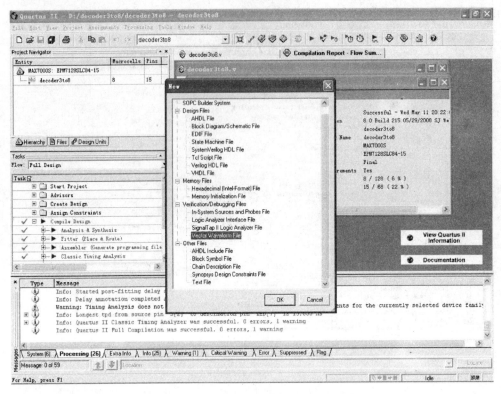

图 4-49 建立仿真文件

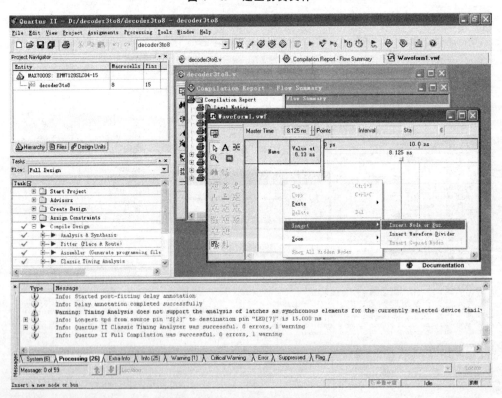

图 4-50 出现图示的波形文件

第4章 第一个 CPLD/FPGA 入门实验程序

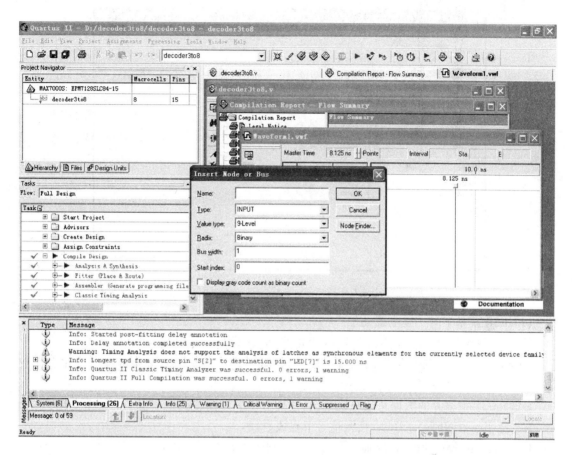

图 4-51 Insert Node or Bus 对话框

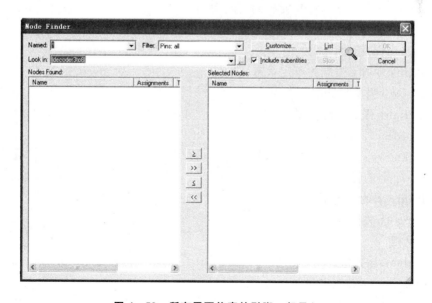

图 4-52 所有需要仿真的引脚一起导入

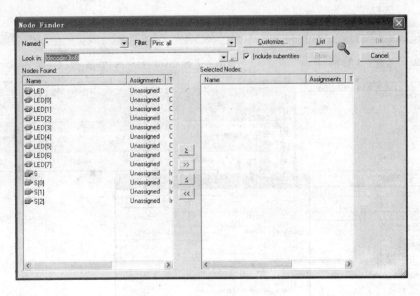

图4-53 所有已定义的引脚名

(1) Edit 菜单下的一些主要功能

Value：设定信号的值、高阻、高电平、低电平、时钟等。

Group：把一些分散的数据总线合并成一根总线，这样观察总线整体的数据变化会比较方便。

Ungroup：把合并的数据总线分别列出，这样方便看数据总线单个位上的数据变化。

Insert/Insert Node or Bus：插入信号节点或总线。

Insert Time Bar：插入时间轴。

End Time：设定仿真的结束时间，也就是设定仿真的时间长度。

Grid Size：设定仿真图形中单元格的间隔大小。

(2) 图4-50波形文件的左侧信号设置功能

Uninitialized：初始化。

Forcing Unknown：强制为不定状态。

Forcing Low：强制为低电平。

Forcing High：强制为高电平。

High Impedance：高阻抗。

Weak Unknown：不定状态的弱信号。

Weak Low：弱的低电平。

Weak High：弱的高电平。

Don't Care：无关信号。

Invert：反相。

Count Value：计数值。

Overwrite Clock：改写时钟。

Arbitrary Value：任意值。

Random Value：随机值。

单击">>"按钮，将所需仿真的引脚移至 Selected Noder 框中(见图 4-54)。单击 OK 按钮后进入波形仿真界面(见图 4-55)。

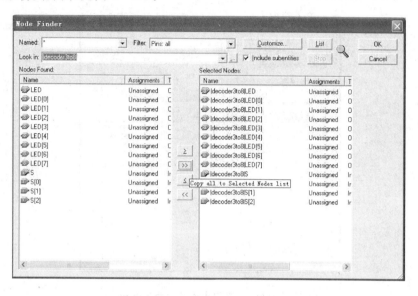

图 4-54 所需仿真的引脚移至 Selected Noder 框中

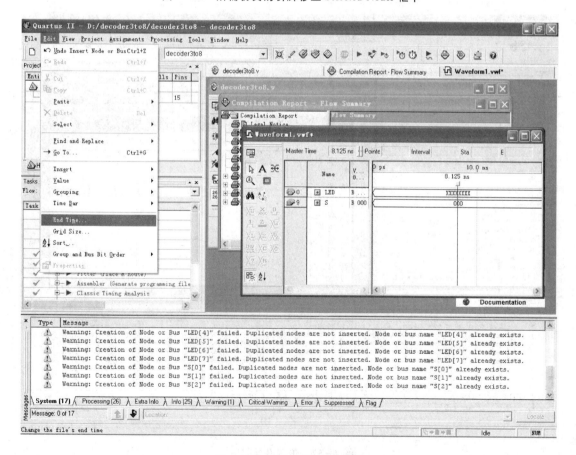

图 4-55 进入波形仿真界面

选择 Edit→End Time 命令后设置仿真结束的时间,将仿真结束时间设为 100 μs(见图 4-56),单击 OK 按钮后如图 4-57 所示。

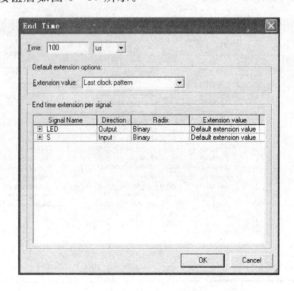

图 4-56 仿真结束时间设为 100 μs

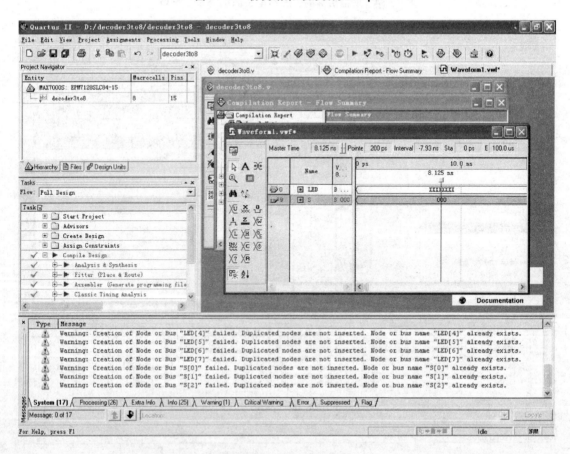

图 4-57 仿真设置完毕

也可以改变仿真显示的方式。在图 4-57 仿真文件中,选中第二行的输入信号(使之发蓝),然后单击左侧图标 XC,出现如图 4-58 所示的 Count Value 对话框,在 Counting 选项卡中,将 Radix 栏改为二进制方式(Binary)。

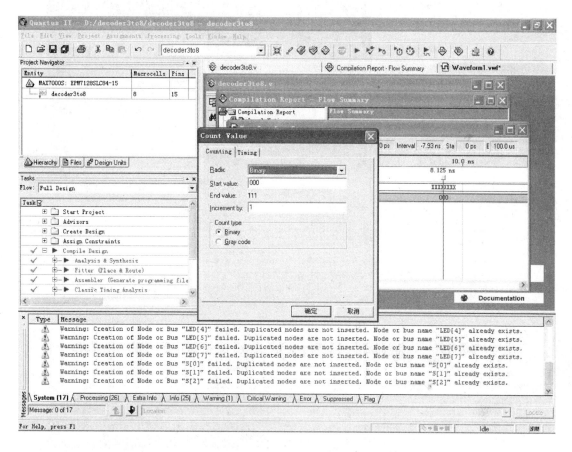

图 4-58　Count Value 对话框

单击 Timing 后切换到 Timing 选项,如图 4-59 所示。可以看到,仿真的起始时间为 0 ps,结束时间为 100.0 μs。然后保存,文件名为 Decoder3to8.vwf。

Quartus II 中的仿真包括功能仿真和时序仿真,功能仿真检查逻辑功能是否正确,不含器件内的实际延时分析;时序仿真检查实际电路能否达到设计指标,含器件内的实际延时分析。两种仿真操作类似,只需在 Processing 菜单中选择 Simulater Tool 命令(见图 4-60),在其 Simulater mode 中进行选择即可。Timing 代表时序仿真,Functional 表示功能仿真。这里选择时序仿真,如图 4-61 所示。

选择 Processing→Start Simulation 命令(见图 4-62),启动仿真器工作(见图 4-63)。

在图 4-64 中,可以观看仿真波形。为了观察清楚,将 LED 和 S 前面的"+"号展开,如图 4-65 所示,从波形看出,设计完全达到要求。

手把手教你学 CPLD/FPGA 与单片机联合设计

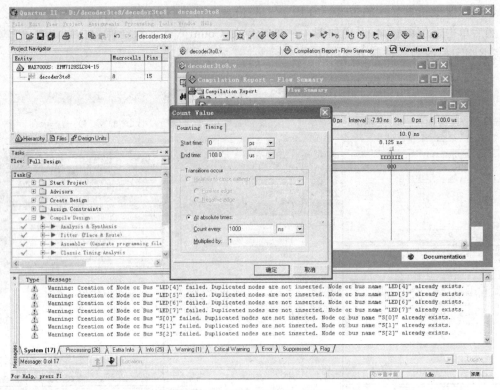

图 4-59 切换到 Timing 选项

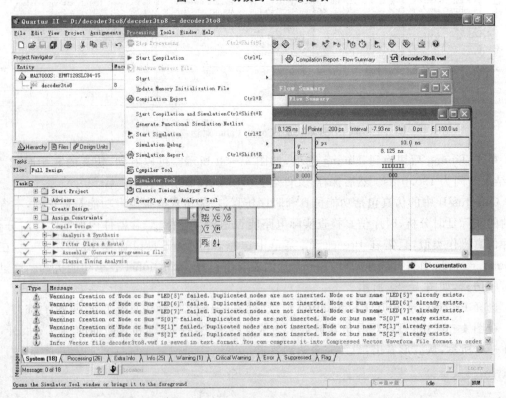

图 4-60 在 Processing 菜单中选择 Simulater Tool 命令

第 4 章　第一个 CPLD/FPGA 入门实验程序

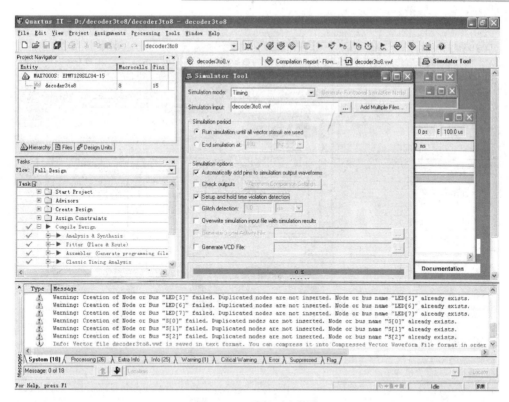

图 4-61　选择时序仿真

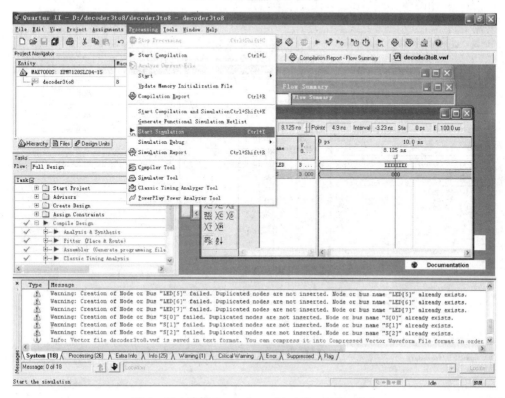

图 4-62　选择 Processing→Start Simulation 命令

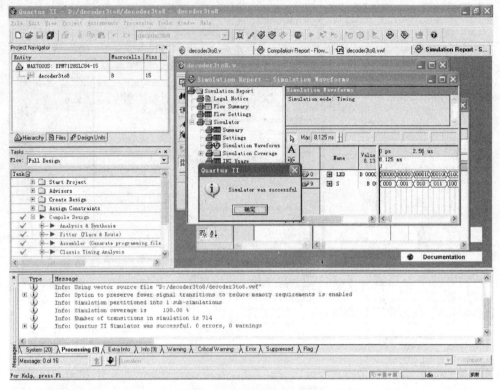

图 4-63 启动仿真器工作

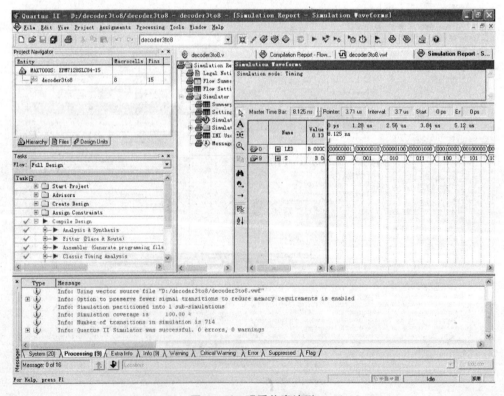

图 4-64 观看仿真波形

第4章 第一个CPLD/FPGA入门实验程序

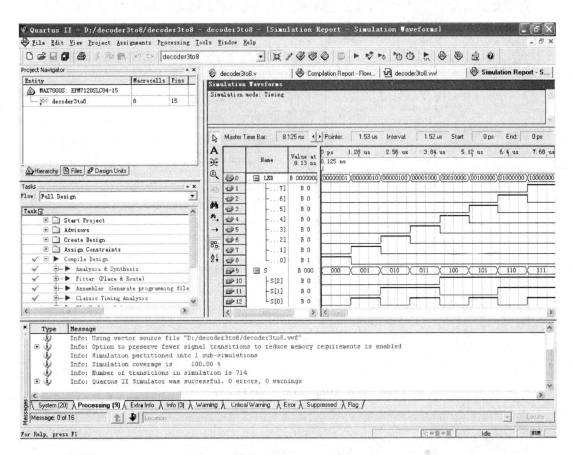

图4-65 将LED和S前面的"+"号展开

4.2.5 引脚分配

选择Assignments→Pins命令进行引脚分配(见图4-66),弹出一个引脚分配的窗口(见图4-67)。

鼠标指向窗口下侧S[0]一行的Location空格处(见图4-67下面的发蓝处)进行双击,出现分配芯片引脚的下拉菜单(见图4-68)。前面在Max+plus II集成开发软件下进行实验的操作过程中,已经知道,根据MCU & CPLD DEMO试验板电路原理,得到引脚分配锁定如表4-1所列。因此,这里依旧以表4-1为参考,将S[0]的引脚分配为44脚。同样进行下一个引脚分配,直到将表4-1中所有引脚分配锁定完毕。图4-69为分配完成的界面,然后关闭引脚分配的窗口。

引脚分配锁定后,还需要把顶层文件再编译一遍,以生成可以下载的*.pof文件。选择Processing→Start Compilation命令再次编译整个程序,图4-70是编译成功的提示。

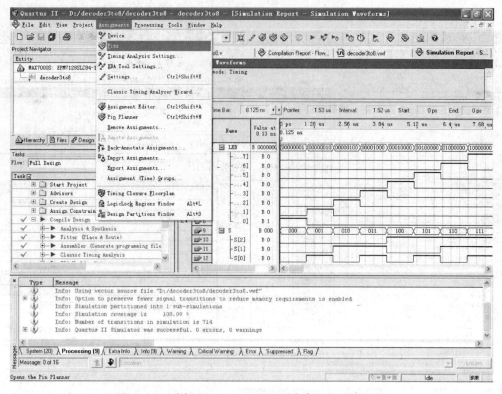

图 4-66 选择 Assignments→Pins 命令进行引脚分配

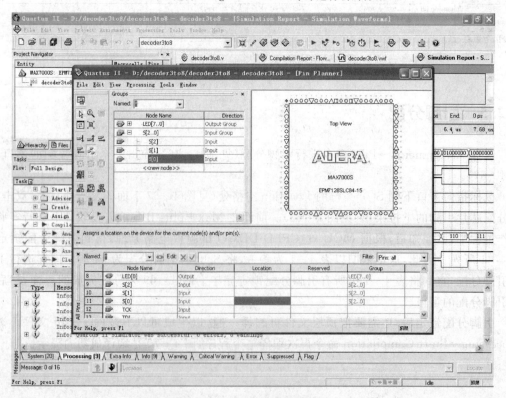

图 4-67 弹出引脚分配的窗口

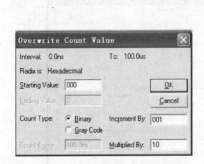
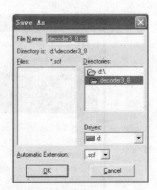

图4-16 弹出Overwrite Count Value对话框　　图4-17 保存为decoder3_8.scf文件

选择菜单命令Max+plus II→Simulator(见图4-18),弹出时序仿真的命令窗口(见图4-19),单击Start按钮开始仿真,若无错误则出现仿真成功的窗口(见图4-20)。

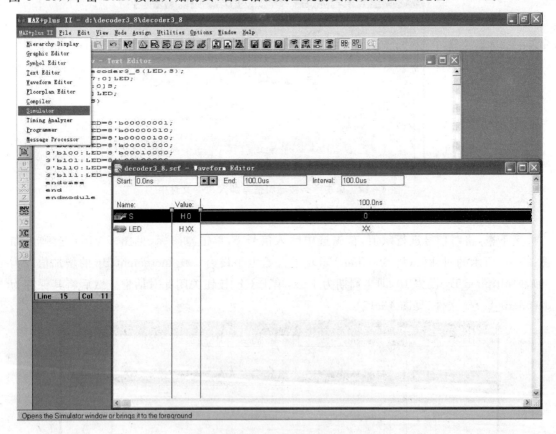

图4-18 选择菜单命令Max+plus II→Simulator

单击"确定"按钮,然后再单击Open SCF按钮,出现仿真波形图(见图4-21)。但读者会发现波形图中显示的是十六进制数,不利于观察。选中输入信号S,然后右击,在弹出的下拉菜单中选择Enter Group命令(如图4-22所示),可以看到原来显示是按照十六进制数,将其改为二进制数(BIN),单击OK按钮,就把S信号的显示改成二进制。同理,将LED信号的显示也改成二进制。这样观察波形图就非常直观了(见图4-23)。

第 4 章 第一个 CPLD/FPGA 入门实验程序

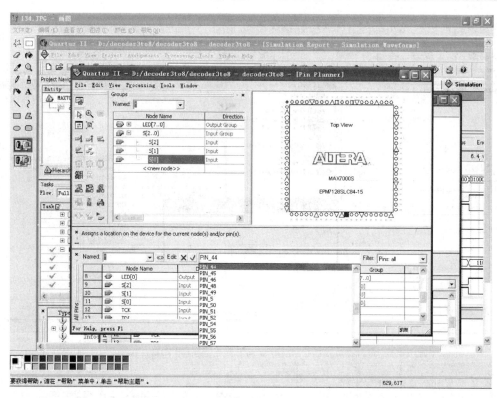

图 4-68 出现分配芯片引脚的下拉菜单

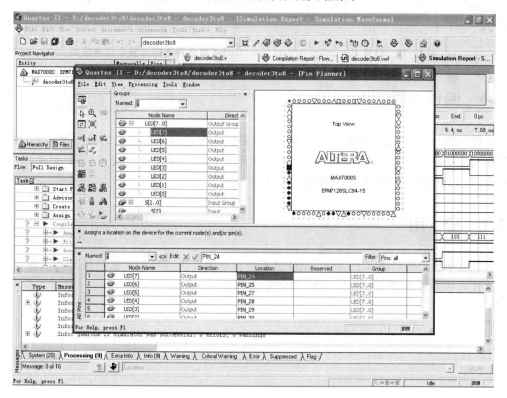

图 4-69 引脚分配完成的界面

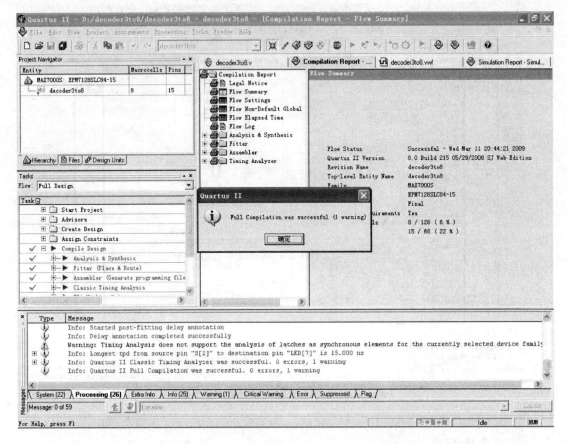

图 4-70 选择 Processing→Start Compilation 命令再次编译整个程序成功

4.2.6 编程下载

编程下载与上面的在 Max+plus Ⅱ 集成开发软件下进行入门实验的操作过程完全一样。先将在 Quartus Ⅱ 中编译生成的 *.pof 文件用 Pof2jed 软件转换成 *.jed 文件,然后用 Atmel ISP 软件,将 *.jed 文件下载到 ATF1508AS。

4.2.7 应 用

下载完毕后,MCU & CPLD DEMO 试验板自动进入运行状态。运行结果与上面在 Max+plus Ⅱ 集成开发软件下开发 CPLD/FPGA 的结果完全一样。

第 5 章 Verilog HDL 硬件描述语言

Verilog HDL 是一种用于数字系统设计的硬件描述语言,它可用来进行各种级别的逻辑设计,以及数字逻辑系统的仿真验证、时序分析和逻辑综合。Verilog HDL 是目前应用最广泛的一种硬件描述语言。

5.1 Verilog HDL 模块的基本结构

Verilog HDL 程序是由模块构成的。每个模块的内容都位于 module 和 endmodule 这两个关键字之间,Verilog HDL 模块的基本结构如图 5-1 所示。每个 Verilog HDL 模块都包括 4 个主要部分:模块声明、端口定义、信号类型说明和逻辑功能描述,每个模块都用于实现特定的功能。

```
module 模块声明 (<输入、输出端口列表>);
    端口定义
        output  输出端口;
        input   输入端口;
        inout   端口;
    信号类型说明
        wire
        reg
        parameter
    逻辑功能描述
        assign
        always
        function
        task
        ......
endmodule
```

图 5-1 Verilog HDL 模块的基本结构

5.1.1 模块声明

模块声明包括模块名字,模块输入、输出端口列表。模块定义格式如下:

module 模块名(端口名1,端口名2,……,端口名n);

模块的端口表示的是模块的输入和输出口名,也就是它与别的模块联系端口的标识。在模块被引用时,该模块有的信号要输入到被引用的模块中,有的信号需要从被引用的模块中取出。

5.1.2　端口定义

对模块的输入、输出端口要明确说明,其格式为:

input 端口名1,端口名2,……端口名n;　　　　//输入端口
output 端口名1,端口名2,……端口名n;　　　　//输出端口
inout 端口名1,端口名2,……端口名n;　　　　//输入/输出端口

端口是模块与外界或其他模块连接和通信的信号线。一个模块的端口如图5-2所示,有3种端口类型,分别是输入端口(input)、输出端口(output)和输入/输出端口(inout)。

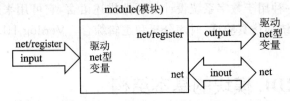

图5-2　Verilog HDL 模块的端口

对于端口应注意:
- 每个端口除了要声明是输入、输出,还是双向端口外,还要声明其数据类型,是连线型(wire),还是寄存器型(reg),如果没有声明,则综合器将其默认为是 wire 型。
- 输入和双向端口不能声明为寄存器型。
- 在测试模块中不需要定义端口。

5.1.3　信号类型说明

对模块中所用到的所有信号(包括端口信号、节点信号等)都必须进行数据类型的定义。Verilog HDL 语言提供了各种信号类型,分别模拟实际电路中的各种物理连接和物理实体。信号类型声明为在模块内用到的和与端口有关的 wire 及 reg 类型变量的声明。

下面是定义信号数据类型的几个例子:

reg bout;　　　　　　　　//定义信号 bout 的数据类型为 reg 型
reg[3:0] dataout;　　　　//定义信号 dataout 的数据类型为4位 reg 型
wire A,B,C,D;　　　　　　//定义信号 A,B,C,D 为 wire(连线)型

如果信号的数据类型没有定义,则综合器将其默认为是 wire 型。

5.1.4　逻辑功能描述

模块中最核心的部分是逻辑功能定义。有多种方法可在模块中描述和定义逻辑功能,还可以调用函数(function)和任务(task)来描述逻辑功能。下面介绍定义逻辑功能的几种基本方法。

第 5 章　Verilog HDL 硬件描述语言

1. 用"assign"持续赋值语句定义

　assign out = a&b;

"assign"语句是描述组合逻辑最常用的方法之一,称为持续赋值方式。这种方法简单,只需将逻辑表达式放在关键字"assign"后即可。

2. 调用实例元件

调用实例元件的方法类似于在电路图输入方式下调入图形符号来完成设计,输入元件的名字和相连的引脚即可,这种方法侧重于电路的结构描述。在 Verilog HDL 语言中,可通过调用如下元件的方式来描述电路的结构。

① 调用 Verilog HDL 内置门元件(门级结构描述)。
② 调用开关级元件(开关级结构描述)。

在多层次结构电路设计中,不同模块的调用也可以认为是结构描述。下面是元件调用的例子:

　and a2(out,in1,in2);　　　　　　　//调用门元件,定义了一个二输入的与门,名字为 a2

3. 用"always"过程块赋值

"always"过程块既可用于描述组合逻辑,也可描述时序逻辑。
例如,有以下代码:

```
always @(posedge clk)              //每当 clk 上升沿到来时执行一遍 begin-end 块内的语句
begin
     if(clr) out<=0;
     else out<=out+1;
end
```

上面的代码用"always"块来描述逻辑功能,一般称为行为描述方式,这种方法一般多用于描述时序逻辑。

归纳起来,Verilog HDL 模块的模板如下:

```
module <顶层模块名>(<输入输出端口列表>);
output 输出端口列表;              //输出端口声明
input 输入端口列表;               //输入端口声明

/*定义数据,信号类型,函数声明,用关键字 wire,reg,task,funtion 等定义*/
wire 信号名;
reg 信号名;

/*逻辑功能定义*/
assign <结果信号名>=<表达式>;    //使用 assign 语句定义逻辑功能

/*用 always 块描述逻辑功能*/
always @(<敏感信号表达式>)
    begin
```

```
        //过程赋值
        //case 语句
        //while,repeat,for 循环语句
        //task,function 调用
        end

/*调用其他模块*/
<调用模块名>  <实例化模块名>  (<端口列表>);

/*门元件实例化*/
门元件关键字 <实例化门元件名>  (<端口列表>);
endmodule
```

5.1.5 实验程序 1——缓冲器

缓冲器的电路符号如图 5-3 所示。

在 D 盘中先建立一个文件名为 BUF_G 的文件夹,然后建立一个 BUF_G 的新项目,输入以下源代码并保存为 BUF_G.v。

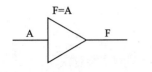

图 5-3 缓冲器的电路符号

```
module BUF_G(A,F);
output F;
input A;
assign F = A;
endmodule
```

源代码输入完成后,将器件选择为 EPM7128SLC84-15。引脚分配需要参考 MCU&CPLD DEMO 试验板的电路原理,这里将 A 分配在 44 脚,F 分配在 33 脚。器件编译通过后,可进行仿真。接下来进行 *.pof 至 *.jed 的文件转换,最后将 *.jed 文件下载到 ATF1508AS 芯片中。

在 MCU&CPLD DEMO 试验板的左下角,有一个 4 位的拨码开关 SW,标识 S0 的开关拨上时(ON),ATF1508AS 的 44 脚输入低电平,这时 LED0 亮(ATF1508AS 的 33 脚输出低电平);标识 S0 的开关拨下时(OFF),ATF1508AS 的 44 脚输入高电平,这时 LED0 灭(ATF1508AS 的 33 脚输出高电平)。实现了缓冲器的逻辑电路。

5.1.6 实验程序 2——反相器(非门)

反相器(非门)的电路符号如图 5-4 所示。

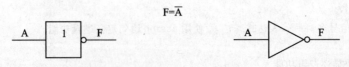

图 5-4 反相器(非门)的电路符号

在 D 盘中先建立一个文件名为 NOT_G 的文件夹,然后建立一个 NOT_G 的新项目,输入以下的源代码并保存为 NOT_G.v。

```
module NOT_G(A,F);
output F;
input A;
assign F = ~A;
endmodule
```

源代码输入完成后,将器件选择为 EPM7128SLC84-15。引脚分配参考 MCU&CPLD DEMO 试验板的电路原理,这里将 A 分配在 44 脚,F 分配在 33 脚。器件编译通过后,可进行仿真。接下来进行 *.pof 至 *.jed 的文件转换,最后将 *.jed 文件下载到 ATF1508AS 芯片中。

在 MCU&CPLD DEMO 试验板上,将 4 位拨码开关的 S0 的开关拨上时(ON),ATF1508AS 的 44 脚输入低电平,这时 LED0 灭(ATF1508AS 的 33 脚输出高电平);S0 的开关拨下时(OFF),ATF1508AS 的 44 脚输入高电平,这时 LED0 亮(ATF1508AS 的 33 脚输出低电平)。实现了反相器(非门)的逻辑电路。

5.2 Verilog HDL 语法要素

Verilog HDL 程序是由各种符号流构成的,这些符号包括空白符、操作符、数字、字符串、注释、标识符和关键字等。

5.2.1 标识符与关键字

1. 标识符

标识符用来标识源程序中某个对象的名字,这些对象可以是变量、语句、数据类型和函数等。Verilog HDL 中的标识符可以是任意一组字母、数字以及符号"$"和"_"(下划线)的组合,但标识符的第一个字符必须是字母或者是下划线。另外,标识符是区分大小写的。

以下是几个合法的标识符的例子:

```
time
TIME                //time 与 TIME 是不同的
_A1_b2
S12_6
TOW
```

以下是几个不正确的例子:

```
30c                 //非法,标识符不允许以数字开头
out*                //非法,标识符中不允许包含字符*
```

标识符在命名时,应当简单,含义清晰,并且尽量为每个标识符取一个有意义的名字,这样有助于阅读及理解程序。

2. 关键字

Verilog HDL 语言内部已经使用的词称为关键字或保留字,在程序编写中不允许用户的标识符与关键字相同。以下是 Verilog HDL 语言中所有的关键字,所有的关键字都是小写。

always、and、assign、begin、buf、bufif0、bufif1、case、casex、casez、cmos、deassign、default、defparam、disable、edge、else、end、endcase、endmodule、endfunction、endprimitive、endspecify、endtable、endtask、event、for、force、forever、fork、function、highz0、highz1、if、initial、inout、input、integer、join、large、macromodule、medium、module、nand、negedge、nmos、nor、not、notif0、notif1、or、output、parameter、pmos、posedge、primitive、pull0、pull1、pullup、pulldown、rcmos、reg、releses、repeat、mmos、rpmos、rtran、rtranif0、rtranif1、scalared、small、specify、specparam、strength、strong0、strong1、supply0、supply1、table、task、time、tran、tranif0、tranif1、tri、tri0、tri1、triand、trior、trireg、vectored、wait、wand、weak0、weak1、while、wire、wor、xnor、xor。

5.2.2 常量、变量及数据类型

1. 常 量

在程序运行过程中,其值不能被改变的量称为常量,Verilog HDL 中的常量主要有 3 种类型:整数、实数、字符串,最常用的常量有数字和字符串。

Verilog HDL 有以下 4 种逻辑值状态。
- 0:低电平、逻辑 0 或逻辑非;
- 1:高电平、逻辑 1 或逻辑真;
- x 或 X:不确定或未知的逻辑状态;
- z 或 Z:高阻态。

Verilog HDL 中的常量在上述 4 种逻辑状态中取值,其中 x 和 z 都不区分大小写。

在 Verilog HDL 语言中,用 parameter 来定义符号常量,即用 parameter 来定义一个标志符,代表一个常量。其定义格式如下:

parameter 参数名1=表达式1,参数名2=表达式2,…… 参数名n=表达式n;

例如:

Parameter select = 5,code = 8'h56;

//分别定义参数 select 代表常数 5(十进制),参数 code 代表常量 56(十六进制)

2. 变 量

在程序运行过程中,其值可以被改变的量称为变量,Verilog HDL 中的变量主要分为连线型(net)和寄存器型(register)。连线型中常用的有 wire 型,寄存器型包括 reg 型、integer 型和 time 型等。

(1) 连线型

连线型变量相当于硬件电路中的各种物理连接,其特点是输出的值紧跟输入值的变化而变化。对连线型有两种驱动方式,一种方式是在结构描述中将其连接到一个门元件或模块的输出端;另一种方式是用持续赋值语句 assign 对其进行赋值。

连线型变量包括多种类型,如表 5-1 所列。

表 5-1 连线型变量

类 型	功能说明	可综合性
wire,tri	连线类型	√
wor,trior	具有"线或"特性的连线	
wand,triand	具有"线与"特性的连线	
tri1,tri0	分别为上拉电阻和下拉电阻	
supply1,supply0	分别为电源(逻辑 1)和地(逻辑 0)	√

wire 型变量常用来表示以 assign 语句赋值的组合逻辑信号。Verilog HDL 模块中的输入/输出信号类型默认时自动定义为 wire 型。wire 型信号可以用作任何表达式的输入,也可以用作 assign 语句和实例元件的输出。其取值可为 0、l、x、z。

wire 型变量的定义格式如下:

wire 数据名 1,数据名 2,……,数据名 n;

例如:

wiar a,b;

定义了两个宽度为一位的 wire 型变量 a 和 b。

若需要定义一个多位的 wire 型数据(如总线),可按如下方式定义:

wire[n-l:0] 数据名 1,数据名 2,……,数据名 n;

或:

wire[n:1] 数据名 1,数据名 2,……,数据名 n;

例如:定义 8 位宽的数据总线,16 位宽的地址总线。

```
wire[7:0] databus;        //databus 的宽度是 8 位
wire[15:0] addrbus;       //addrbus 的宽度是 16 位
```

或:

```
wire[8:1] databus;        //databus 的宽度是 8 位
wire[16:1] addrbus;       //addrbus 的宽度是 16 位
```

(2) 寄存器型

寄存器型变量对应的是具有状态保持作用的电路元件,如触发器、寄存器等。寄存器型变量与连线型变量的根本区别在于:register 型变量需要被明确地赋值,并且 register 型变量在被重新赋值前一直保持原值。在设计中必须将寄存器型变量放在过程语句(如 initial、always)中,通过过程赋值语句赋值。另外,在 always、initial 等过程块内被赋值的信号都必须定义成寄存器型。

寄存器型变量包括 4 种类型,如表 5-2 所列。

integer、real 和 time 三种寄存器型变量都是纯数学的抽象描述,不对应任何具体的硬件电路,real 和 time 型变量不能被综合。

表 5-2 寄存器型变量

类 型	功能说明	可综合性
reg	常用的寄存器变量	√
integer	32 位带符号整型变量	√
real	64 位带符号实型变量	
time	无符号时间变量	

reg 型变量是最常用的一种寄存器型变量，reg 型变量的定义格式类似 wire 型，如下：

reg 数据名 1，数据名 2，……，数据名 n；

例如：

reg a,b;

定义了两个宽度都是 1 位的 reg 型变量 a,b。

若需要定义一个多位的 reg 型向量，可按以下方式定义：

reg[n-1:0] 数据名 1，数据名 2，……，数据名 n；

或：

reg[n:1] 数据名 1，数据名 2，……，数据名 n；

下面的语句定义了 8 位宽的 reg 型向量：

reg[7:0] cout;
reg[8:1] cout;

3. 数据类型

在硬件描述语言中，数据类型是用来表示数字电路中的物理连线、数据存储和传送单元等物理量的。Verilog HDL 中共有 19 种数据类型，包括 wire、reg、integer、parameter、large、medium、scalared、time、small、tri、trio、tril、triand、trior、trireg、real、vectored、wand 和 wor。最常用的是 reg、wire、integer 和 parameter 型。

5.2.3 实验程序 3——与门

与门的电路符号如图 5-5 所示。

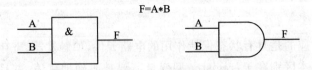

图 5-5 与门的电路符号

在 D 盘中先建立一个文件名为 AND2_G 的文件夹，然后建立一个 AND2_G 的新项目，输入以下的源代码并保存为 AND2_G.v。

```
module AND2_G(A,B,F);
output F;
input A,B;
```

```
assign F = A&B;
endmodule
```

源代码输入完成后,将器件选择为 EPM7128SLC84-15。引脚分配参考 MCU&CPLD DEMO 试验板的电路原理,这里将 A 分配在 44 脚,B 分配在 41 脚,F 分配在 33 脚。器件编译通过后,可进行仿真。接下来进行 *.pof 至 *.jed 的文件转换,最后将 *.jed 文件下载到 ATF1508AS 芯片中。

在 MCU&CPLD DEMO 试验板上,将 4 位拨码开关的 S1S0 的开关拨下时(OFF),ATF1508AS 的 41、44 脚输入高电平,这时 LED0 灭(ATF1508AS 的 33 脚输出高电平);S1S0 的任一位或两位同时拨上时(ON),ATF1508AS 的 41、44 脚有一脚或两脚输入低电平,这时 LED0 亮(ATF1508AS 的 33 脚输出低电平),实现了与门的逻辑电路。

5.2.4 实验程序 4——与非门

与非门的电路符号如图 5-6 所示。

在 D 盘中先建立一个文件名为 NAND2_G 的文件夹,然后建立一个 NAND2_G 的新项目,输入以下的源代码并保存为 NAND2_G.v。

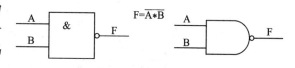

图 5-6 与非门的电路符号

```
module NAND2_G(A,B,F);
output F;
input A,B;
assign F = ~(A&B);
endmodule
```

源代码输入完成后,将器件选择为 EPM7128SLC84-15。引脚分配参考 MCU&CPLD DEMO 试验板的电路原理,这里将 A 分配在 44 脚,B 分配在 41 脚,F 分配在 33 脚。器件编译通过后,可进行仿真。接下来进行 *.pof 至 *.jed 的文件转换,最后将 *.jed 文件下载到 ATF1508AS 芯片中。

在 MCU&CPLD DEMO 试验板上,将 4 位拨码开关的 S1S0 的开关拨下时(OFF),ATF1508AS 的 41、44 脚输入高电平,这时 LED0 亮(ATF1508AS 的 33 脚输出低电平);S1S0 的任一位或两位同时拨上时(ON),ATF1508AS 的 41、44 脚有一脚或两脚输入低电平,这时 LED0 灭(ATF1508AS 的 33 脚输出高电平)。实现了与非门的逻辑电路。

5.2.5 实验程序 5——LED 的闪烁

在 D 盘中先建立一个文件名为 F_LIGHT 的文件夹,然后建立一个 F_LIGHT 的新项目,输入以下的源代码并保存为 F_LIGHT.v。

```
module F_LIGHT(LED,CLK);
output[7:0] LED;
input CLK;
```

```
    reg[7:0] LED;
    reg[23:0] BUFFER;
    always@(posedge CLK)
      begin
          BUFFER = BUFFER + 1;
          if(BUFFER = = 24'b111111111111111111111111)
              begin
                  LED = ~LED;
              end
      end
endmodule
```

源代码输入完成后,将器件选择为 EPM7128SLC84-15。引脚分配参考 MCU&CPLD DEMO 试验板的电路原理,这里的分配关系如表 5-3 所列。

表 5-3 引脚分配表

引脚名	引脚号	输入或输出	板上丝印符号
CLK	83	Input	
LED0	33	Output	LED0
LED1	31	Output	LED1
LED2	30	Output	LED2
LED3	29	Output	LED3
LED4	28	Output	LED4
LED5	27	Output	LED5
LED6	25	Output	LED6
LED7	24	Output	LED7

器件编译通过后,可进行仿真。接下来进行 *.pof 至 *.jed 的文件转换,最后将 *.jed 文件下载到 ATF1508AS 芯片中。

在 MCU&CPLD DEMO 试验板上,可以看到 LED0~LED7 这 8 个发光二极管闪烁起来。由于 MCU&CPLD DEMO 试验板上安装了一个 24 MHz 的有源晶振,经过 2^{24} 的分频后,发光二极管的闪烁频率约为 1.4 Hz。

5.2.6 运算符

Verilog HDL 语言提供了丰富的运算符,其中有许多与 C 语言很类似,但也有许多则是完全不同的,例如拼接运算符、阻塞和非组塞赋值运算符等。按功能化分包括:算术运算符、逻辑运算符、位运算符、关系运算符、等式运算符、缩减运算符、移位运算符、条件运算符和位拼接运算符 9 类。如果按运算符所带操作数的个数来区分,可分为单目运算符、二目运算符和三目运算符。

- 单目运算符:运算符可带一个操作数;
- 双目运算符:运算符可带两个操作数;
- 三目运算符:运算符可带三个操作数。

第5章 Verilog HDL 硬件描述语言

1. 算术运算符

算术运算符包括：

＋ 加；

－ 减；

＊ 乘；

／ 除；

％ 求模。

算术运算符都是二目运算符。符号"＋、－、＊、／"分别表示常用的加、减、乘、除四则运算；"％"是求模运算符，或称为求余运算符，比如"4％2"的值为0，"4％3"的值为1。在进行整数除法运算时，结果值要略去小数部分。在进行取模运算时，结果值的符号位采用模运算式里第一个操作数的符号位。

2. 逻辑运算符

逻辑运算符包括：

&& 逻辑与；

|| 逻辑或；

! 逻辑非。

"&&"与"||"是二目运算符，有2个操作数。"!"是单目运算符，只有1个操作数。如：A和B的与表示为A&&B；A和B的或表示为A||B；如A的非表示为!A。

如果操作数是1位，则逻辑运算的真值表如表5－4所列。

表5－4 1位的逻辑运算真值表

a b	a&&b	a||b	!a !b
1 1	1	1	0 0
1 0	0	1	0 1
0 1	0	1	1 0
0 0	0	0	1 1

如果操作数不止1位，则应将操作数作为一个整体来对待。如果操作数是全0，则相当于逻辑0，但只要某一位是1，则操作数就应该整体看作逻辑1。

逻辑运算符的操作结果是1位的，要么为逻辑1，要么为逻辑0。

3. 位运算符

位运算符的作用是将两个操作数按对应位分别进行逻辑运算。Verilog HDL 共有5种位运算符，包括：

～ 按位取反；

& 按位与；

| 按位或；

^ 按位异或；

^～、～^ 按位同或(符号^～与～^是等价的)。

按位取反的真值表如表5－5所列。

按位与的真值表如表5-6所列。

按位或的真值表如表5-7所列。

按位异或的真值表如表5-8所列。

按位同或的真值表如表5-9所列,按位"同或"就是将2个操作数的相应位先进行"异或"运算,再进行"非"运算。

表5-5 按位取反的真值表

~	结果
1	0
0	1
x	x

表5-6 按位与的真值表

&	0	1	x
0	0	0	0
1	0	1	x
x	0	x	x

表5-7 按位或的真值表

|	0	1	x
0	0	1	x
1	1	1	1
x	x	1	x

表5-8 按位异或的真值表

^	0	1	x
0	0	1	x
1	1	0	x
x	x	x	x

表5-9 按位同或的真值表

^~	0	1	x
0	1	0	x
1	0	1	x
x	x	x	x

位运算符中除"~"是单目运算符外,其他均为二目运算符。位运算符中的二目运算符要求对2个操作数的相应位进行运算操作。

4. 关系运算符

关系运算符包括:

 < 小于;

 <= 小于或等于(注:其中<=操作符也用于表示信号的一种赋值操作);

 > 大于;

 >= 大于或等于。

在进行关系运算时,如果声明的关系是假,则返回值是0;如果声明的关系是真,则返回值是1;如果某个操作数的值不定,则关系的结果是模糊的,返回值是不定值。

5. 等式运算符

等式运算符包括:

 == 等于;

 != 不等于;

 === 全等;

 !== 不全等。

这4种运算符都是双目运算符,得到的结果是1位的逻辑值。如果得到1,说明声明的关系为真;如果得到0,说明声明的关系为假。

相等运算符(==)进行判别时:参与比较的两个操作数必须逐位相等,其相等比较的结果才为1;如果某些位是不定态或高阻值,其相等比较得到的结果是不定值。

全等运算符(===)进行判别时:参与比较的两个操作数必须逐位相等,其相等比较的结果才为1;如果某些位是不定态或高阻值,则对这些不定态或高阻值的位也进行比较,两个操作数必须完全一致,其结果才是1,否则结果是0。

例如:a=4'b10x1,b=4'10x1,那么 a==b 的结果是 x,a===b 的结果是1。

相等运算符(==)的真值表如表5-10所列。全等运算符(===)的真值表如表5-11所列。

表5-10 相等运算符(==)的真值表

==	0	1	x	Z
0	1	0	x	x
1	0	1	x	x
x	x	x	x	x
Z	x	x	x	x

表5-11 全等运算符(===)的真值表

===	0	1	x	z
0	1	0	0	0
1	0	1	0	0
x	0	0	1	0
z	0	0	0	1

6. 缩减运算符

缩减运算符是单目运算符,它包括下面6种:

& 与;
~& 与非;
| 或;
~| 或非;
^ 异或;
^~,~^ 同或。

缩减运算符与位运算符的逻辑运算法则一样,但其运算过程不同。位运算是对操作数的相应位进行逻辑运算,操作数是几位数,则运算结果也是几位数。但缩减运算是对单个操作数进行与、或、非递推运算的,最后的运算结果是1位的二进制数。

例如:

```
reg[3:0] a;
b = &a;             //等效于 b = ((a[0]&a[1])&a[2])&a[3];
```

再比如:若 A=5'b11001,则有

```
&A = 0;             //只有A的各位都为1时,其与缩减运算的值才为1
|A = 1;             //只有A的各位都为0时,其或缩减运算的值才为0
```

7. 移位运算符

移位运算符只有2位:

\>\> 右移;
<< 左移。

表示把操作数右移或左移。
例如:若 A=4'b1100,则

```
A >> 2 的值为 4'b0011;    //将A右移2位,用0添补添补移出的位
A << 2 的值为 4'b0000;    //将A左移2位,用0添补添补移出的位
```

8. 条件运算符

条件运算符与C语言中的定义一样,这是一个三目运算符,对3个操作数进行运算,格式

如下:

信号=条件?表达式1:表达式2;

当条件成立时,信号取表达式1的值,反之取表达式2的值。

例如:对于图5-7的2选1数据选择器,可用条件运算符描述为

F = SEL? A:B;   //SEL为1时F=A;SEL=0时F=B

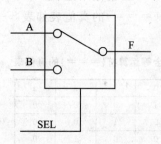

图5-7　2选1数据选择器

9. 位拼接运算符

Verilog HDL有一个特殊的运算符,即位拼接运算符{}。位拼接运算符用于将两个或多个信号的某些位拼接起来。使用如下:

{信号1的某几位,信号2的某几位,……,信号n的某几位}

例如:在进行加法运算时,可将和、进位输出拼接在一起使用。

```
output[3:0] sum;                    //sum代表和
output cout;                        //cout进位输出
input[3:0] ina,inb;                 //ina,inb两个加数
input cin;                          //cin进位输入
assign {cout,sum} = ina + inb + cin; //进位、和拼接在一起
```

位拼接可以嵌套使用,还可以用重复法来简化书写,如:{b,{3{a,b}}}等同于{b,a,b,a,b,a,b}。

5.2.7　运算符的优先级

运算符的优先级如表5-12所列。在进行开发时,尽量用括号()来控制运算的优先级,这样程序的可读性好,也能有效地避免错误发生。

表5-12　运算符的优先级

运算符	优先级
!　~	高优先级
*　/　%	↓
+　-	↓
<<　>>	↓
<　<=　>　>=	↓
==　!=　===　!==	↓
&　~&	↓
^　~^	↓
|　~|	↓
&&	↓
||	↓
?:	低优先级

5.2.8 实验程序6——或门

或门的电路符号如图5-8所示。

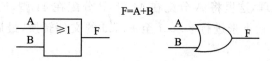

图5-8 或门的电路符号

在 D 盘中先建立一个文件名为 OR2_G 的文件夹,然后建立一个 OR2_G 的新项目,输入以下的源代码并保存为 OR2_G.v。

```
module OR2_G(A,B,F);
output F;
input A,B;
assign F = A|B;
endmodule
```

源代码输入完成后,将器件选择为 EPM7128SLC84-15。引脚分配参考 MCU&CPLD DEMO 试验板的电路原理,这里将 A 分配在 44 脚,B 分配在 41 脚,F 分配在 33 脚。器件编译通过后,可进行仿真。接下来进行 *.pof 至 *.jed 的文件转换,最后将 *.jed 文件下载到 ATF1508AS 芯片中。

在 MCU&CPLD DEMO 试验板上,将 4 位拨码开关的 S1、S0 的开关拨下时(OFF),ATF1508AS 的 41、44 脚输入高电平,这时 LED0 灭(ATF1508AS 的 33 脚输出高电平);S1、S0 的任一位拨上时(ON),ATF1508AS 的 41、44 脚有一脚输入低电平,LED0 还是灭(ATF1508AS 的 33 脚输出高电平);S1、S0 两位同时拨上时(ON),ATF1508AS 的 41、44 脚同时输入低电平,这时 LED0 亮(ATF1508AS 的 33 脚输出低电平)。实现了或门的逻辑电路。

5.2.9 实验程序7——或非门

或非门的电路符号如图5-9所示。

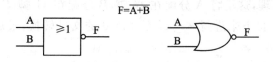

图5-9 或非门的电路符号

在 D 盘中先建立一个文件名为 NOR2_G 的文件夹,然后建立一个 NOR2_G 的新项目,输入以下的源代码并保存为 NOR2_G.v。

```
module NOR2_G(A,B,F);
output F;
```

```
input A,B;
assign F = ~(A|B);
endmodule
```

源代码输入完成后,将器件选择为 EPM7128SLC84-15。引脚分配参考 MCU&CPLD DEMO 试验板的电路原理,这里将 A 分配在 44 脚,B 分配在 41 脚,F 分配在 33 脚。器件编译通过后,可进行仿真。接下来进行 *.pof 至 *.jed 的文件转换,最后将 *.jed 文件下载到 ATF1508AS 芯片中。

在 MCU&CPLD DEMO 试验板上,将 4 位拨码开关的 S1、S0 的开关拨下时(OFF),ATF1508AS 的 41、44 脚输入高电平,这时 LED0 亮(ATF1508AS 的 33 脚输出低电平);S1、S0 的任一位拨上时(ON),ATF1508AS 的 41、44 脚有一脚输入低电平,LED0 还是亮(ATF1508AS 的 33 脚输出低电平);S1、S0 两位同时拨上时(ON),ATF1508AS 的 41、44 脚同时输入低电平,这时 LED0 灭(ATF1508AS 的 33 脚输出高电平)。实现了或非门的逻辑电路。

5.2.10 实验程序 8——异或门

异或门的电路符号如图 5-10 所示。

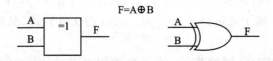

图 5-10 异或门的电路符号

在 D 盘中先建立一个文件名为 XOR2_G 的文件夹,然后建立一个 XOR2_G 的新项目,输入以下的源代码并保存为 XOR2_G.v。

```
module XOR2_G(A,B,F);
output F;
input A,B;
assign F = A^B;
endmodule
```

源代码输入完成后,将器件选择为 EPM7128SLC84-15。引脚分配参考 MCU&CPLD DEMO 试验板的电路原理,这里将 A 分配在 44 脚,B 分配在 41 脚,F 分配在 33 脚。器件编译通过后,可进行仿真。接下来进行 *.pof 至 *.jed 的文件转换,最后将 *.jed 文件下载到 ATF1508AS 芯片中。

在 MCU&CPLD DEMO 试验板上,将 4 位拨码开关的 S1、S0 的开关同时拨下(OFF)或同时拨上时(ON),ATF1508AS 的 41、44 脚同时输入高电平或低电平,这时 LED0 灭(ATF1508AS 的 33 脚输出高电平);S1、S0 的一位拨上、一位拨下时,ATF1508AS 的 41、44 脚有一脚输入低电平、另一脚输入高电平,LED0 亮(ATF1508AS 的 33 脚输出低电平)。实现了异或门的逻辑电路。

5.2.11 实验程序9——异或非门

异或非门的电路符号如图5-11所示。

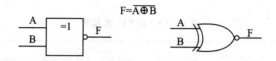

图5-11 异或非门的电路符号

在D盘中先建立一个文件名为NXOR2_G的文件夹,然后建立一个NXOR2_G的新项目,输入以下的源代码并保存为NXOR2_G.v。

```
module NXOR2_G(A,B,F);
output F;
input A,B;
assign F = ~(A^B);
endmodule
```

源代码输入完成后,将器件选择为EPM7128SLC84-15。引脚分配参考MCU&CPLD DEMO试验板的电路原理,这里将A分配在44脚,B分配在41脚,F分配在33脚。器件编译通过后,可进行仿真。接下来进行*.pof至*.jed的文件转换,最后将*.jed文件下载到ATF1508AS芯片中。

在MCU&CPLD DEMO试验板上,将4位拨码开关的S1、S0的开关同时拨下(OFF)或同时拨上时(ON),ATF1508AS的41、44脚同时输入高电平或低电平,这时LED0亮(ATF1508AS的33脚输出低电平);S1、S0的一位拨上、一位拨下时,ATF1508AS的41、44脚有一脚输入低电平、另一脚输入高电平,LED0灭(ATF1508AS的33脚输出高电平)。实现了异或非门的逻辑电路。

5.2.12 实验程序10——三态门

三态门的电路符号如图5-12所示,主要有bufif1、bufif0、notif1、notif0 4种。

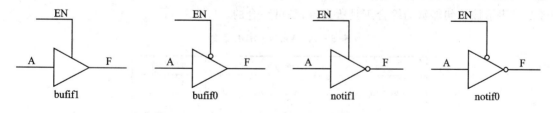

图5-12 三态门的电路符号

现以bufif1为例进行实验,其真值表如表5-13所列。

在D盘中先建立一个文件名为BUFEN_G的文件夹,然后建立一个BUFEN_G的新项目,输入以下的源代码并保存为BUFEN_G.v。

```
module BUFEN_G(A,EN,F);
output F;
input A,EN;
assign F = EN?A:1'bZ;
endmodule
```

表 5-13 bufif1 真值表

bufif1		EN(使能端)			
		0	1	x	z
输入端	0	z	0	L	L
	1	z	1	H	H
	x	z	x	x	x
	z	z	x	x	x

注:表中 L 代表 0 或 z,H 代表 1 或 z。

源代码输入完成后,将器件选择为 EPM7128SLC84-15。引脚分配参考 MCU&CPLD DEMO 试验板的电路原理,这里将 A 分配在 44 脚,EN 分配在 84 脚(全局输出使能),F 分配在 33 脚。器件编译通过后,可进行仿真。接下来进行 *.pof 至 *.jed 的文件转换,最后将 *.jed 文件下载到 ATF1508AS 芯片中。

在 MCU&CPLD DEMO 试验板上,将拨码开关 S0 开关拨上(ON),ATF1508AS 的 44 脚输入低电平,这时 LED0 亮(ATF1508AS 的 33 脚输出低电平);S0 拨下时(OFF),ATF1508AS 的 44 脚输入高电平,LED0 灭(ATF1508AS 的 33 脚输出高电平)。以上由于全局输出使能端输入为高电平,因此输出使能有效。

按下 GOE 按键(全局输出使能)后,ATF1508AS 的 33 脚输出高阻抗,LED0 灭。因为这时全局输出使能端输入为低电平,因此输出使能无效,输出高阻抗。

这样实现了三态门 bufif1 的逻辑电路。

5.3 Verilog HDL 的行为语句

Verilog HDL 有许多的行为语句,使其成为结构化和行为性的语言。Verilog HDL 语句包括:赋值语句、过程语句、块语句、条件语句、循环语句、编译预处理等,如表 5-14 所列。符号"√"表示该语句能够为综合工具所支持,是可综合的。

表 5-14 Verilog HDL 语句

类 别	语 句	可综合性
过程语句	initial	
	always	√
块语句	串行块 begin-end	√
	并行块 fork-join	
赋值语句	持续赋值 assign	√
	过程赋值 =、<=	√

续表 5-14

类 别	语 句	可综合性
条件语句	if - else	√
	case	√
循环语句	for	√
	repeat	
	while	
	forever	
编译预处理	`define	√
	`include	√
	`ifdef、`else、`endif	√

5.3.1 赋值语句

赋值语句包括：持续赋值语句和过程赋值语句。

1. 持续赋值语句

assign 为持续赋值语句，主要用于对 wire 型（连线型）变量赋值。如：

assign c = ~(a&b);

在上面的赋值中，a、b、c 三个变量皆为 wire 型变量，a 和 b 信号的任何变化，都将随时反映到 c 上来。

2. 过程赋值语句

过程赋值语句多用于对 reg 型变量进行赋值。过程赋值有阻塞赋值和非阻塞赋值两种方式。

（1）非阻塞赋值方式

非阻塞赋值符号为"<="，如：

b <= a;

非阻塞赋值在整个过程块结束时才完成赋值操作，即 b 的值并不是立刻就改变的。

（2）阻塞赋值方式

阻塞赋值符号为"＝"，如：

b = a;

阻塞赋值在该语句结束时就立即完成赋值操作，即 b 的值在该语句结束时立刻改变。

如果在一个块语句中（例如 always 块语句），有多条阻塞赋值语句，那么在前面的赋值语句没有完成之前，后面的语句就不能被执行，仿佛被阻塞了一样，因此称为阻塞赋值方式。

5.3.2 过程语句

Verilog HDL 中的多数过程模块都从属于以下 2 种过程语句：initial 及 always。在一个模块(module)中,使用 initial 和 always 语句的次数是不受限制的。initial 语句常用于仿真中的初始化,initial 过程块中的语句仅执行一次;always 块内的语句则是不断重复执行的。

1. initial 过程语句

initial 过程语句使用格式如下:

```
initial
    begin
        语句1;
        语句2;
           ⋮
        语句n;
    end
```

initial 语句不带触发条件,initial 过程中的块语句沿时间轴只执行一次。initial 语句通常用于仿真模块中对激励向量的描述,或用于给寄存器变量赋初值,它是面向模拟仿真的过程语句,通常不能被逻辑综合工具所接受。

2. always 过程语句

always 过程语句使用格式如下:

```
always  @(<敏感信号表达式>)
begin
//过程赋值
//if-else,case,casex,casez 选择语句
//while,repeat,for 循环
//task,function 调用
end
```

always 过程语句通常是带有触发条件的,触发条件写在敏感信号表达式中。只有当触发条件满足敏感信号表达式时,其后的"begin - end"块语句才能被执行。

3. 敏感信号表达式

所谓敏感信号表达式又称事件表达式,即当该表达式中变量的值改变时,就会引发块内语句的执行,因此敏感信号表达式中应列出影响块内取值的所有信号。若有两个或两个以上信号时,它们之间用"or"连接。

敏感信号可以分为两种类型:一种为边沿敏感型,一种为电平敏感型。

对于边沿敏感信号,posedge 表示时钟信号的上升沿作为触发条件,而 negedge 表示时钟信号的下降沿作为触发条件。

例如:

```
@ (a)                              //当信号 a 的值发生改变
@ (a or b)                         //当信号 a 或信号 b 的值发生改变
@ (posedge  clock)                 //当 clock 的上升沿到来时
@ (negedge  clock)                 //当 clock 的下降沿到来时
@ (posedge  clock or negedge reset) //当 clock 的上升沿到来或 reset 信号的下降沿到来时
```

每一个 always 过程最好只由一种类型的敏感信号来触发,而最好不要将边沿敏感型和电平敏感型信号列在一起,如下面的例子。

```
always @ (posedge clk or posedge clr)   //两个敏感信号都是边沿型
always @ (a or b)                        //两个敏感信号都是电平敏感型
always @ (posedge clk or clr)            //不建议这样做,最好不要将边沿敏感型和电平
                                         //敏感型信号列在一起
```

4. always 过程块实现比较复杂的组合逻辑电路

always 过程语句通常用来对寄存器类型的数据进行赋值,但 always 过程语句也可以用来设计组合逻辑。在比较复杂的情况下,使用 assign 来实现组合逻辑电路,会显得冗长且效率低下,而适当地采用 always 过程语句来设计组合逻辑,则显得简洁明了,效果也更好。

例如:通过对下面一个简单指令译码电路的设计分析,不但了解了设计者的设计思路,而且因为使用了 always 过程语句,代码看起来整齐有序,便于理解。

```
`define add   3'd0                //常量定义
`define minus 3'd1
`define band  3'd2
`define bor   3'd3
`define bnot  3'd4
module alu(out,opcode,a,b);
output[7:0] out;
reg[7:0]    out;
input[2:0]  opcode;               //操作码
input[7:0]  a,b;                  //操作数
always @ (opcode or a or b)       //电平敏感的 always 块
    begin
        case (opcode)
            `add:  out = a + b;   //加操作
            `minus:out = a - b;   //减操作
            `band: out = a&b;     //按位与
            `bor:  out = a|b;     //按位或
            `bnot: out = ~a;      //按位取反
            default:out = 8'hx;   //未收到指令时,输出任意态
        endcase
    end
endmodule
```

5.3.3 块语句

块语句通常用来将两条或多条语句组合在一起,用块标志 begin – end 或 fork – join 界定的一组语句。当块语句只包含一条语句时,块标志可以缺省。

1. 串行块 begin – end

串行块定义格式如下:

```
begin
    语句 1;
    语句 2;
    ⋮
    语句 n;
end
```

begin-end 串行块中的语句按串行方式顺序执行,即只有上一条语句执行完成后才执行下面的语句。全部语句执行完后才跳出该语句块。

例如:

```
begin
    regb = rega;
    regc = regb;
end
```

第一条语句先执行 regb=rega;然后流程转到执行第二条语句 regc=regb;因为这两条语句之间没有任何时间延迟,所以 regc 的值实际就是 rega 的值。当然也可在语句之间控制延迟时间,例如下面就是利用延迟时间产生波形。

```
parameter d = 100         //声明 d 为延迟参数,延迟 100 个时间单位
reg[7:0] r;               //声明 r 为 8 位的寄存器变量
begin                     //由系列延迟产生波形
    #d r = 'h50;
    #d r = 'hE1;
    #d r = 'h00;
    #d r = 'hFF;
    #d ->end_wave;
end
```

2. 并行块 fork-join

并行块定义格式如下:

```
fork
    语句 1;
    语句 2;
    ⋮
    语句 n;
join
```

并行块 fork-join 中的所有语句是并发执行的。

例如:

```
fork
    regb = rega;
    regc = regb;
join
```

由于 fork-join 并行块中的语句是并发执行的,在上面的 regb=rega;语句执行完成后,
regb 更新为 rega 的值,而 regc 的值更新为没有改变前的 regb 值,regb 与 rega 的值是不同的。

在 Verilog HDL 中,还可以给每个块取一个名字,只需将名字加在关键字 begin 或 fork
后面即可(例如:begin test)。这样做,可以在块内定义局部变量,也允许块被其他语句调用,
如被 disable 语句调用。

5.3.4 条件语句

条件语句有 if-else 语句和 case 语句两类,它们都是顺序语句,应放在 always 块内。

1. if-else 语句

if-else 语句的使用方法有以下 3 种。

(1) 使用方法一

if(表达式)　　语句 1;

(2) 使用方法二

if(表达式)　　语句 1;
else　　　　　语句 2;

(3) 使用方法三

if(表达式 1)　语句 1;
else　if(表达式 2)　语句 2;
else　if(表达式 3)　语句 3;
　⋮
else　if(表达式 n)　语句 n;
else　　　　　　　　语句 n+1;

这 3 种方式中,"表达式"一般为逻辑表达式或关系表达式。系统对表达式的值进行判断,
若为 0,x,z,按"假"处理;若为 1,按"真"处理,执行指定语句。语句如果是多句时应用"begjn-
end"块语句括起来。对于 if 语句的嵌套,若不清楚 if 和 else 的匹配,最好用"begin-end"语句
括起来。

2. case 语句

if-else 语句只有两个分支,而处理复杂问题时往往需要多分支选择。Verilog HDL 的
case 语句是一种多分支语句,故 case 语句可用于多条件选择电路,如译码器、数据选择器、状
态机及微处理器的指令译码等。case 语句有 case、casez、casex 三种。

(1) case 语句

case 语句的格式如下:

case(敏感表达式)
　　值 1:　　语句 1;　　　　// case 分支项
　　值 2:　　语句 2;
　　　⋮
　　值 n:　　语句 n;

```
default：  语句 n+1;
endcase
```

当敏感表达式的值为值 1 时,执行语句 1;值 2 时,执行语句 2;……。如果敏感表达式的值与上面列出的值都不符的话,则执行 default 后面的语句。如果前面已列出了敏感表达式所有可能的取值,则 default 语句可以省略。

(2) casez 与 casex 语句

case 语句中,敏感表达式与值 1～值 n 间的比较是一种全等比较,必须保证两者的对应位全等。casez 与 casex 语句是 case 语句的两种变体,在 casez 语句中,如果分支表达式某些位的值为高阻 z,那么对这些位的比较就不予考虑,因此只需关注其他位的比较结果。而在 casex 语句中,如果比较的双方有一方的某些位的值为高阻 z 或不定值 x,那么这些位的比较也都不予考虑。表 5-15 中是 case、casez 和 casex 在进行比较时的比较真值表。此外,还有另外一种标识 x 或 z 的方式,即用表示无关值的符号"?"来表示。

表 5-15 case、casez 和 casex 的比较真值表

case	0	1	x	z	casez	0	1	x	z	casex	0	1	x	z
0	1	0	0	0	0	1	0	0	1	0	1	0	1	1
1	0	1	0	0	1	0	1	0	1	1	0	1	1	1
x	0	0	1	0	x	0	0	1	1	x	1	1	1	1
z	0	0	0	1	z	1	1	1	1	z	1	1	1	1

3. 条件语句使用注意事项

在使用条件语句时,应注意列出所有条件分支,否则,编译器认为条件不满足时,会引进一个触发器保持原值。这一点可用于设计时序电路,例如在计数器的设计中,条件满足则加 1,否则保持不变;而在组合电路设计中,应避免这种隐含触发器的存在。当然,一般不可能列出所有分支,因为每一个变量至少有 4 种取值 0,1,z,x。为包含所有分支,可在 if 语句最后加上 else;在 case 语句的最后加上 default 语句。

5.3.5 循环语句

在 Verilog HDL 中存在 4 种类型的循环语句,用来控制语句的执行次数,这 4 种语句分别为:
① forever 连续地执行语句,多用在"initial"块中。
② repeat 连续执行一条语句 n 次。
③ while 执行一条语句直到某个条件不满足。如一开始条件不满足,则一次也不执行。
④ for 有条件的循环语句。

1. forever 语句

forever 语句的使用格式如下:
forever 语句;
或

```
forever begin
           ⋮
         end
```

forever 循环语句连续不断地执行后面的语句或语句块,常用来产生周期性的波形,作为仿真激励信号。forever 语句一般用在 initial 过程语句中。

2. repeat 语句

repeat 语句的使用格式为:
repeat(循环次数表达式) 语句;
或
repeat(循环次数表达式)
begin
  ⋮
end

3. while 语句

while 语句的使用格式如下:
while(循环执行条件表达式) 语句;
或
while(循环执行条件表达式)
begin
  ⋮
end

while 语句在执行时,首先判断循环执行条件表达式是否为真。若为真,执行后面的语句或语句块,然后再回头判断循环执行条件表达式是否为真;若为真的话,再执行一遍后面的语句,如此不断,直到条件表达式不为真。因此在执行语句中,必须有一条改变循环执行条件表达式的值的语句。

4. for 语句

for 语句的使用格式如下:
for(循环变量赋初值;循环结束条件;循环变量增值) 语句;
for 语句执行过程如下:
① 循环变量赋初值。
② 判断循环结束条件。若为"真",执行语句,然后转到③;若为"假"则退出 for 语句。
③ 执行循环变量增值语句,转回到②继续执行。

5.3.6 编译预处理

Verilog HDL 语言和 C 语言一样,也提供了编译预处理功能。在编译时,通常先进行"预处理",然后再将预处理的结果和源程序一起进行编译。

5.3.7 任务和函数

任务和函数的关键字分别是 task 和 function，利用任务和函数可以把一个大的程序模块分解成许多小的任务和函数，以方便调试，并且能使写出的程序结构更清晰。

1. 任 务

任务定义的格式如下：

task <任务名>；   //注意无端口列表
端口及数据类型声明语句；
其他语句；
endtask

任务调用的格式如下：

<任务名>（端口1，端口2，……端口 n）

注意：任务调用时和任务定义时的端口变量应一一对应。
任务定义时：

task test；
input in1,in2；
output out1,out2；
#1   out1 = in1&in2；
#1   out2 = in1|in2；
endtask

任务调用时：

 test(data1,data2,code1,code2);

调用任务 test 时，变量 data1 和 data2 的值赋给 in1 和 in2，而任务完成后，out1 和 out2 的值赋给了 code1 和 code2。

在使用任务时，应特别注意以下几点：
① 任务的定义与调用必须在同一个 module 模块内。
② 定义任务时，没有端口名列表，但需要紧接着进行输入、输出端口和数据类型的说明。
③ 当任务被调用时，任务被激活。任务的调用与模块调用一样通过任务名调用实现，调用时，需列出端口名列表，端口名的排序和类型必须与任务定义时相一致。
④ 一个任务可以调用别的任务和函数，可以调用的任务和函数个数不受限制。

2. 函 数

函数的目的是返回一个值，以用于表达式的计算。
函数的定义格式为：

function <返回值位宽或类型说明> （函数名）；
    端口声明；
        局部变量定义；

其他语句；
endfunction

上面的定义格式中，<返回值位宽或类型说明>是一个可选项，如果缺省，则返回值为1位寄存器类型的数据。

3. 函数的调用

函数的调用是通过将函数作为表达式中的操作数来实现的。

调用格式如下：

<函数名> （<表达式>，<表达式>）；

4. 任务与函数的区别

任务与函数的区别如表5-16所列。

表5-16 任务与函数的区别

比较项目	任务(task)	函数(function)
输入与输出	可有任意个各种类型的参数	至少有一个输入，不能将inout类型作为输出
调　用	任务只可在过程语句中调用，不能在持续赋值语句assign中调用	函数可作为表达式中的一个操作数来调用，在过程赋值和持续赋值语句中均可以调用
定时事件控制(#、@和wait)	任务可以包含定时和事件控制语句	函数不能包含这些语句
调用其他任务和函数	任务可调用其他任务和函数	函数可调用其他函数，但不可以调用其他任务
返回值	任务不能向表达式返回值	函数向调用它的表达式返回一个值

5.4 Verilog HDL 数字逻辑单元结构的设计

Verilog HDL 是一种专门用于数字逻辑设计的语言，它既是一种行为描述语言，也是一种结构描述语言，也就是说，既可以用电路的功能描述，也可以用元器件和它们之间的连接来建立所设计电路的 Verilog HDL 模型。Verilog HDL 程序有3种描述设计的方法，即结构描述方式、数据流描述方式和行为描述方式。

5.4.1 结构描述方式

在 Verilog HDL 程序设计中可通过以下方式来描述电路的结构：
● 调用 Verilog HDL 内置门元件（门级结构描述）；
● 调用开关级元件（开关级结构描述）；
● 用户自定义元件 UDP（也在门级）。

除此之外，在多层次结构电路的设计中，不同模块间的调用也可以认为是结构描述。

1. Verilog HDL 内置门元件

Verilog HDL 内置26个基本元件，其中14个是门级元件，12个为开关级元件，如表5-17

所列。

表 5-17 Verilog HDL 内置 26 个基本元件

类别		元件
基本门	多输入门	and, nand, or, nor, xor, xnor
	多输出门	buf, not
三态门	允许定义驱动强度	bufif0, bufif1, notif0, notif1
MOS 开关	无驱动强度	nmos, pmos, cmos, mmos, rpmos, rcmos
双向开关	无驱动强度	tran, tranif0, tranif1
	无驱动强度	rtran, rtranif0, rtranif1
上拉、下拉电阻	允许定义驱动强度	pullup, pulldown

这里重点介绍门级元件及其结构描述。Verilog HDL 内置的门元件如表 5-18 所列。

表 5-18 Verilog HDL 内置的门元件

类型	关键字	欧美使用符号	门名称
多输入门	and		与门
	nand		与非门
	or		或门
	nor		或非门
	xor		异或门
	xnor		异或非门
多输出门	buf		缓冲器
	not		非门
三态门	bufif1		高电平使能三态缓冲器
	bufif0		低电平使能三态缓冲器
	notif1		高电平使能三态非门
	notif0		低电平使能三态非门

为了方便理解与查找,现将各种基本的逻辑门真值表进行了分类:表 5-19 是与门的真值表;表 5-20 是与非门的真值表;表 5-21 是或门的真值表;表 5-22 是或非门的真值表;表 5-23 是异或门的真值表;表 5-24 是异或非门的真值表;表 5-25 是三态门 bufif1 的真值表;表 5-26 是三态门 bufif0 的真值表;表 5-27 是三态门 notif1 的真值表;表 5-28 是三态门

notif0 的真值表。

表 5-19 与门的真值表

and	0	1	x	z
0	0	0	0	0
1	0	1	x	x
x	0	x	x	x
z	0	x	x	x

表 5-20 与非门的真值表

nand	0	1	x	z
0	1	1	1	1
1	1	0	x	x
x	1	x	x	x
z	1	x	x	x

表 5-21 或门的真值表

or	0	1	x	z
0	0	1	x	x
1	1	1	1	1
x	x	1	x	x
z	x	1	x	x

表 5-22 或非门的真值表

nor	0	1	x	z
0	1	0	x	x
1	0	0	0	0
x	x	0	x	x
z	x	0	x	x

表 5-23 异或门的真值表

xor	0	1	x	z
0	0	1	x	x
1	1	0	x	x
x	x	x	x	x
z	x	x	x	x

表 5-24 异或非门的真值表

xnor	0	1	x	z
0	1	0	x	x
1	0	1	x	x
x	x	x	x	x
z	x	x	x	x

表 5-25 三态门 bufif1 的真值表

bufif1		使能端			
		0	1	x	z
输入端	0	z	0	L	L
	1	z	1	H	H
	x	z	x	x	x
	z	z	x	x	x

表 5-26 三态门 bufif0 的真值表

bufif0		使能端			
		0	1	x	z
输入端	0	0	z	L	L
	1	1	z	H	H
	x	x	z	x	x
	z	x	z	x	x

注：表中 L 代表 0 或 z，H 代表 1 或 z。

表 5-27 三态门 notif1 的真值表

notif1		使能端			
		0	1	x	z
输入端	0	z	1	H	H
	1	z	0	L	L
	x	z	x	x	x
	z	z	x	x	x

表 5-28 三态门 notif0 的真值表

notif0		使能端			
		0	1	x	z
输入端	0	1	z	H	H
	1	0	z	L	L
	x	x	z	x	x
	z	x	z	x	x

注：表中 L 代表 0 或 z，H 代表 1 或 z。

2. 门元件的调用

调用门元件的格式为：

门元件名字 ＜例化的门名字＞（＜端口列表＞）

其中，普通门的端口列表按下面的顺序列出：

（输出，输入1，输入2，输入3，……）；

例如：

    nand U1 (out,in1,in2);　　　　　　　//二输入端与非门，名字为 U1

对于三态门，则按如下顺序列出输入、输出端口。

（输出，输入，使能控制端）；

例如：

    bufif1 U2 (out,in,enable);　　　　　　//高电平使能的三态门

对于三态门 buf 和 not 两种元件的调用时，**注意**：它们允许有多个输出，但只能有一个输入。

3. 门级结构描述

门级结构描述是指采用 Verilog HDL 内置门实例语句的描述方法进行设计。例如，对于二输入端的与非门，其设计描述如下：

```
module NAND2_G(A,B,F);
input A,B;
output F;
nand U1(F,A,B);
endmodule
```

5.4.2　实验程序——门级结构描述设计的基本门电路

前面介绍的基本门电路实验，都是采用数据流描述方法进行的，这次，使用门级结构描述来进行实验。

1. 实验程序 1——缓冲器

```
module BUF_G(A,F);
output F;
input A;
buf U1(F,A);
endmodule
```

2. 实验程序 2——反相器（非门）

```
module NOT_G(A,F);
output F;
```

```
input A;
not U1(F,A);
endmodule
```

3. 实验程序 3——与门

```
module AND2_G(A,B,F);
output F;
input A,B;
and U1(F,A,B);
endmodule
```

4. 实验程序 4——与非门

```
module NAND2_G(A,B,F);
output F;
input A,B;
nand U1(F,A,B);
endmodule
```

5. 实验程序 5——或门

```
module OR2_G(A,B,F);
output F;
input A,B;
or U1(F,A,B);
endmodule
```

6. 实验程序 6——或非门

```
module NOR2_G(A,B,F);
output F;
input A,B;
nor U1(F,A,B);
endmodule
```

7. 实验程序 7——异或门

```
module XOR2_G(A,B,F);
output F;
input A,B;
xor U1(F,A,B);
endmodule
```

8. 实验程序 8——异或非门

```
module XNOR2_G(A,B,F);
```

```
output F;
input A,B;
xnor U1(F,A,B);
endmodule
```

9. 实验程序 9——三态门（以 bufif1 为例进行实验）

```
module BUFEN_G(A,EN,F);
output F;
input A,EN;
bufif1 U1(F,A,EN);
endmodule
```

5.4.3 数据流描述方式

一般使用持续赋值语句描述数据流程的运动路径、运动方向和运动结果的设计方法，称为数据流描述方法。

例如：

```
module NAND2_G(A,B,F);      //模块声明及输入、输出端口列表
input A,B;                  //定义输入端口
output F;                   //定义输出端口
assign F = ~(A&B);          //数据流描述
endmodule                   //模块结束
```

对于表达式 assign F＝~(A&B);右边的操作数 A、B 无论何时发生变化，都会引起表达式值的重新计算，并将重新计算后的值赋予左边的网线变量 F。

5.4.4 行为描述方式

前面介绍的硬件电路的结构描述主要侧重于表示一个电路由哪些基本元件组成，以及这些基本元件的相互连接关系。硬件电路的行为描述主要反映该电路输入、输出信号间的相互关系。行为描述方式一般采用 initial 语句（此语句只执行一次，一般用于初始化）或 always 语句（此语句重复执行）来描述逻辑功能。行为描述方式既适合于设计时序逻辑电路，也适合于设计组合逻辑电路。

结构级的描述在进行仿真时要优于行为描述，而行为描述在进行综合时则更优越一些。在电路规模较大或者需要描述复杂的时序关系时，使用行为描述方式会更有效。

例如，第 4 章的第一个 CPLD/FPGA 入门实验程序，就是采用行为描述方式设计的，这里再重复一下具体的源代码并附详细注释，以方便读者理解。

```
module decoder3_8(LED,S);   //模块声明及输入输出端口列表
output [7:0]LED;            //定义输出端口
input [2:0]S;               //定义输入端口
reg [7:0]LED;               //定义 LED 为寄存器类型的 8 位变量
```

```
always@(S)                          //每当输入S发生变化时,执行一遍begin-end块内的语句
begin                               //begin-end块开始
case(S)                             //case语句,根据S的值,产生散转分支
3'b000:LED = 8'b00000001;           //S为000时,LED输出00000001
3'b001:LED = 8'b00000010;           //S为001时,LED输出00000010
3'b010:LED = 8'b00000100;           //S为010时,LED输出00000100
3'b011:LED = 8'b00001000;           //S为011时,LED输出00001000
3'b100:LED = 8'b00010000;           //S为100时,LED输出00010000
3'b101:LED = 8'b00100000;           //S为101时,LED输出00100000
3'b110:LED = 8'b01000000;           //S为110时,LED输出01000000
3'b111:LED = 8'b10000000;           //S为111时,LED输出10000000
endcase                             //case语句结束
end                                 //begin-end块结束
endmodule                           //模块结束
```

第 6 章 组合逻辑电路的设计实验

数字逻辑电路系统按功能的不同,可以分为组合逻辑电路和时序逻辑电路两大类。组合逻辑电路在任意时刻产生的输出只取决于该时刻的输入,而与电路过去的输入无关。常见的组合逻辑电路有数据选择器、编码器、译码器、加法器等。

6.1 2选1数据选择器

数据选择器又称为多路开关,它的逻辑功能是在地址选择信号的控制下,从多路输入数据中选择某一路数据作为输出。

6.1.1 2选1数据选择器简介

图6-1为2选1数据选择器的电路图,输入端为A、B,输出端为F,控制端为SEL。

2选1数据选择器真值表如表6-1所列,可见当控制信号SEL为0时,输出端F输出A信号;当SEL为1时,F输出B信号。

表6-1 2选1数据选择器真值表

输入			输出
SEL	B	A	F
0	0	0	0
0	0	1	1
0	1	0	0
0	1	1	1
1	0	0	0
1	0	1	0
1	1	0	1
1	1	1	1

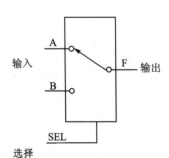

图6-1 2选1数据选择器电路图

本书以Quartus II 集成开发软件为主进行开发。

6.1.2 采用数据流描述方式的设计

在 D 盘中先建立一个文件名为 SEL2_1 的文件夹,然后建立一个 SEL2_1 的新项目,输入以下源代码并保存为 SEL2_1.v。

```
module SEL2_1(A,B,SEL,F);        //模块声明及输入、输出端口列表
    input A,B,SEL;               //定义输入端口
    output F;                    //定义输出端口
    assign F = ~SEL&A|SEL&B;     //数据流描述
endmodule                        //模块结束
```

源代码输入完成后,将器件选择为 EPM7128SLC84 - 15。引脚分配需要参考 MCU&CPLD DEMO 试验板的电路原理,这里的引脚分配见表 6 - 2。器件编译通过后,可进行仿真,仿真终止时间(End Time)设为 100 μs,A、B 信号半周期设为 5 μs 且互为反相,SEL 信号半周期设为 20 μs。图 6 - 2 为 2 选 1 数据选择器在 Quartus II 集成开发软件中的仿真波形。接下来进行 *.pof 至 *.jed 的文件转换,最后将 *.jed 文件下载到 ATF1508AS 芯片中。

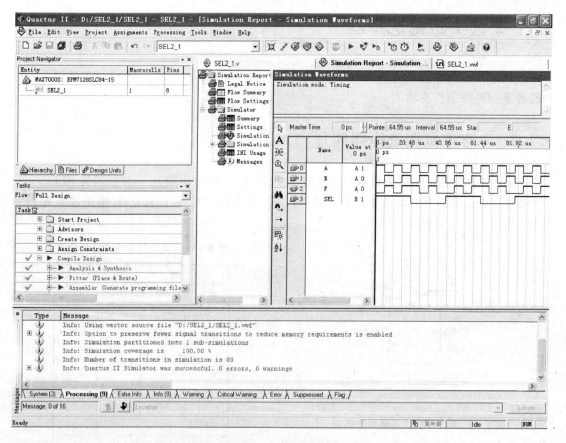

图 6 - 2 2 选 1 数据选择器仿真波形

在 MCU&CPLD DEMO 试验板上,将拨码开关的 S0 的开关拨下时(OFF),ATF1508AS 的 44 脚(SEL)输入高电平,这时 LED0 的输出状态就是 K1(B)的输入状态;S0 的开关拨上时

(ON),ATF1508AS 的 44 脚(SEL)输入低电平,这时 LED0 的输出状态就是 K0(A)的输入状态。实现了 2 选 1 数据选择器的逻辑电路。

表 6-2　2 选 1 数据选择器引脚分配表

引脚名	引脚号	输入或输出	板上丝印符号
A	37	Input	K0
B	36	Input	K1
SEL	44	Input	S0
F	33	Output	LED0

6.1.3　采用行为描述方式的设计

在 D 盘中先建立一个文件名为 SELE2_1 的文件夹,然后建立一个 SELE2_1 的新项目,输入以下源代码并保存为 SELE2_1.v。

```
module SELE2_1(A,B,SEL,F);        //模块声明及输入、输出端口列表
input A,B,SEL;                    //定义输入端口
output F;                         //定义输出端口
assign F = SELE2_1_FUN(A,B,SEL);  //调用 SELE2_1_FUN 函数

function SELE2_1_FUN;             //定义函数
input A,B,SEL;                    //定义输入端口
if(SEL == 0) SELE2_1_FUN = A;     //行为描述方式,当 SEL 为 0 时,输出 A
else SELE2_1_FUN = B;             //否则当 SEL 为 1 时,输出 B
endfunction                       //函数模块结束

endmodule                         //模块结束
```

源代码输入完成后,将器件选择为 EPM7128SLC84-15。引脚分配参考表 6-2。器件编译通过后,可进行仿真。接下来进行 *.pof 至 *.jed 的文件转换,最后将 *.jed 文件下载到 ATF1508AS 芯片中。

在 MCU&CPLD DEMO 试验板上,将 4 位拨码开关的 S0 的开关拨下时(OFF),ATF1508AS 的 44 脚(SEL)输入高电平,这时 LED0 的输出状态就是 K1(B)的输入状态;S0 的开关拨上时(ON),ATF1508AS 的 44 脚(SEL)输入低电平,这时 LED0 的输出状态就是 K0(A)的输入状态。实现了 2 选 1 数据选择器的逻辑电路,与上面的实验完全相同。

6.2　4 选 1 数据选择器

6.2.1　4 选 1 数据选择器简介

图 6-3 为 4 选 1 数据选择器的电路图,输入端为 A、B、C、D,输出端为 F,SEL1、SEL0 为

控制端。

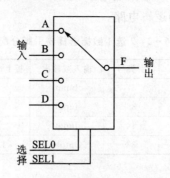

图 6-3 4 选 1 数据选择器电路图

6.2.2 采用数据流描述方式的设计

在 D 盘中先建立一个文件名为 SEL4_1 的文件夹,然后建立一个 SEL4_1 的新项目,输入以下源代码并保存为 SEL4_1.v。

```
module SEL4_1(A,B,C,D,SEL,F);     //模块声明及输入、输出端口列表
input A,B,C,D;                    //定义输入端口
input [1:0]SEL;                   //定义输入端口
output F;                         //定义输出端口
assign                            //数据流描述
F = (～SEL[1]&～SEL[0]&A)|(～SEL[1]&SEL[0]&B)|(SEL[1]&～SEL[0]&C)|(SEL[1]&SEL[0]&D);
Endmodule                         //模块结束
```

源代码输入完成后,将器件选择为 EPM7128SLC84-15。引脚分配需要参考 MCU&CPLD DEMO 试验板的电路原理,这里的引脚分配见表 6-3。器件编译通过后,可进行仿真,仿真终止时间(End Time)设为 100 μs,A、B 信号半周期设为 5 μs 且互为反相,C、D 信号半周期设为 10 μs 且互为反相,SEL0 信号半周期设为 20 μs,SEL1 信号半周期设为 40 μs。图 6-4 为 4 选 1 数据选择器在 Quartus II 集成开发软件中的仿真波形。接下来进行 *.pof 至 *.jed 的文件转换,最后将 *.jed 文件下载到 ATF1508AS 芯片中。

表 6-3 4 选 1 数据选择器引脚分配表

引脚名	引脚号	输入或输出	板上丝印符号
A	37	Input	K0
B	36	Input	K1
C	35	Input	K2
D	34	Input	K3
SEL0	44	Input	S0
SEL1	41	Input	S1
F	33	Output	LED0

在 MCU&CPLD DEMO 试验板的左下角,有一个 4 位的拨码开关 SW,S1S0=00 时(开

第 6 章 组合逻辑电路的设计实验

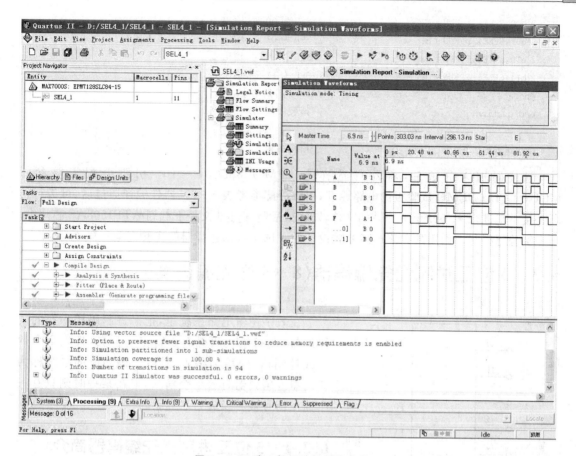

图 6-4 4 选 1 数据选择器仿真波形

关拨上为 0），这时 LED0 的输出状态就是 A 的输入状态；S1、S0=01 时，这时 LED0 的输出状态就是 B 的输入状态；S1、S0=10 时，这时 LED0 的输出状态就是 C 的输入状态；S1、S0=11时，这时 LED0 的输出状态就是 D 的输入状态。实现了 4 选 1 数据选择器的逻辑电路。

6.2.3 采用行为描述方式的设计

在 D 盘中先建立一个文件名为 SELE4_1 的文件夹，然后建立一个 SELE4_1 的新项目，输入以下源代码并保存为 SELE4_1.v。

```
module SELE4_1(A,B,C,D,SEL,F);         //模块声明及输入、输出端口列表
    input A,B,C,D;                      //定义输入端口
    input [1:0] SEL;                    //定义输入端口
    output F;                           //定义输出端口
    assign F = SELE4_1_FUN(A,B,C,D,SEL);  //数据流描述

    function SELE4_1_FUN;                //定义函数
        input A,B,C,D;                   //定义输入端口
        input [1:0] SEL;                 //定义输入端口
        case(SEL)                        //case 语句,根据 SEL 的值,产生散转分支
```

```
2'b00:SELE4_1_FUN = A;         //SEL 为 00 时,输出 A
2'b01:SELE4_1_FUN = B;         //SEL 为 01 时,输出 B
2'b10:SELE4_1_FUN = C;         //SEL 为 10 时,输出 C
2'b11:SELE4_1_FUN = D;         //SEL 为 11 时,输出 D
endcase                         //case 语句结束
endfunction                     //函数模块结束

endmodule                       //模块结束
```

源代码输入完成后,将器件选择为 EPM7128SLC84 - 15。引脚分配需要参考 MCU&CPLD DEMO 试验板的电路原理,引脚分配参考表 6-3。器件编译通过后,可进行仿真。接下来进行 *.pof 至 *.jed 的文件转换,最后将 *.jed 文件下载到 ATF1508AS 芯片中。实验过程与上面用数据流描述方式设计的 4 选 1 数据选择器的实验完全一样。

6.3 3 位二进制优先编码器(8-3 优先编码器)

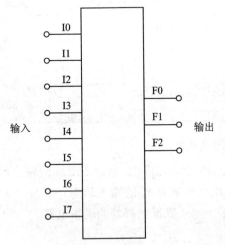

图 6-5 3 位二进制优先编码器电路图

在数字逻辑电路系统里,把二进制码按一定的规律编排,使每组代码具有一特定的含义(代表某个数字或控制信号)称为编码,具有编码功能的电路称为编码器。编码器有若干个输入,但在某一时刻只有一个输入信号被转换成为二进制码。

6.3.1 3 位二进制优先编码器简介

图 6-5 为 3 位二进制优先编码器的电路图,I0~I7 是要进行优先编码的 8 个输入信号,F0~F3 是用来进行优先编码的 3 位二进制代码。I0~I7 八个输入信号中,假定 I7 优先级别最高,I0 最低。根据优先级的排列,可列出 3 位二进制优先编码器的真值表,如表 6-4 所列。

表 6-4 3 位二进制优先编码器真值表

输 入								输 出		
I7	I6	I5	I4	I3	I2	I1	I0	F2	F1	F0
0	X	X	X	X	X	X	X	1	1	1
1	0	X	X	X	X	X	X	1	1	0
1	1	0	X	X	X	X	X	1	0	1
1	1	1	0	X	X	X	X	1	0	0
1	1	1	1	0	X	X	X	0	1	1
1	1	1	1	1	0	X	X	0	1	0
1	1	1	1	1	1	0	X	0	0	1
1	1	1	1	1	1	1	0	0	0	0

6.3.2　3位二进制优先编码器的设计

在 D 盘中先建立一个文件名为 CODER8_3 的文件夹，然后建立一个 CODER8_3 的新项目，输入以下源代码并保存为 CODER8_3.v。

```
module CODER8_3(I,F);            //模块声明及输入、输出端口列表
input [7:0]I;                    //定义输入端口
output [2:0] F;                  //定义输出端口
assign F = code(I);              //数据流描述

function [2:0] code;             //定义函数
input [7:0] I;                   //定义输入端口
if(!I[7]) code = 3'b111;         //如果 I[7]为低电平,输出 111
else  if(!I[6]) code = 3'b110;   //如果 I[6]为低电平,输出 110
else  if(!I[5]) code = 3'b101;   //如果 I[5]为低电平,输出 101
else  if(!I[4]) code = 3'b100;   //如果 I[4]为低电平,输出 100
else  if(!I[3]) code = 3'b011;   //如果 I[3]为低电平,输出 011
else  if(!I[2]) code = 3'b010;   //如果 I[2]为低电平,输出 010
else  if(!I[1]) code = 3'b001;   //如果 I[1]为低电平,输出 001
else  if(!I[0]) code = 3'b000;   //如果 I[0]为低电平,输出 000
endfunction                      //函数模块结束

endmodule                        //模块结束
```

源代码输入完成后，将器件选择为 EPM7128SLC84 – 15。引脚分配需要参考 MCU&CPLD DEMO 试验板的电路原理，这里的引脚分配见表 6-5。器件编译通过后，可进行仿真，仿真终止时间(End Time)设为 100 μs，I7～I0 信号顺序为低电平且宽度为 5 μs。图 6-6 为 3 位二进制优先编码器在 Quartus II 集成开发软件中的仿真波形。接下来进行 *.pof 至 *.jed 的文件转换，最后将 *.jed 文件下载到 ATF1508AS 芯片中。

表 6-5　3 位二进制优先编码器引脚分配表

引脚名	引脚号	输入或输出	板上丝印符号
I0	37	Input	K0
I1	36	Input	K1
I2	35	Input	K2
I3	34	Input	K3
I4	44	Input	S0
I5	41	Input	S1
I6	40	Input	S2
I7	39	Input	S3
F0	33	Output	LED0
F1	31	Output	LED1
F2	30	Output	LED2

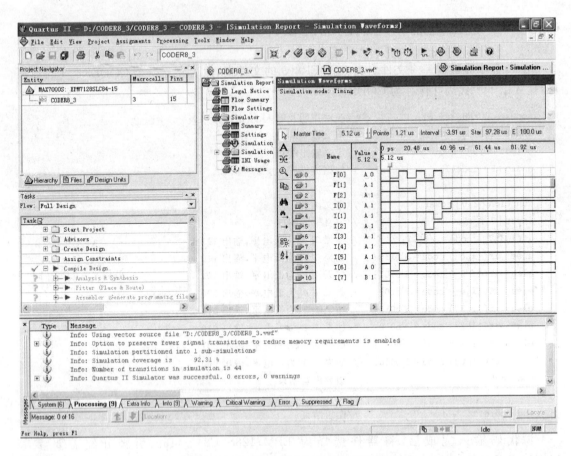

图 6-6　3 位二进制优先编码器仿真波形

在 MCU&CPLD DEMO 试验板的左下角,有一个 4 位的拨码开关 S0～S3 和 4 位按键 K0～K3,改变 S0～S3 和 K0～K3 的输入状态(开关拨上或按键按下时为低电平),经观察发现,LED0～LED2 的输出状态和表 6-4(3 位二进制优先编码器的真值表)完全吻合。

6.4　3 位二进制译码器(3-8 译码器)

译码是编码的逆过程,它是将具有特定含义的二进制码进行辨别,并转换成控制信号输出。具有译码功能的数字逻辑电路系统称为译码器。

6.4.1　3 位二进制译码器简介

图 6-7 为 3 位二进制译码器的电路图,输入端为 A0、A1、A2,可输入 3 位二进制码,共有 $2^3=8$ 种组合状态;输出端有 F0～F7 共 8 条线。表 6-6 为 3 位二进制译码器的真值表。

第6章 组合逻辑电路的设计实验

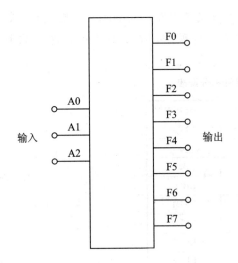

表6-6 3位二进制译码器真值表

输		入	输				出			
A2	A1	A0	F7	F6	F5	F4	F3	F2	F1	F0
0	0	0	0	0	0	0	0	0	0	1
0	0	1	0	0	0	0	0	0	1	0
0	1	0	0	0	0	0	0	1	0	0
0	1	1	0	0	0	0	1	0	0	0
1	0	0	0	0	0	1	0	0	0	0
1	0	1	0	0	1	0	0	0	0	0
1	1	0	0	1	0	0	0	0	0	0
1	1	1	1	0	0	0	0	0	0	0

图6-7 3位二进制译码器电路图

6.4.2 3位二进制译码器的设计

在 D 盘中先建立一个文件名为 DECOD3_8 的文件夹,然后建立一个 DECOD3_8 的新项目,输入以下源代码并保存为 DECOD3_8.v。

```
module DECOD3_8(F,A);           //模块声明及输入、输出端口列表
input [2:0]A;                   //定义输入端口
output [7:0] F;                 //定义输出端口
reg [7:0] F;                    //定义F为寄存器类型的8位变量
always @(A)                     //每当输入A发生变化时,执行一遍begin-end块内的语句
begin                           //begin-end块开始
case (A)                        //case语句,根据A的值,产生散转分支
3'b000:F = 8'b00000001;         //A为000时,F输出00000001
3'b001:F = 8'b00000010;         //A为001时,F输出00000010
3'b010:F = 8'b00000100;         //A为010时,F输出00000100
3'b011:F = 8'b00001000;         //A为011时,F输出00001000
3'b100:F = 8'b00010000;         //A为100时,F输出00010000
3'b101:F = 8'b00100000;         //A为101时,F输出00100000
3'b110:F = 8'b01000000;         //A为110时,F输出01000000
3'b111:F = 8'b10000000;         //A为111时,F输出10000000
endcase                         //case语句结束
end                             //begin-end块结束
endmodule                       //模块结束
```

源代码输入完成后,将器件选择为 EPM7128SLC84 - 15。引脚分配需要参考 MCU&CPLD DEMO 试验板的电路原理,这里的引脚分配见表6-7。器件编译通过后,可进行仿真,仿真终止时间(End Time)设为 100 μs,A0 信号半周期设为 10 μs,A1 信号半周期设

为 20 μs，A2 信号半周期设为 40 μs。图 6-8 为 3 位二进制译码器在 Quartus II 集成开发软件中的仿真波形。接下来进行 *.pof 至 *.jed 的文件转换，最后将 *.jed 文件下载到 ATF1508AS 芯片中。

表 6-7 3 位二进制译码器引脚分配表

引脚名	引脚号	输入或输出	板上丝印符号
A0	44	Input	S0
A1	41	Input	S1
A2	40	Input	S2
F0	33	Output	LED0
F1	31	Output	LED1
F2	30	Output	LED2
F3	29	Output	LED3
F4	28	Output	LED4
F5	27	Output	LED5
F6	25	Output	LED6
F7	24	Output	LED7

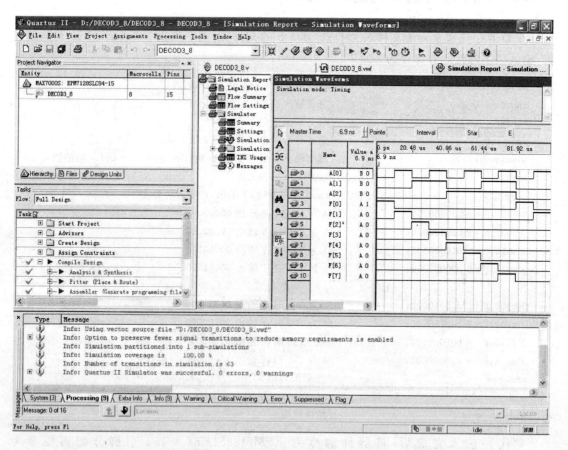

图 6-8 3 位二进制译码器仿真波形

通过拨码开关 S3~S0 输入不同的编码信号，发现，LED0~LED7 的输出状态和表 6-6（3

位二进制译码器的真值表)完全吻合。

6.5 BCD-7段译码器

6.5.1 BCD-7段译码器简介

BCD-7段译码器用于将BCD码译成LED数码管可直接显示的数字,根据数码管的不同(有共阴或共阳极的数码管),共有两种不同的BCD-7段译码器。根据MCU&CPLD DEMO试验板的电路原理,这里我们设计成驱动共阴极数码管的BCD-7段译码器。表6-8为共阴极数码管的段位与显示字形码及BCD码关系。

表6-8 共阴极数码管的段位与显示字形码及BCD码关系

Data				显示	dp	g	f	e	d	c	b	a	十六进制
0	0	0	0	0	0	0	1	1	1	1	1	1	3f
0	0	0	1	1	0	0	0	0	0	1	1	0	06
0	0	1	0	2	0	1	0	1	1	0	1	1	5b
0	0	1	1	3	0	1	0	0	1	1	1	1	4f
0	1	0	0	4	0	1	1	0	0	1	1	0	66
0	1	0	1	5	0	1	1	0	1	1	0	1	6d
0	1	1	0	6	0	1	1	1	1	1	0	1	7d
0	1	1	1	7	0	0	0	0	0	1	1	1	07
1	0	0	0	8	0	1	1	1	1	1	1	1	7f
1	0	0	1	9	0	1	1	0	1	1	1	1	6f
1	0	1	0	熄灭	高阻	高阻	高阻	高阻	高阻	高阻	高阻	高阻	高阻
1	0	1	1	熄灭	高阻	高阻	高阻	高阻	高阻	高阻	高阻	高阻	高阻
1	1	0	0	熄灭	高阻	高阻	高阻	高阻	高阻	高阻	高阻	高阻	高阻
1	1	0	1	熄灭	高阻	高阻	高阻	高阻	高阻	高阻	高阻	高阻	高阻
1	1	1	0	熄灭	高阻	高阻	高阻	高阻	高阻	高阻	高阻	高阻	高阻
1	1	1	1	熄灭	高阻	高阻	高阻	高阻	高阻	高阻	高阻	高阻	高阻

6.5.2 BCD-7段译码器的设计

在D盘中先建立一个文件名为DEC_BCD的文件夹,然后建立一个DEC_BCD的新项目,输入以下源代码并保存为DEC_BCD.v。

```
module DEC_BCD(F,Data,SelOutCom0);   //模块声明及输入、输出端口列表
input [3:0]Data;                      //定义输入端口
output [7:0] F;                       //定义输出端口
output SelOutCom0;                    //定义输出端口
reg [7:0] F;                          //定义F为寄存器类型的8位变量
reg SelOutCom0;                       //定义SelOutCom0为寄存器类型变量
```

```
always @(Data)              //每当输入 Data 发生变化时,执行一遍 begin-end 块内的语句
begin                       //begin-end 块开始
case (Data)                 //case 语句,根据 Data 的值,产生散转分支
4'd0:F = 8'h3f;             //Data 为 0 时,F 输出 3fH
4'd1:F = 8'h06;             //Data 为 1 时,F 输出 06H
4'd2:F = 8'h5b;             //Data 为 2 时,F 输出 5bH
4'd3:F = 8'h4f;             //Data 为 3 时,F 输出 4fH

4'd4:F = 8'h66;             //Data 为 4 时,F 输出 66H
4'd5:F = 8'h6d;             //Data 为 5 时,F 输出 6dH
4'd6:F = 8'h7d;             //Data 为 6 时,F 输出 7dH
4'd7:F = 8'h07;             //Data 为 7 时,F 输出 07H
4'd8:F = 8'h7f;             //Data 为 8 时,F 输出 7fH
4'd9:F = 8'h6f;             //Data 为 9 时,F 输出 6fH
default:F = 8'hz;           //Data 为大于 9 以上时,F 输出高阻抗
endcase                     // case 语句结束
end                         // begin-end 块结束

always                      //无条件执行一遍 begin-end 块内的语句
begin                       //begin-end 块开始
SelOutCom0 = 1;             //SelOutCom0 输出 1
end                         //begin-end 块结束

endmodule                   //模块结束
```

源代码输入完成后,将器件选择为 EPM7128SLC84-15。引脚分配需要参考 MCU&CPLD DEMO 试验板的电路原理,这里的引脚分配见表 6-9。器件编译通过后,可进行仿真,仿真终止时间(End Time)设为 100 μs,Data3~Data0 依次产生 0000~1111 的信号波形,其宽度设为 5 μs。图 6-9 为 BCD-7 段译码器在 Quartus II 集成开发软件中的仿真波形。接下来进行 *.pof 至 *.jed 的文件转换,最后将 *.jed 文件下载到 ATF1508AS 芯片中。

表 6-9 BCD-7 段译码器引脚分配表

引脚名	引脚号	输入或输出	板上丝印符号
Data[0]	44	Input	S0
Data[1]	41	Input	S1
Data[2]	40	Input	S2
Data[3]	39	Input	S3
a	33	Output	
b	31	Output	
c	30	Output	
d	29	Output	由个位数码管进行显示
e	28	Output	
f	27	Output	
g	25	Output	
dp	24	Output	

第 6 章 组合逻辑电路的设计实验

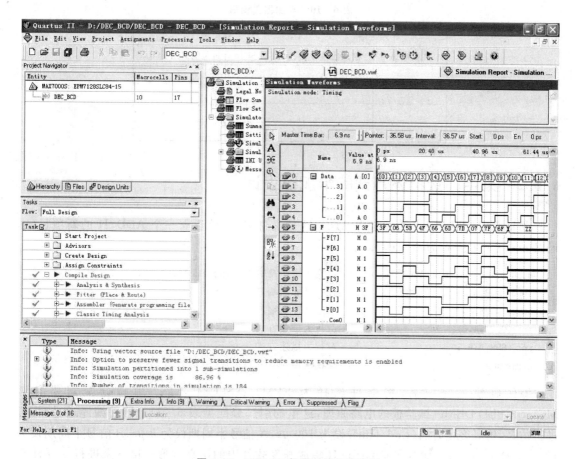

图 6-9 BCD-7 段译码器仿真波形

使用 MCU&CPLD DEMO 试验板左下角的 4 位的拨码开关进行 BCD 码输入,可以看到个位数码管显示 0～9,超过 9 以上时,数码管消隐。达到了设计目的。

6.6 半加器

加法器主要有半加法器和全加法器两种(简称半加器和全加器)。它们都用来实现二进制数中的加法运算。

6.6.1 半加器简介

两个 1 位的二进制数相加,叫做半加。实现两个 1 位二进制数相加运算的电路叫做半加器电路,半加器可完成两个 1 位二进数的求和运算。根据半加器电路的定义,半加器是实现加数、被加数、和数、向高位进位数组成的运算电路,它仅考虑本位数相加,而不考虑低位来的进位数。半加器具有加数端 A、被加数端 B、和数端 SUM、进位输出端 COUT。表 6-10 为半加器的真值表。

表 6-10 半加器真值表

输入端		输出端	
加数端 A	被加数端 B	和数端 SUM	进位输出端 COUT
0	0	0	0
0	1	1	0
1	0	1	0
1	1	0	1

6.6.2 采用门级描述方式的半加器设计

在 D 盘中先建立一个文件名为 ADD_H 的文件夹,然后建立一个 ADD_H 的新项目,输入以下源代码并保存为 ADD_H.v。

```
module ADD_H(A,B,SUM,COUT);   //模块声明及输入、输出端口列表
input A,B;                    //定义输入端口
output SUM,COUT;              //定义输出端口
and (COUT,A,B);               //行为描述方式
xor (SUM,A,B);                //行为描述方式
endmodule                     //模块结束
```

源代码输入完成后,将器件选择为 EPM7128SLC84-15。引脚分配需要参考 MCU&CPLD DEMO 试验板的电路原理,这里的引脚分配见表 6-11。器件编译通过后,可进行仿真,仿真终止时间(End Time)设为 $100\ \mu s$,A 信号半周期设为 $5\ \mu s$,B 信号半周期设为 $10\ \mu s$。图 6-10 为半加器在 Quartus II 集成开发软件中的仿真波形。接下来进行 *.pof 至 *.jed 的文件转换,最后将 *.jed 文件下载到 ATF1508AS 芯片中。

表 6-11 半加器引脚分配表

引脚名	引脚号	输入或输出	板上丝印符号
A	44	Input	S0
B	41	Input	S1
SUM	33	Output	LED0
COUT	24	Output	LED7

使用拨码开关 S1、S0 进行输入,LED0 进行和的输出指示,LED7 进行进位输出的指示。实验结果与表 6-10 的真值描述完全一致。

6.6.3 采用数据流描述方式的半加器设计

在 D 盘中先建立一个文件名为 ADDI_H 的文件夹,然后建立一个 ADDI_H 的新项目,输入以下源代码并保存为 ADDI_H.v。

```
module ADDI_H(A,B,SUM,COUT);  //模块声明及输入、输出端口列表
input A,B;                    //定义输入端口
```

第6章 组合逻辑电路的设计实验

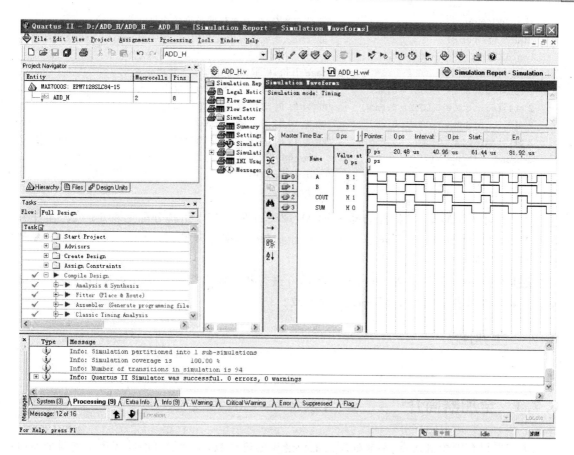

图 6-10 半加器仿真波形

```
output SUM,COUT;              //定义输出端口
assign SUM = A^B;             //数据流描述方式
assign COUT = A&B;            //数据流描述方式
endmodule                     //模块结束
```

源代码输入完成后,将器件选择为 EPM7128SLC84-15。引脚分配参考表 6-11。器件编译通过后,可进行仿真。接下来进行 *.pof 至 *.jed 的文件转换,最后将 *.jed 文件下载到 ATF1508AS 芯片中。

同样也使用拨码开关 S1S0 进行输入,LED0 进行和的输出指示,LED7 进行进位输出的指示。实验结果与表 6-10 的真值描述完全一致。

6.6.4 采用行为描述方式的半加器设计

在 D 盘中先建立一个文件名为 ADDIN_H 的文件夹,然后建立一个 ADDIN_H 的新项目,输入以下源代码并保存为 ADDIN_H.v。

```
module ADDIN_H(A,B,SUM,COUT);  //模块声明及输入、输出端口列表
input A,B;                     //定义输入端口
output SUM,COUT;               //定义输出端口
```

```
reg SUM,COUT;                        //定义 SUM、COUT 为寄存器类型的变量
always @(A or B)                     //每当输入 A 或 B 发生变化时,执行一遍 begin-end 块内的语句
begin                                //begin-end 块开始
case ({A,B})                         //case 语句,根据 AB 的值,产生散转分支
2'b00:begin SUM = 0;COUT = 0;end     //AB 为 00 时,SUM 输出 0,COUT 输出 0
2'b01:begin SUM = 1;COUT = 0;end     //AB 为 01 时,SUM 输出 1,COUT 输出 0
2'b10:begin SUM = 1;COUT = 0;end     //AB 为 10 时,SUM 输出 1,COUT 输出 0
2'b11:begin SUM = 0;COUT = 1;end     //AB 为 11 时,SUM 输出 0,COUT 输出 1
endcase                              // case 语句结束
end                                  // begin-end 块结束
endmodule                            //模块结束
```

源代码输入完成后,将器件选择为 EPM7128SLC84-15。引脚分配见表 6-11。器件编译通过后,可进行仿真。接下来进行 *.pof 至 *.jed 的文件转换,最后将 *.jed 文件下载到 ATF1508AS 芯片中。

还是使用拨码开关 S1、S0 进行输入,LED0 进行和的输出指示,LED7 进行进位输出的指示。实验结果与表 6-10 的真值描述完全一致。

6.7 全加器

6.7.1 全加器简介

半加器只有两个输入端,不能处理由低位送来的进位数,全加器则能够实现二进制全加运算。全加器在对两个二进制数进行加法运算时,除了能将加数 A、被加数 B 相加外,还要加上低位送来的进位数 CIN。所以,全加器比半加器电路多一个输入端,共有三个输入端。全加器与半加器相比只是多了一个低位进位数端 CIN。表 6-12 为全加器的真值表。

表 6-12 全加器真值表

输入端			输出端	
加数端 A	被加数端 B	进位输入 CIN	和数 SUM	进位输出 COUT
0	0	0	0	0
0	1	0	1	0
1	0	0	1	0
1	1	0	0	1
0	0	1	1	0
0	1	1	0	1
1	0	1	0	1
1	1	1	1	1

6.7.2 全加器的设计

在 D 盘中先建立一个文件名为 ADD_FU 的文件夹,然后建立一个 ADD_FU 的新项目,

输入以下源代码并保存为 ADD_FU.v。

```
module ADD_FU(A,B,CIN,SUM,COUT);    //模块声明及输入、输出端口列表
input A,B,CIN;                       //定义输入端口
output SUM,COUT;                     //定义输出端口
assign {COUT,SUM} = A + B + CIN;    //数据流描述
endmodule                            //模块结束
```

源代码输入完成后,将器件选择为 EPM7128SLC84 – 15。引脚分配需要参考 MCU&CPLD DEMO 试验板的电路原理,这里的引脚分配见表 6 – 13。器件编译通过后,可进行仿真,仿真终止时间(End Time)设为 100 μs,A 信号半周期设为 5 μs,B 信号半周期设为 10 μs,进位信号 CIN 设为高电平。图 6 – 11 为全加器在 Quartus II 集成开发软件中的仿真波形。

表 6 – 13 全加器引脚分配表

引脚名	引脚号	输入或输出	板上丝印符号
A	44	Input	S0
B	41	Input	S1
CIN	40	Input	S2
SUM	33	Output	LED0
COUT	24	Output	LED7

接下来进行 *.pof 至 *.jed 的文件转换,最后将 *.jed 文件下载到 ATF1508AS 芯片中。

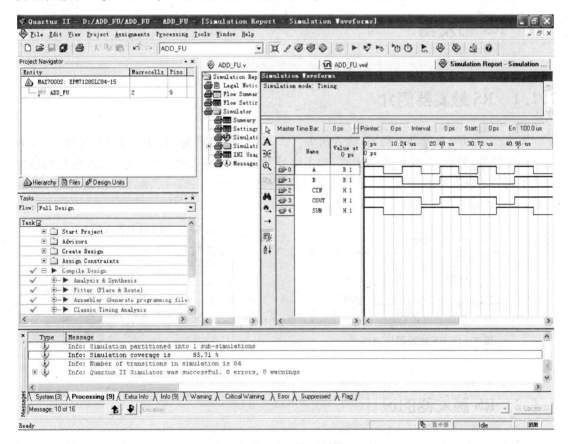

图 6 – 11 全加器仿真波形

使用拨码开关 S2、S1、S0 进行输入,LED0 进行和的输出指示,LED7 进行进位输出的指示。实验结果与表 6 – 12 的真值描述完全一致。

第 7 章
触发器的设计实验

前面介绍的组合逻辑电路,其任意时刻产生的输出仅与当时的输入有关,它没有记忆功能。而触发器是一种具有记忆功能的电路,在任意时刻产生的输出不仅与当时的输入有关,而且还与过去的输入有关。

7.1 RS 触发器

7.1.1 RS 触发器简介

图 7-1 为 RS 触发器电路图,输入端为 R、S、CLK,输出端为 Q、QB。其中,时钟 CLK 为输入门控信号,只有 CLK 信号到来时,输入信号 R、S 才能进入触发器。依 CLK 信号的触发方式不同,RS 触发器可分为上升沿触发和下降沿触发两种。图 7-1 为上升沿触发的 RS 触发器。RS 触发器真值表如表 7-1 所列。

表 7-1 RS 触发器真值表

R	S	Qn+1	说明
0	0	Qn	保持
0	1	1	置1
1	0	0	置0
1	1	不定	不使用

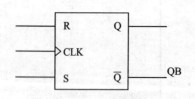

图 7-1 RS 触发器电路图

7.1.2 RS 触发器的设计

在 D 盘中先建立一个文件名为 SYRS_FF 的文件夹,然后建立一个 SYRS_FF 的新项目,输入以下源代码并保存为 SYRS_FF.v。

```
module SYRS_FF(Q,QB,R,S,CLK);      //模块声明及输入、输出端口列表
```

```
output Q,QB;                    //定义输出端口
input R,S,CLK;                  //定义输入端口
reg Q;                          //定义 Q 为寄存器类型的变量
assign QB = ~Q;                 //数据流描述
always @(posedge CLK)           //每当 CLK 产生上升沿时
case ({R,S})                    //case 语句,根据 RS 的值,产生散转分支
2'b01:Q<= 1'b1;                 //RS 为 01 时,Q 输出 1
2'b10:Q<= 1'b0;                 //RS 为 10 时,Q 输出 0
2'b11:Q<= 1'bx;                 //RS 为 11 时,Q 输出无关值
endcase                         // case 语句结束
endmodule                       //模块结束
```

源代码输入完成后,将器件选择为 EPM7128SLC84 – 15。引脚分配需要参考 MCU&CPLD DEMO 试验板的电路原理,这里的引脚分配见表 7 – 2。器件编译通过后,可进行仿真,仿真终止时间(End Time)设为 100 μs,R 信号半周期设为 10 μs,S 信号半周期设为 20 μs,时钟信号(CLK)半周期设为 2 μs。图 7 – 2 为 RS 触发器在 Quartus II 集成开发软件中的仿真波形。接下来进行 *.pof 至 *.jed 的文件转换,最后将 *.jed 文件下载到 ATF1508AS 芯片中。

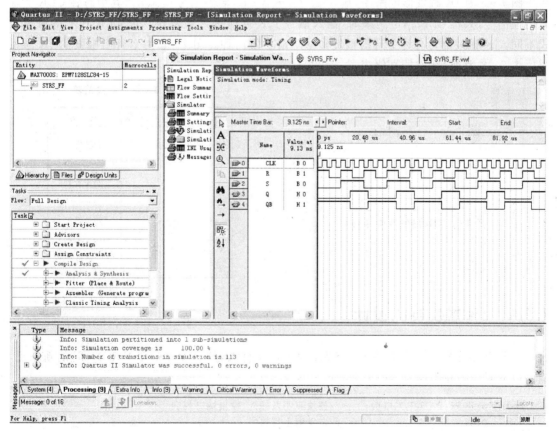

图 7 – 2 RS 触发器仿真波形

表7-2 RS触发器引脚分配表

引脚名	引脚号	输入或输出	板上丝印符号
R	44	Input	S0
S	41	Input	S1
CLK	2	Input	GCLK2
Q	33	Output	LED0
QB	31	Output	LED1

在MCU&CPLD DEMO试验板上,改变S0、S1的输入状态(开关拨上时为低电平,拨下时为高电平,),然后再按动一下GCLK2键。可以看到,LED0、LED1的输出状态和表7-1(RS触发器真值表)完全吻合。

7.2 JK触发器

7.2.1 JK触发器简介

图7-3为JK触发器电路图,输入端为J、K、CLK,输出端为Q、QB。其中时钟CLK为输入门控信号,只有CLK信号到来时,输入信号J、K才能进入触发器。依CLK信号的触发方式不同,JK触发器可分为上升沿触发和下降沿触发两种。图7-3为上升沿触发的JK触发器。表7-3为JK触发器真值表。

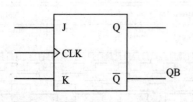

图7-3 JK触发器电路图

表7-3 JK触发器真值表

J	K	Qn	Qn+1	说明
0	0	0	0	保持
0	0	1	1	
0	1	0	0	同步置0
0	1	1	0	
1	0	0	1	同步置1
1	0	1	1	
1	1	0	1	翻转
1	1	1	0	

7.2.2 JK触发器的设计

在D盘中先建立一个文件名为SYJK_FF的文件夹,然后建立一个SYJK_FF的新项目,输入以下源代码并保存为SYJK_FF.v。

```
module SYJK_FF(Q,QB,J,K,CLK);    //模块声明及输入、输出端口列表
output Q,QB;                      //定义输出端口
input J,K,CLK;                    //定义输入端口
reg Q;                            //定义Q为寄存器类型的变量
```

```
assign QB = ~Q;                    //数据流描述

always @(posedge CLK)              //每当 CLK 产生上升沿时,执行一遍 begin-end 块内的语句

begin                              //begin-end 块开始
  case ({J,K})                     //case 语句,根据 JK 的值,产生散转分支
    2'b00:Q<= Q;                   //JK 为 00 时,Q 无变化
    2'b01:Q<= 1'b0;                //JK 为 01 时,Q 输出 0
    2'b10:Q<= 1'b1;                //JK 为 10 时,Q 输出 1
    2'b11:Q<= ~Q;                  //JK 为 11 时,Q 的输出反相
    default:Q<= 1'bx;              //默认状态,Q 输出无关值
  endcase                          //case 语句结束
end                                //begin-end 块结束

endmodule                          //模块结束
```

源代码输入完成后,将器件选择为 EPM7128SLC84-15。引脚分配需要参考 MCU&CPLD DEMO 试验板的电路原理,这里的引脚分配见表 7-4。器件编译通过后,可进行仿真,仿真终止时间(End Time)设为 100 μs,J 信号半周期设为 5 μs,K 信号半周期设为 10 μs,时钟信号(CLK)半周期设为 2 μs。图 7-4 为 JK 触发器在 Quartus II 集成开发软件中的仿真波形。接下来进行 *.pof 至 *.jed 的文件转换,最后将 *.jed 文件下载到 ATF1508AS 芯片中。

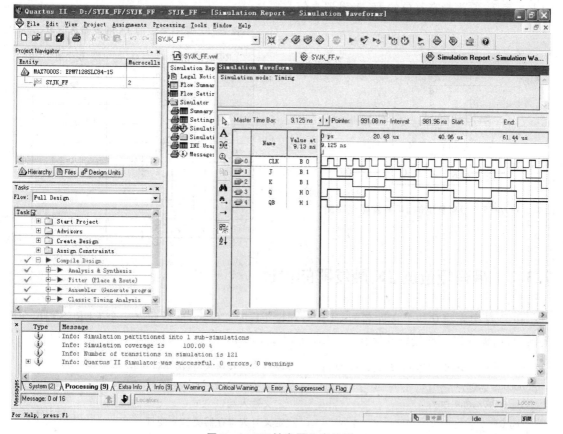

图 7-4 JK 触发器仿真波形

表 7-4 JK 触发器引脚分配表

引脚名	引脚号	输入或输出	板上丝印符号
J	44	Input	S0
K	41	Input	S1
CLK	2	Input	GCLK2
Q	33	Output	LED0
QB	31	Output	LED1

在 MCU&CPLD DEMO 试验板上,改变 S0、S1 的输入状态(开关拨上时为低电平,拨下时为高电平),然后再按动一下 GCLK2 键。可以看到,LED0、LED1 的输出状态和表 7-3(JK触发器真值表)完全吻合。

7.3 带有复位的 JK 触发器

7.3.1 带有复位的 JK 触发器简介

图 7-5 为带有复位的 JK 触发器电路图,与基本 JK 触发器相比,增加了一个复位端 CLR。表 7-5 为带有复位的 JK 触发器真值表。

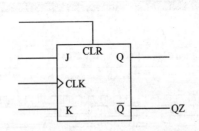

图 7-5 带有复位的 JK 触发器电路图

表 7-5 带有复位的 JK 触发器真值表

CLR	J	K	Qn	Qn+1	说 明
0	0	0	0	0	保持
0	0	0	1	1	
0	0	1	0	0	同步置0
0	0	1	1	0	
0	1	0	0	1	同步置1
0	1	0	1	1	
0	1	1	0	1	翻转
0	1	1	1	0	
1	X	X	X	0	清0

7.3.2 带有复位的 JK 触发器的设计

在 D 盘中先建立一个文件名为 CLR_SYJK_FF 的文件夹,然后建立一个 CLR_SYJK_FF 的新项目,输入以下源代码并保存为 CLR_SYJK_FF.v。

```
module CLR_SYJK_FF(Q,QB,J,K,CLK,CLR);    //模块声明及输入、输出端口列表
output Q,QB;                              //定义输出端口
input J,K,CLK,CLR;                        //定义输入端口
reg Q;                                    //定义 Q 为寄存器类型的变量
assign QB = ~Q;                           //数据流描述
```

```
//每当CLK产生上升沿或CLR产生下降沿时,执行一遍begin-end块内的语句
always @(posedge CLK or posedge CLR)

begin                                    //begin-end块开始

if(CLR)                                  //如果CLR为高电平时
begin
Q<=0;                                    //Q输出0(非阻塞赋值)
end

else                                     //否则
begin
case ({J,K})                             //case语句,根据JK的值,产生散转分支
2'b00:Q<=Q;                              //JK为00时,Q无变化
2'b01:Q<=1'b0;                           //JK为01时,Q输出0
2'b10:Q<=1'b1;                           //JK为10时,Q输出1
2'b11:Q<=~Q;                             //JK为11时,Q的输出反相
default:Q<=1'bx;                         //默认状态,Q输出无关值
endcase                                  // case语句结束
end

end                                      // begin-end块结束
endmodule                                //模块结束
```

源代码输入完成后,将器件选择为 EPM7128SLC84-15。引脚分配需要参考 MCU&CPLD DEMO 试验板的电路原理,这里的引脚分配见表 7-6。器件编译通过后,可进行仿真,仿真终止时间(End Time)设为 100 μs,J 信号半周期设为 5 μs,K 信号半周期设为 10 μs,时钟信号(CLK)半周期设为 2 μs,复位信号(CLR)前 10 μs 为高电平,之后为低电平。图 7-6 为带有复位的 JK 触发器在 Quartus II 集成开发软件中的仿真波形。接下来进行 *.pof 至 *.jed 的文件转换,最后将 *.jed 文件下载到 ATF1508AS 芯片中。

表 7-6 带有复位的 JK 触发器引脚分配表

引脚名	引脚号	输入或输出	板上丝印符号
CLR	1	Input	GCLR
J	44	Input	S0
K	41	Input	S1
CLK	2	Input	GCLK2
Q	33	Output	LED0
QB	31	Output	LED1

在 MCU&CPLD DEMO 试验板上,看到 LED0 亮、LED1 灭,这是由于 GCLR 键没有按下时为高电平,电路处于复位状态。按下 GCLR 键一直不放,改变 S0、S1 的输入状态(开关拨上时为低电平,拨下时为高电平),然后再按动一下 GCLK2 键。可以看到 LED0、LED1 的输出状态和表 7-5(带有复位的 JK 触发器真值表)是吻合的。

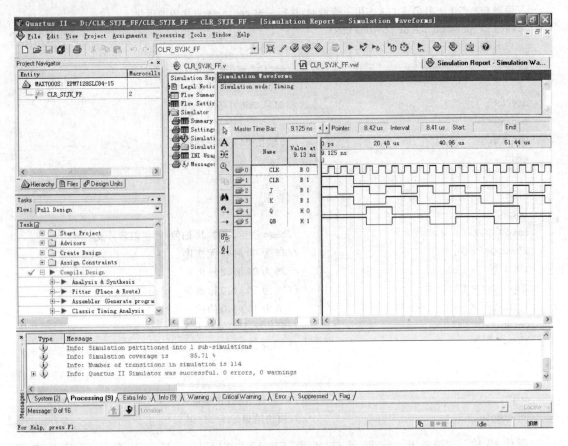

图 7-6 带有复位的 JK 触发器仿真波形

7.4 D 触发器

7.4.1 D 触发器简介

图 7-7 为 D 触发器电路图,输入端为 D、CLK,输出端为 Q、QB。其中时钟 CLK 为输入门控信号,只有 CLK 信号到来时,输入信号 D 才能进入触发器。依 CLK 信号的触发方式不同,D 触发器可分为上升沿触发和下降沿触发两种。图 7-7 为上升沿触发的 D 触发器。表 7-7 为 D 触发器真值表。

表 7-7 D 触发器真值表

D	Qn	Qn+1	说 明
0	0	0	输出状态与 D 端状态相同
0	1	0	
1	0	1	
1	1	1	

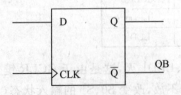

图 7-7 D 触发器电路图

7.4.2　D 触发器的设计

在 D 盘中先建立一个文件名为 D_FF 的文件夹,然后建立一个 D_FF 的新项目,输入以下源代码并保存为 D_FF.v。

```
module D_FF(Q,QB,D,CLK);      //模块声明及输入输出端口列表
output Q,QB;                  //定义输出端口
input D,CLK;                  //定义输入端口
reg Q;                        //定义 Q 为寄存器类型的变量
assign QB = ~Q;               //数据流描述

always @(posedge CLK)         //每当 CLK 产生上升沿时,执行一遍 begin-end 块内的语句

begin                         //begin-end 块开始
Q <= D;                       //Q 输出 D(非阻塞赋值)
end                           // begin-end 块结束

endmodule                     //模块结束
```

源代码输入完成后,将器件选择为 EPM7128SLC84 - 15。引脚分配需要参考 MCU&CPLD DEMO 试验板的电路原理,这里的引脚分配见表 7-8。器件编译通过后,可进行仿真,仿真终止时间(End Time)设为 100 μs,D 信号半周期设为 5 μs,时钟信号(CLK)半周期设为 2 μs。图 7-8 为 D 触发器在 Quartus II 集成开发软件中的仿真波形。接下来进行

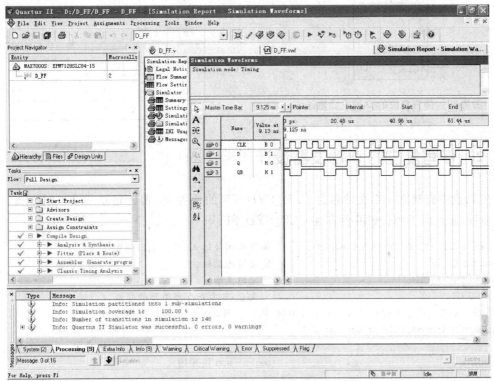

图 7-8　D 触发器仿真波形

＊.pof 至 ＊.jed 的文件转换，最后将 ＊.jed 文件下载到 ATF1508AS 芯片中。

表7-8 D触发器引脚分配表

引脚名	引脚号	输入或输出	板上丝印符号
D	44	Input	S0
CLK	2	Input	GCLK2
Q	33	Output	LED0
QB	31	Output	LED1

在 MCU&CPLD DEMO 试验板上，改变 S0 的输入状态（开关拨上时为低电平，拨下时为高电平），然后再按动一下 GCLK2 键。可以看到，LED0、LED1 的输出状态符合 D 触发器真值表。

7.5 带有复位的 D 触发器

7.5.1 带有复位的 D 触发器简介

图7-9为带有复位的 D 触发器电路图，与 D 触发器相比，增加了一个复位端 CLR。表7-9为带有复位的 D 触发器真值表。

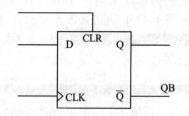

图7-9 带有复位的 D 触发器电路图

表7-9 带有复位的 D 触发器真值表

CLR	D	Qn	Qn+1	说 明
0	0	0	0	输出状态与 D 端状态相同
0	0	1	0	
0	1	0	1	
0	1	1	1	
1	X	X	0	清零

7.5.2 带有复位的 D 触发器设计

在 D 盘中先建立一个文件名为 CLR_SYD_FF 的文件夹，然后建立一个 CLR_SYD_FF 的新项目，输入以下源代码并保存为 CLR_SYD_FF.v。

```
module CLR_SYD_FF(Q,QB,D,CLK,CLR);    //模块声明及输入、输出端口列表
output Q,QB;                          //定义输出端口
input D,CLK,CLR;                      //定义输入端口
reg Q,QB;                             //定义 Q、QB 为寄存器类型的变量
//每当 CLK 产生上升沿或 CLR 产生上升沿时，执行一遍 begin-end 块内的语句
always @(posedge CLK or posedge CLR)

begin                                 //begin-end 块开始

if(CLR)                               //如果 CLR 为低电平时
```

第7章 触发器的设计实验

```
begin
    Q<＝0;                    //Q 输出 0(非阻塞赋值)
    QB<＝1;                   //QB 输出 1(非阻塞赋值)
end

else                          //否则如果 CLR 为高电平时
begin
    Q<＝D;                    //Q 输出 D(非阻塞赋值)
    QB<＝~D;                  //QB 输出 D 的反相信号(非阻塞赋值)
end

end                           // begin-end 块结束

endmodule                     //模块结束
```

源代码输入完成后,将器件选择为 EPM7128SLC84-15。引脚分配需要参考 MCU&CPLD DEMO 试验板的电路原理,这里的引脚分配见表 7-10。器件编译通过后,可进行仿真,仿真终止时间(End Time)设为 100 μs,D 信号半周期设为 5 μs,时钟信号(CLK)半周期设为 2 μs,复位信号(CLR)前 10 μs 为高电平,之后为低电平。图 7-10 为带有复位的 D 触发器在 Quartus Ⅱ 集成开发软件中的仿真波形。接下来进行 *.pof 至 *.jed 的文件转换,最后将 *.jed 文件下载到 ATF1508AS 芯片中。

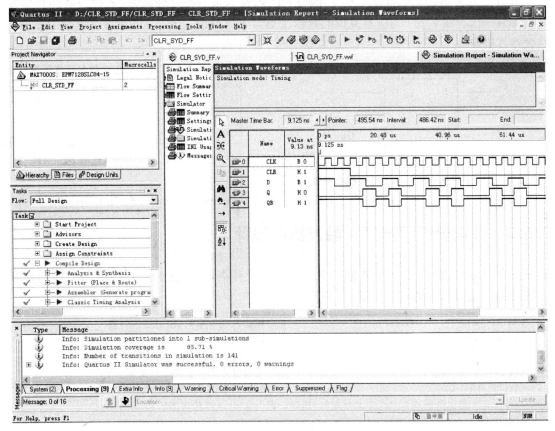

图 7-10 带有复位的 D 触发器仿真波形

表 7-10 带有复位的 D 触发器引脚分配表

引脚名	引脚号	输入或输出	板上丝印符号
CLR	1	Input	GCLR
D	44	Input	S0
CLK	2	Input	GCLK2
Q	33	Output	LED0
QB	31	Output	LED1

在 MCU&CPLD DEMO 试验板上,看到 LED0 亮、LED1 灭,这是由于 GCLR 键没有按下时为高电平,电路处于复位状态。按下 GCLR 键一直不放,改变 S0 的输入状态(开关拨上时为低电平,拨下时为高电平),然后再按动一下 GCLK2 键。可以看到 LED0、LED1 的输出状态符合 D 触发器真值表。

7.6 带有复位的异步 T 触发器

7.6.1 带有复位的异步 T 触发器简介

所谓 T 触发器就是翻转触发器或计数触发器,每当来一个时钟脉冲(或计数脉冲),触发器就翻转一次。图 7-11 为带有复位的异步 T 触发器电路图。表 7-11 为带有复位的异步 T 触发器真值表。

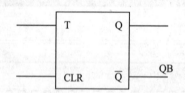

图 7-11 带有复位的异步 T 触发器电路图

表 7-11 带有复位的异步 T 触发器真值表

R	T	Qn	Qn+1	说 明
0	0	0	0	保持
0	0	1	1	
0	1	0	1	翻转
0	1	1	0	
1	X	X	0	清零

7.6.2 带有复位的异步 T 触发器的设计

在 D 盘中先建立一个文件名为 CLR_T_FF 的文件夹,然后建立一个 CLR_T_FF 的新项目,输入以下源代码并保存为 CLR_T_FF.v。

```
module CLR_T_FF(Q,QB,T,CLR);           //模块声明及输入、输出端口列表
    output Q,QB;                       //定义输出端口
    input T,CLR;                       //定义输入端口
    reg Q;                             //定义 Q 为寄存器类型的变量
    assign QB = ~Q;                    //数据流描述
//每当T产生上升沿或 CLR 产生上升沿时,执行一遍 begin-end 块内的语句
    always @(posedge T or posedge CLR)
    begin                              //begin-end 块开始
```

```
if(CLR)Q<＝0;                          //如果 CLR 为高电平时,Q 输出 0
else if(T)Q<＝～Q;                     //否则如果 T 为高电平时,Q 的输出反转
end                                    // begin-end 块结束

endmodule                              //模块结束
```

源代码输入完成后,将器件选择为 EPM7128SLC84-15。引脚分配需要参考 MCU&CPLD DEMO 试验板的电路原理,这里的引脚分配见表 7-12。器件编译通过后,可进行仿真,仿真终止时间(End Time)设为 100 μs,T 信号半周期设为 5 μs,复位信号(CLR)前 10 μs 为高电平,之后为低电平。图 7-12 为带有复位的异步 T 触发器在 Quartus II 集成开发软件中的仿真波形。接下来进行 *.pof 至 *.jed 的文件转换,最后将 *.jed 文件下载到 ATF1508AS 芯片中。

表 7-12 带有复位的异步 T 触发器引脚分配表

引脚名	引脚号	输入或输出	板上丝印符号
CLR	1	Input	GCLR
T	37	Input	K0
Q	33	Output	LED0
QB	31	Output	LED1

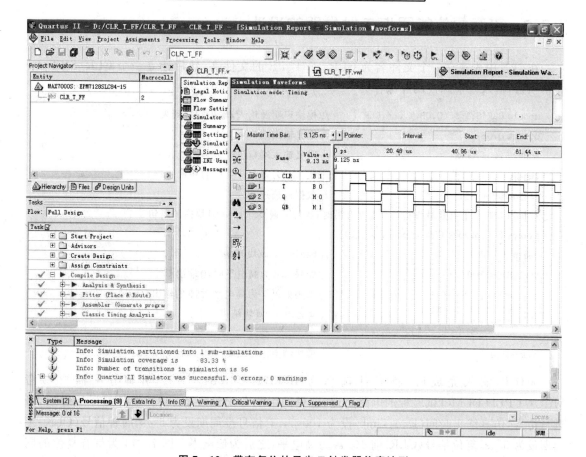

图 7-12 带有复位的异步 T 触发器仿真波形

在 MCU&CPLD DEMO 试验板上,看到 LED0 亮、LED1 灭,这是由于 GCLR 键没有按下时为高电平,电路处于复位状态。按下 GCLR 键一直不放,然后每按动一下 K0 键。可以看到 LED0、LED1 的输出状态会发生翻转,符合带有复位的异步 T 触发器真值表(见表 7-11)。

7.7 带有复位的同步 T 触发器

7.7.1 带有复位的同步 T 触发器简介

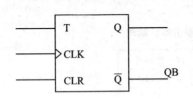

图 7-13 带有复位的同步 T 触发器电路图

图 7-13 为带有复位的同步 T 触发器电路图,与带有复位的异步 T 触发器相比,增加了一个时钟端 CLK。时钟 CLK 为输入门控信号,只有 CLK 信号到来时,输入信号 T 才能进入触发器。依 CLK 信号的触发方式不同,带有复位的同步 T 触发器可分为上升沿触发和下降沿触发两种。图 7-13 为上升沿触发的带有复位的同步 T 触发器。

7.7.2 带有复位的同步 T 触发器的设计

在 D 盘中先建立一个文件名为 CLR_SYT_FF 的文件夹,然后建立一个 CLR_SYT_FF 的新项目,输入以下源代码并保存为 CLR_SYT_FF.v。

```
module CLR_SYT_FF(Q,QB,T,CLK,CLR);   //模块声明及输入、输出端口列表
    output Q,QB;                      //定义输出端口
    input T,CLK,CLR;                  //定义输入端口
    reg Q;                            //定义 Q 为寄存器类型的变量
    assign QB = ~Q;                   //数据流描述
//每当 CLK 产生上升沿或 CLR 产生上升沿时,执行一遍 begin-end 块内的语句
    always @(posedge CLK or posedge CLR)
    begin                             //begin-end 块开始
        if(CLR)Q<= 0;                 //如果 CLR 为高电平时,Q 输出 0
        else if(T)Q<= ~Q;             //否则如果 T 为高电平时,Q 的输出反转
    end                               // begin-end 块结束

endmodule                             //模块结束
```

源代码输入完成后,将器件选择为 EPM7128SLC84-15。引脚分配需要参考 MCU&CPLD DEMO 试验板的电路原理,这里的引脚分配见表 7-13。器件编译通过后,可进行仿真,仿真终止时间(End Time)设为 100 μs,T 信号半周期设为 5 μs,时钟信号(CLK)半周期设为 3 μs,复位信号(CLR)前 10 μs 为高电平,之后为低电平。图 7-14 为带有复位的同步 T 触发器在 Quartus II 集成开发软件中的仿真波形。接下来进行 *.pof 至 *.jed 的文件

第 7 章 触发器的设计实验

转换,最后将 *.jed 文件下载到 ATF1508AS 芯片中。

表 7 – 13 带有复位的同步 T 触发器引脚分配表

引脚名	引脚号	输入或输出	板上丝印符号
CLK	2	Input	GCLK2
CLR	1	Input	GCLR
T	44	Input	S0
Q	33	Output	LED0
QB	31	Output	LED1

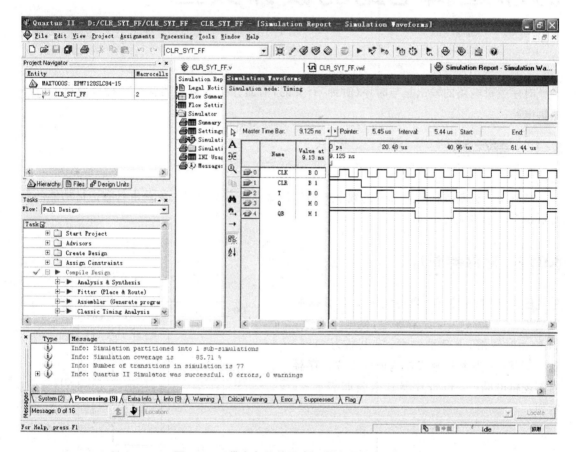

图 7 – 14 带有复位的同步 T 触发器仿真波形

在 MCU&CPLD DEMO 试验板上,看到 LED0 亮、LED1 灭,这是由于 GCLR 键没有按下时为高电平,电路处于复位状态。按下 GCLR 键一直不放,改变 S0 的输入状态(开关拨上时为低电平,拨下时为高电平),然后再按动一下 GCLK2 键。可以看到 LED0、LED1 的输出状态符合带有复位的同步 T 触发器真值表。

第 8 章
时序逻辑电路的设计实验

时序逻辑电路的输出是与时序(时钟)有关的,前面介绍的触发器就是一种最简单的时序逻辑电路。

8.1 寄存器

具有将二进制数据暂存起来的数字电路称为寄存器。寄存器主要是由具有记忆功能的触发器组合起来构成的。

8.1.1 寄存器简介

图 8-1 为 4 位寄存器电路图,4 位数据输入端为 D0~D3;CLR 为清零端,低电平有效;CLK 为时钟端,上升沿触发;输出端为 Q0~Q3。图 8-2 为由 D 触发器构成的 4 位寄存器内部逻辑电路。4 位寄存器真值表如表 8-1 所列。

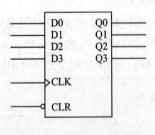

图 8-1 4 位寄存器电路图

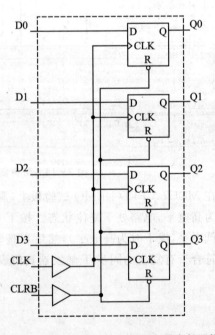

图 8-2 由 D 触发器构成的 4 位寄存器内部逻辑电路

第8章 时序逻辑电路的设计实验

表 8-1　4 位寄存器真值表

输入						输出				说　明
CLRB	CLK	D3	D2	D1	D0	Q3	Q2	Q1	Q0	
0	X	X	X	X	X	0	0	0	0	清零
1	↑	D3	D2	D1	D0	D3	D2	D1	D0	送数
1	1	X	X	X	X	保持				
1	0	X	X	X	X					

8.1.2　寄存器的设计

在 D 盘中先建立一个文件名为 REG4 的文件夹,然后建立一个 REG4 的新项目,输入以下源代码并保存为 REG4.v。

```
module REG4(CLRB,CLK,D,Q);      //模块声明及输入、输出端口列表
input CLRB,CLK;                  //定义输入端口
input [3:0] D;                   //定义输入端口
output [3:0] Q;                  //定义输出端口
reg [3:0] Q;                     //定义 Q 为寄存器类型的 4 位变量
//每当 CLK 产生上升沿或 CLRB 产生下降沿时,执行一遍 begin-end 块内的语句
always @(posedge CLK or negedge CLRB)
  begin                          //begin-end 块开始
    if(! CLRB)Q<=0;              //如果 CLRB 为低电平,Q 输出 0(非阻塞赋值)
    else Q<=D;                   // Q 输出 D 的值(非阻塞赋值)
  end                            // begin-end 块结束
endmodule                        //模块结束
```

源代码输入完成后,将器件选择为 EPM7128SLC84-15。引脚分配需要参考 MCU&CPLD DEMO 试验板的电路原理,这里的引脚分配见表 8-2。器件编译通过后,可进行仿真,仿真终止时间(End Time)设为 100 μs,输入数据信号(D)每 5 μs 增加 1,时钟信号(CLK)半周期设为 2 μs,复位信号(CLRB)前 5 μs 为低电平,之后为高电平。图 8-3 为 4 位

表 8-2　4 位寄存器引脚分配表

引脚名	引脚号	输入或输出	板上丝印符号
CLRB	1	Input	GCLR
CLK	2	Input	GCLK2
D3	39	Input	S3
D2	40	Input	S2
D1	41	Input	S1
D0	44	Input	S0
Q3	29	Output	LED3
Q2	30	Output	LED2
Q1	31	Output	LED1
Q0	33	Output	LED0

寄存器在 Quartus II 集成开发软件中的仿真波形。接下来进行 *.pof 至 *.jed 的文件转换，最后将 *.jed 文件下载到 ATF1508AS 芯片中。

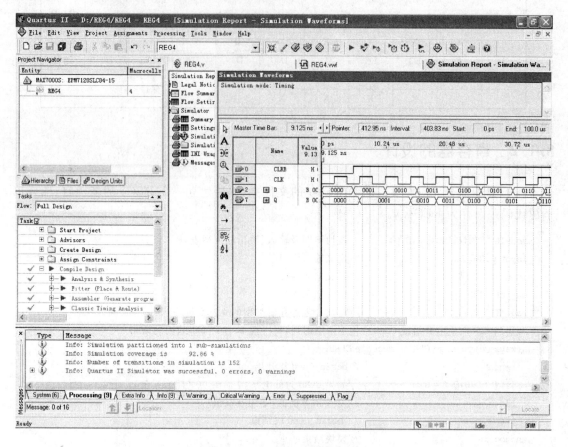

图 8-3　4 位寄存器仿真波形

在 MCU&CPLD DEMO 试验板上，改变 S0、S1 的输入状态（开关拨上时为低电平，拨下时为高电平），然后再按动一下 GCLK2 键。可以看到 LED0～LED4 的输出状态和表 8-1（4 位寄存器真值表）完全吻合。

8.2　锁存器

锁存器和寄存器都具有数据暂存功能，但两者也有区别：锁存器一般是由电平信号控制的，属于电平敏感型；而寄存器一般由同步时钟信号控制。因此，当数据信号提前于控制信号并要求同步控制时，可使用寄存器；当数据信号滞后于控制信号时，只能使用锁存器了。

8.2.1　锁存器简介

4 位锁存器的电路图可参考图 8-1，与寄存器的区别是输入的 4 位数据信号滞后于控制信号 CLK，输出由电平信号 CLK 控制，高电平有效。4 位锁存器真值表如表 8-3 所列。

表 8-3 4位锁存器真值表

输入						输出				说明
CLRB	CLK	D3	D2	D1	D0	Q3	Q2	Q1	Q0	
0	X	X	X	X	X	0	0	0	0	清零
1	1	D3	D2	D1	D0	D3	D2	D1	D0	送数
1	0	X	X	X	X	保持				

8.2.2 锁存器的设计

在 D 盘中先建立一个文件名为 LATCH4 的文件夹,然后建立一个 LATCH4 的新项目,输入以下源代码并保存为 LATCH4.v。

```
module LATCH4(CLRB,CLK,D,Q);     //模块声明及输入、输出端口列表
input CLRB,CLK;                   //定义输入端口
input [3:0] D;                    //定义输入端口
output [3:0] Q;                   //定义输出端口
reg [3:0] Q;                      //定义 Q 为寄存器类型的 4 位变量
//每当输入 CLRB 或 CLK 或 D 发生变化时,执行一遍 begin-end 块内的语句
always @(CLRB or CLK or D)
    begin                         //begin-end 块开始
    if(!CLRB) Q = 0;              //如果 CLRB 为低电平,Q 输出 0(阻塞赋值)
    else if(CLK) Q = D;           //否则 CLK 为高电平时,Q 输出 D 的值(阻塞赋值)
    end                           // begin-end 块结束
endmodule                         //模块结束
```

源代码输入完成后,将器件选择为 EPM7128SLC84-15。引脚分配需要参考 MCU&CPLD DEMO 试验板的电路原理,引脚分配见表 8-4。器件编译通过后,可进行仿真,仿真终止时间(End Time)设为 100 μs,输入数据信号(D)每 5 μs 增加 1,时钟信号(CLK)半周期设为 2 μs,复位信号(CLRB)前 5 μs 为低电平,之后为高电平。图 8-4 为 4 位锁存器在 Quartus II 集成开发软件中的仿真波形。接下来进行 *.pof 至 *.jed 的文件转换,最后将 *.jed 文件下载到 ATF1508AS 芯片中。

表 8-4 4位锁存器引脚分配表

引脚名	引脚号	输入或输出	板上丝印符号
CLRB	1	Input	GCLR
CLK	2	Input	GCLK2
D3	39	Input	S3
D2	40	Input	S2
D1	41	Input	S1
D0	44	Input	S0
Q3	29	Output	LED3
Q2	30	Output	LED2
Q1	31	Output	LED1
Q0	33	Output	LED0

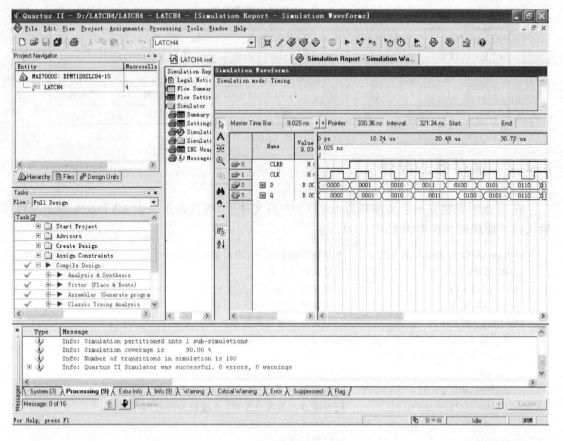

图 8-4　4 位锁存器仿真波形

在 MCU&CPLD DEMO 试验板上,可以看到改变 S3～S0 状态的同时 LED3～LED0 就发生了变化,这是由于 GCLK2 键没有按下时为高电平,而输出由电平信号 CLK 控制,高电平有效。如果按下 GCLK2 键(为低电平),再改变 S3～S0 的状态,这时 LED3～LED0 就不会发生变化。按下 GCLR 键后,LED3～LED0 清零全亮。其工作状态和表 8-3(4 位锁存器真值表)完全吻合。

8.3　移位寄存器

移位寄存器是一种在时钟脉冲的作用下,将暂存在寄存器内的数据按位左移或右移的数字电路。数据可以采用并行输入、并行输出方式,也可以采用串行输入、串行输出方式,还可以并行输入、串行输出或串行输入、并行输出。因此移位寄存器的使用非常灵活,用途十分广泛。

8.3.1　移位寄存器简介

图 8-5 为 4 位串行输入、并行输出移位寄存器逻辑电路。DATA 为数据输入端;D0～D3 为数据输出端;CLK 为时钟信号,上升沿触发;CLRB 为清零信号,下降沿触发。表 8-5 为移位寄存器真值表。

第8章 时序逻辑电路的设计实验

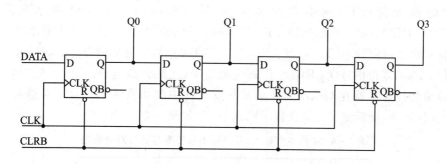

图 8-5 4 位串行输入、并行输出移位寄存器逻辑电路

表 8-5 移位寄存器真值表

输入			输出				说明
CLRB	CLK脉冲次数↑	DATA	Q3	Q2	Q1	Q0	
1	0	1	0	0	0	0	移位
1	1	1	0	0	0	1	
1	2	1	0	0	1	1	
1	3	1	0	1	1	1	
1	4	1	1	1	1	1	
↓	X	X	0	0	0	0	清零

8.3.2 移位寄存器的设计

以设计 4 位串行输入、并行输出移位寄存器为例。在 D 盘中先建立一个文件名为 SHIFT4 的文件夹,然后建立一个 SHIFT4 的新项目,输入以下源代码并保存为 SHIFT4.v。

```
module SHIFT4(CLRB,CLK,DATA,Q);        //模块声明及输入、输出端口列表
    input CLRB,CLK,DATA;               //定义输入端口
    output [3:0] Q;                    //定义输出端口
    reg [3:0] Q;                       //定义Q为寄存器类型的4位变量
//每当CLK产生上升沿或CLRB产生下降沿时,执行一遍 begin-end 块内的语句
always @(posedge CLK or negedge CLRB)
    begin                              //begin-end 块开始
        if(!CLRB)Q<=0;                 //如果 CLRB 为低电平,Q 输出 0(非阻塞赋值)
        else                           //否则
            begin
                Q<=Q<<1;               // Q 左移一位后输出(非阻塞赋值)
                Q[0]<=DATA;            //Q[0]输出 DATA 的电平
            end
    end                                //begin-end 块结束
endmodule                              //模块结束
```

源代码输入完成后,将器件选择为 EPM7128SLC84 – 15。引脚分配需要参考 MCU&CPLD DEMO 试验板的电路原理,这里的引脚分配见表 8-6。器件编译通过后,可进行仿真,仿真终止时间(End Time)设为 $100~\mu s$,DATA 信号半周期设为 $7~\mu s$,时钟信号(CLK)半周期设为 $2~\mu s$,复位信号(CLRB)前 $5~\mu s$ 为低电平,之后为高电平。图 8-6 为 4 位串行输入、并行输出移位寄存器在 Quartus Ⅱ 集成开发软件中的仿真波形。接下来进行 *.pof 至 *.jed 的文件转换,最后将 *.jed 文件下载到 ATF1508AS 芯片中。

表 8-6 4 位串行输入、并行输出移位寄存器引脚分配表

引脚名	引脚号	输入或输出	板上丝印符号
CLRB	1	Input	GCLR
CLK	2	Input	GCLK2
DATA	44	Input	S0
Q3	29	Output	LED3
Q2	30	Output	LED2
Q1	31	Output	LED1
Q0	33	Output	LED0

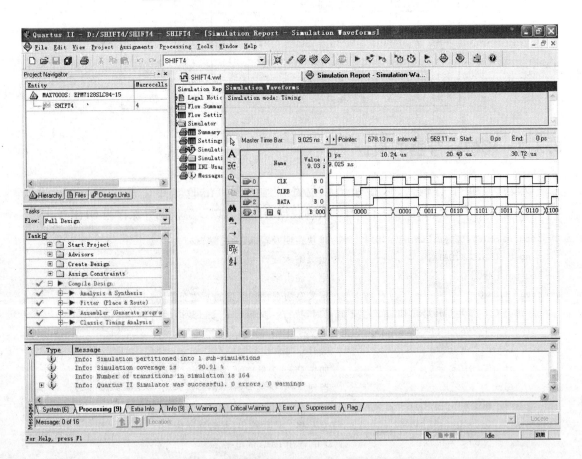

图 8-6 4 位串行输入、并行输出移位寄存器仿真波形

在 MCU&CPLD DEMO 试验板上,按动一下 GCLR 键使移位寄存器清零,这时 LED3~

第 8 章　时序逻辑电路的设计实验

LED0 全亮。置 S0 为高电平(开关拨上时为低电平,拨下时为高电平),然后按动 GCLK2 键。可以看到 LED0~LED4 逐个熄灭(移位输出为高电平),状态和表 8-5(4 位串行输入、并行输出移位寄存器真值表)完全吻合。

8.4　计数器

计数器是一种能够将输入的时钟脉冲记忆下来的数字电路。在数字系统中,计数器是一种使用很广泛的器件,它不仅能够记忆输入的时钟脉冲,还可实现分频、定时、产生同步脉冲及脉冲分配等。计数器的分类有很多种,以下是常见的几种分类方法。

① 按计数的进制分可分为二进制计数器、十进制计数器、任意进制计数器。
② 按计数的加或减可分为加法计数器、减法计数器、可逆(可加也可减)计数器。
③ 按计数时触发器的翻转是否同步可分为同步计数器、异步计数器。

8.4.1　4 位二进制异步加法计数器简介

图 8-7 为 4 位二进制异步加法计数器逻辑电路,时钟输入端为 CLK,上升沿触发;CLRB 为清零端,下降沿触发;输出端为 Q0~Q3。表 8-7 为 4 位二进制异步加法计数器真值表。

表 8-7　4 位二进制异步加法计数器真值表

输入		输出				说明
CLRB	CLK 脉冲次数↑	Q3	Q2	Q1	Q0	
1	0	0	0	0	0	加法计数
1	1	0	0	0	1	
1	2	0	0	1	0	
1	3	0	0	1	1	
1	4	0	1	0	0	
1	5	0	1	0	1	
1	6	0	1	1	0	
1	7	0	1	1	1	
1	8	1	0	0	0	
1	9	1	0	0	1	
1	10	1	0	1	0	
1	11	1	0	1	1	
1	12	1	1	0	0	
1	13	1	1	0	1	
1	14	1	1	1	0	
1	15	1	1	1	1	
1	16	0	0	0	0	
↓	X	0	0	0	0	清零

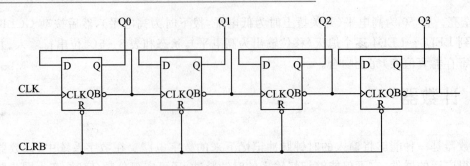

图 8-7　4 位二进制异步加法计数器逻辑电路

8.4.2　4 位二进制异步加法计数器的设计

在 D 盘中先建立一个文件名为 CNT4 的文件夹,然后建立一个 CNT4 的新项目,输入以下源代码并保存为 CNT4.v。

```
/******************* CNT4 ********************/
module CNT4(Q,CLK,CLRB);          //模块声明及输入、输出端口列表
input CLK,CLRB;                   //定义输入端口
output [3:0]Q;                    //定义输出端口
wire [3:0] QB;                    //定义 QB 为网线型的 4 位变量
//下面为门级结构描述设计
CLR_SYD_FF CLR_SYD_FF0(Q[0],QB[0],QB[0],CLK,CLRB);
CLR_SYD_FF CLR_SYD_FF1(Q[1],QB[1],QB[1],QB[0],CLRB);
CLR_SYD_FF CLR_SYD_FF2(Q[2],QB[2],QB[2],QB[1],CLRB);
CLR_SYD_FF CLR_SYD_FF3(Q[3],QB[3],QB[3],QB[2],CLRB);
endmodule                         //模块结束
/****************** CLR_SYD_FF *******************/
module CLR_SYD_FF(Q,QB,D,CLK,CLR); //模块声明及输入、输出端口列表
output Q,QB;                      //定义输出端口
input D,CLK,CLR;                  //定义输入端口
reg Q,QB;                         //定义 Q、QB 为寄存器类型的变量
//每当 CLK 产生上升沿或 CLR 产生下降沿时,执行一遍 begin-end 块内的语句
always @(posedge CLK or negedge CLR)

begin                             //begin-end 块开始

if(!CLR)                          //如果 CLR 为低电平

begin
Q<= 0;                            //Q 输出 0(非阻塞赋值)
QB<= 1;                           //QB 输出 1(非阻塞赋值)
end

else                              //否则如果 CLR 为高电平
begin
Q<= D;                            //Q 输出 D(非阻塞赋值)
QB<= ~D;                          //QB 输出 D 的反相值(非阻塞赋值)
end
```

end   //begin-end 块结束

endmodule   //模块结束

源代码输入完成后,将器件选择为 EPM7128SLC84-15。引脚分配需要参考 MCU&CPLD DEMO 试验板的电路原理,这里的引脚分配见表8-8。器件编译通过后,可进行仿真,仿真终止时间(End Time)设为 100 μs,时钟信号(CLK)半周期设为 2 μs,复位信号(CLRB)前 5 μs 为低电平,之后为高电平。图8-8 为4位二进制异步加法计数器在 Quartus II 集成开发软件中的仿真波形。接下来进行 *.pof 至 *.jed 的文件转换,最后将 *.jed 文件下载到 ATF1508AS 芯片中。

表8-8 4位二进制异步加法计数器引脚分配表

引脚名	引脚号	输入或输出	板上丝印符号
CLRB	1	Input	GCLR
CLK	2	Input	GCLK2
Q3	29	Output	LED3
Q2	30	Output	LED2
Q1	31	Output	LED1
Q0	33	Output	LED0

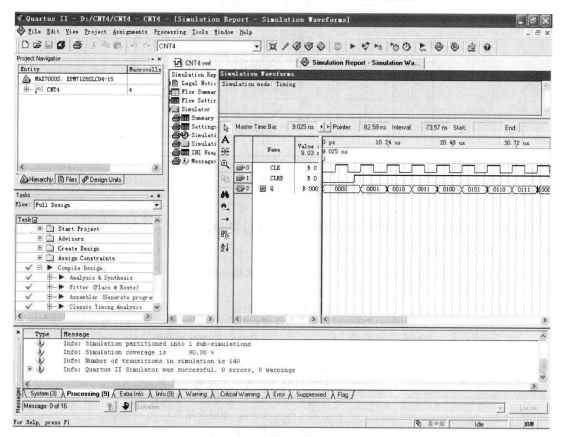

图8-8 4位二进制异步加法计数器仿真波形

在 MCU&CPLD DEMO 试验板上,按动 GCLK2 键。可以看到 LED3~LED0 的输出状态符合 4 位二进制异步加法计数器真值表(见表 8-7)。

在图 8-7 的 4 位二进制异步加法计数器逻辑电路中,后一级触发器的 CLK 是连到前一级触发器的 QB 端。如果将后一级触发器的 CLK 连到前一级触发器的 Q 端,就构成了 4 位二进制异步减法计数器,这些具体的设计实验就交由读者完成。

8.4.3 十进制(任意进制)同步加法计数器简介

表 8-9 为十进制同步加法计数器真值表,根据该表,可以取某个中间值($Q3 \sim Q0 = 1010$)来控制输出端清零,例如:在前 9 个脉冲时,计数器做加法输出;当第 10 个脉冲到来时控制计数器清零。

表 8-9 十进制同步加法计数器真值表

输入		输出				说明
CLRB	CLK 脉冲次数↑	Q3	Q2	Q1	Q0	
1	0	0	0	0	0	加法计数
1	1	0	0	0	1	
1	2	0	0	1	0	
1	3	0	0	1	1	
1	4	0	1	0	0	
1	5	0	1	0	1	
1	6	0	1	1	0	
1	7	0	1	1	1	
1	8	1	0	0	0	
1	9	1	0	0	1	
↓	10	0	0	0	0	清零

8.4.4 十进制同步加法计数器的设计

在 D 盘中先建立一个文件名为 SYCNT10 的文件夹,然后建立一个 SYCNT10 的新项目,输入以下源代码并保存为 SYCNT10.v。

```
module SYCNT10(Q,CLK,CLRB);        //模块声明及输、入输出端口列表
input CLK,CLRB;                    //定义输入端口
output [3:0]Q;                     //定义输出端口
reg [3:0]Q;                        //定义 Q 为寄存器类型的 4 位变量
//每当 CLK 产生上升沿或 CLRB 产生下降沿时,执行一遍 begin-end 块内的语句
always @(posedge CLK or negedge CLRB)
begin                              //begin-end 块开始
if(! CLRB) Q<=0;                   //如果 CLRB 为低电平,Q 输出 0(非阻塞赋值)
else if(Q==9) Q<=0;                //否则如果 Q 为 9 时,Q 输出 0(非阻塞赋值)
else Q<=Q+1;                       //否则 Q 作加法计数(非阻塞赋值)
end                                // begin-end 块结束
endmodule                          //模块结束
```

第8章 时序逻辑电路的设计实验

源代码输入完成后,将器件选择为 EPM7128SLC84 – 15。引脚分配需要参考 MCU&CPLD DEMO 试验板的电路原理,这里的引脚分配见表 8 – 10。器件编译通过后,可进行仿真,仿真终止时间(End Time)设为 100 μs,时钟信号(CLK)半周期设为 2 μs,复位信号(CLRB)前 5 μs 为低电平,之后为高电平。图 8 – 9 为十进制同步加法计数器在 Quartus Ⅱ 集成开发软件中的仿真波形。接下来进行 *.pof 至 *.jed 的文件转换,最后将 *.jed 文件下载到 ATF1508AS 芯片中。

表 8 – 10 十进制同步加法计数器引脚分配表

引脚名	引脚号	输入或输出	板上丝印符号
CLRB	1	Input	GCLR
CLK	2	Input	GCLK2
Q3	29	Output	LED3
Q2	30	Output	LED2
Q1	31	Output	LED1
Q0	33	Output	LED0

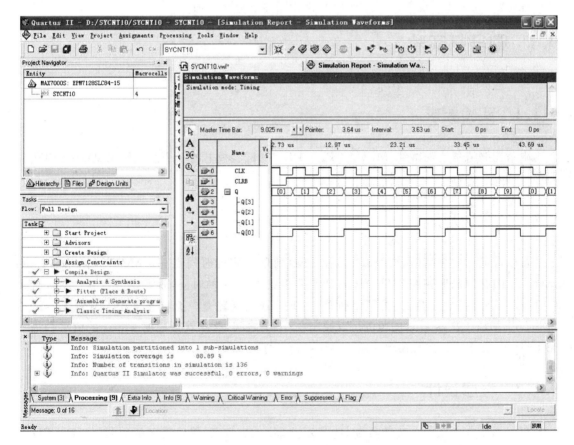

图 8 – 9 十进制同步加法计数器仿真波形

在 MCU&CPLD DEMO 试验板上,按动 GCLK2 键,可以看到 LED0～LED3 的输出状态从 0 变化到 9,然后回到 0。输出状态符合十进制同步加法计数器真值表(见表 8 – 9)。

第 9 章
CPLD/FPGA 的设计应用

通过前面几章的设计学习及动手实践,读者应能较熟练地使用开发软件及开发工具进行 PLD 的基本开发。本着由浅入深、循序渐进的手把手教学方法,接下来将进行一些有趣、实用的设计实验,读者朋友从中可了解到 PLD 的用途及开发的乐趣。

9.1 跑马灯实验

9.1.1 实验要求

眼睛能够清楚地观察到,MCU&CPLD DEMO 试验板上的 8 个发光管 LED0～LED7 以跑马灯的方式运行。

9.1.2 实现方法

可以设定一个时间(例如0.35 s),让 LED 每隔一定的时间点亮。MCU&CPLD DEMO 试验板上的有源晶振频率为 24 MHz,如果要得到 0.35 s 的时间,就需要进行 2^{23} 分频,时间 $t=2^{23}/24\,000\,000=0.35$ s。为了驱动 8 个 LED,还需要建立一个状态变量 status,让 status 每 0.35 s 加法 1 次,status 的范围可以控制在 0～7 之间,这样就可根据 status 的值来扫描点亮 LED 了,看上去就像马在跑一样,故取名"跑马灯"。

9.1.3 程序设计

在 D 盘中先建立一个文件名为 HORSE_LED 的文件夹,然后建立一个 HORSE_LED 的新项目,输入以下源代码并保存为 HORSE_LED.v。

```
module HORSE_LED(LED,CLK);            //模块声明及输入、输出端口列表
output[7:0] LED;                       //定义输出端口
input CLK;                             //定义输入端口
```

第 9 章 CPLD/FPGA 的设计应用

```
    reg[7:0] LED;                                //定义 LED 为寄存器类型的 8 位变量
    reg[22:0] BUFFER;                            //定义 BUFFER 为寄存器类型的 23 位变量
    reg[2:0] STATUS;                             //定义 STATUS 为寄存器类型的 3 位变量
//------------------------------------------------------------------------
//每当 CLK 产生上升沿时,执行一遍 begin - end 块内的语句
always@(posedge CLK)
  begin                                          //begin - end 块开始
    BUFFER<= BUFFER + 1'b1;                      //计数缓存器 BUFFER 加 1
      if(BUFFER == 23'b11111111111111111111111)  //如果 0.35 s 到了
        begin
          STATUS <= STATUS + 1'b1;               //状态 STATUS 加 1
            if(STATUS == 3'd7) STATUS <= 0;      //状态 STATUS 在 0~7 之间循环
        end
  end                                            //begin - end 块结束
//------------------------------------------------------------------------
//每当 CLK 产生上升沿时,执行一遍 begin - end 块内的语句
always@(posedge CLK)
  begin                                          //begin - end 块开始
    case(STATUS)                                 //case 语句,根据 STATUS 的值,产生散转分支
    4'd0:LED<= 8'b11111110;                      //STATUS 为 0000 时,LED 输出 11111110
    4'd1:LED<= 8'b11111101;                      //STATUS 为 0001 时,LED 输出 11111101
    4'd2:LED<= 8'b11111011;                      //STATUS 为 0010 时,LED 输出 11111011
    4'd3:LED<= 8'b11110111;                      //STATUS 为 0011 时,LED 输出 11110111
    4'd4:LED<= 8'b11101111;                      //STATUS 为 0100 时,LED 输出 11101111
    4'd5:LED<= 8'b11011111;                      //STATUS 为 0101 时,LED 输出 11011111
    4'd6:LED<= 8'b10111111;                      //STATUS 为 0110 时,LED 输出 10111111
    4'd7:LED<= 8'b01111111;                      //STATUS 为 0111 时,LED 输出 01111111
    endcase                                      //case 语句结束
  end                                            //begin - end 块结束
//------------------------------------------------------------------------
endmodule                                        //模块结束
```

源代码输入完成后,将器件选择为 EPM7128SLC84 - 15。引脚分配需要参考 MCU&CPLD DEMO 试验板的电路原理,这里的引脚分配见表 9 - 1。器件编译通过后,可根据需要进行仿真,接下来进行 *.pof 至 *.jed 的文件转换,最后将 *.jed 文件下载到 ATF1508AS 芯片中。

表 9 - 1 跑马灯实验引脚分配

引脚名	引脚号	输入或输出	板上丝印符号
CLK	83	Input	
LED7	24	Output	LED7
LED6	25	Output	LED6
LED5	27	Output	LED5
LED4	28	Output	LED4
LED3	29	Output	LED3
LED2	30	Output	LED2
LED1	31	Output	LED1
LED0	33	Output	LED0

在 MCU&CPLD DEMO 试验板上,可以看到 LED0~LED7 这 8 个 LED 中,始终有一个点亮的 LED 以一定的速度在跑动,并循环不已。跑马灯的实验照片如图 9-1 所示。

图 9-1 跑马灯实验照片

9.2 多位数码管的动态扫描显示

9.2.1 实验要求

眼睛能够看到,MCU&CPLD DEMO 试验板上的 8 个数码管稳定地显示(不抖动)"76543210"。

9.2.2 实现方法

可以设定一个较短的时间(例如 0.7 ms),每隔一定的时间点亮一位数码管,循环扫描点亮。这样由于扫描的时间很快,8 位数码管的扫描周期还不到 6 ms,远低于人眼视觉暂留特性的限定值,故可以看到稳定的显示。当然为了驱动 8 个数码管,还要建立一个状态变量 status,让 status 每 0.7 ms 加法 1 次,status 的范围可以控制在 0~7 之间,这样就可根据 status 的值来扫描点亮数码管了。

9.2.3 程序设计

在 D 盘中先建立一个文件名为 DISPLAY_SEG 的文件夹,然后建立一个 DISPLAY_SEG 的新项目,输入以下源代码并保存为 DISPLAY_SEG.v。

第 9 章　CPLD/FPGA 的设计应用

```verilog
module DISPLAY_SEG(SEG,SEL,CLK);        //模块声明及输入、输出端口列表
output[7:0] SEG;                         //定义输出端口
output[7:0] SEL;                         //定义输出端口
input CLK;                               //定义输入端口
reg[7:0] SEG;                            //定义 SEG 为寄存器类型的 8 位变量
reg[7:0] SEL;                            //定义 SEL 为寄存器类型的 8 位变量
reg[13:0] COUNTER;                       //定义 COUNTER 为寄存器类型的 14 位变量
reg[2:0] STATUS;                         //定义 STATUS 为寄存器类型的 3 位变量
//------------------------------------------------------------
//每当 CLK 产生上升沿时,执行一遍 begin-end 块内的语句
always@(posedge CLK)
  begin                                  //begin-end 块开始
    COUNTER<= COUNTER + 1'b1;            //计数器 COUNTER 加 1
      if(COUNTER == 14'b11111111111111)  //如果 0.7 ms 到了
        begin
          STATUS<= STATUS + 1'b1;        //状态 STATUS 加 1
            if(STATUS == 3'd7)STATUS<= 0; //状态 STATUS 在 0~7 之间循环
        end
  end                                    //begin-end 块结束
//------------------------------------------------------------
//每当 CLK 产生上升沿时,执行一遍 begin-end 块内的语句
always@(posedge CLK)
  begin                                  //begin-end 块开始
    case(STATUS)                         //case 语句,根据 STATUS 的值,产生散转分支
      3'd0:SEG<= 8'h3f;                  //送出"0"的字段码
      3'd1:SEG<= 8'h06;                  //送出"1"的字段码
      3'd2:SEG<= 8'h5b;                  //送出"2"的字段码
      3'd3:SEG<= 8'h4f;                  //送出"3"的字段码
      3'd4:SEG<= 8'h66;                  //送出"4"的字段码
      3'd5:SEG<= 8'h6d;                  //送出"5"的字段码
      3'd6:SEG<= 8'h7d;                  //送出"6"的字段码
      3'd7:SEG<= 8'h07;                  //送出"7"的字段码
    endcase                              //case 语句结束
  end                                    //begin-end 块结束
//------------------------------------------------------------
//每当 CLK 产生上升沿时,执行一遍 begin-end 块内的语句
always@(posedge CLK)
  begin                                  //begin-end 块开始
    case(STATUS)                         //case 语句,根据 STATUS 的值,产生散转分支
      3'd0:SEL<= 8'b00000001;            //点亮个位数码管
      3'd1:SEL<= 8'b00000010;            //点亮十位数码管
      3'd2:SEL<= 8'b00000100;            //点亮百位数码管
      3'd3:SEL<= 8'b00001000;            //点亮千位数码管
      3'd4:SEL<= 8'b00010000;            //点亮万位数码管
      3'd5:SEL<= 8'b00100000;            //点亮十万位数码管
```

```
        3'd6:SEL<= 8'b01000000;              //点亮百万位数码管
        3'd7:SEL<= 8'b10000000;              //点亮千万位数码管
        endcase                              //case 语句结束
    end                                      //begin-end 块结束

    endmodule                                //模块结束
```

源代码输入完成后，将器件选择为 EPM7128SLC84-15。引脚分配需要参考 MCU&CPLD DEMO 试验板的电路原理，这里的引脚分配见表 9-2。器件编译通过后，可根据需要进行仿真，接下来进行 *.pof 至 *.jed 的文件转换，最后将 *.jed 文件下载到 ATF1508AS 芯片中。

表 9-2 多位数码管的动态扫描显示引脚分配

引脚名	引脚号	输入或输出	板上丝印符号	引脚名	引脚号	输入或输出	板上丝印符号
CLK	83	Input		COM7	67	Output	
SEG7	68	Output		COM6	65	Output	
SEG6	69	Output		COM5	64	Output	
SEG5	70	Output		COM4	63	Output	
SEG4	73	Output		COM3	61	Output	
SEG3	74	Output		COM2	60	Output	
SEG2	75	Output		COM1	58	Output	
SEG1	76	Output		COM0	57	Output	
SEG0	77	Output					

在 MCU&CPLD DEMO 试验板上，可以看到 8 个数码管稳定地显示"76543210"。实验照片如图 9-2 所示。

图 9-2 多位数码管的动态扫描显示实验照片

为了与其他语句区别开来,编译预处理语句以符号"`"开头。Verilog HDL 提供了二十几条编译预处理语句,常用的有:`define、`include、`ifdef、`else、`endif 等。

1. 宏替换`define

`define 语句用于将一个指定的标识符(或称为宏名)来代替一个复杂的字符串,其使用格式为:

`define 宏名(标识符) 字符串

如:

`define sum ina+inb

在上面的语句中,用简单的宏名 sum 来代替了一个复杂的表达式"ina+inb"。采用了这样的定义形式后,在后面的程序中,就可以直接用 sum 来代替表达式"ina+inb"。

2. 文件包含`include

文件包含是指一个源文件将另一个源文件的全部内容包含进来。`include 用来实现文件包含的操作。其格式为:

`include "文件名"

使用`include 语句时应注意以下几点:

① 一个`include 语句只能指定一个被包含的文件。如要包含 n 个文件,就要用 n 个`include 语句。

② `include 语句可以出现在源程序的任何地方。被包含的文件若与包含文件不在同一个子目录下,必须指明其路径名。

③ 文件包含允许多重包含,比如文件 1 包含文件 2,文件 2 又包含文件 3 等。

3. 条件编译`ifdef、`else、`endif

条件编译命令`ifdef、`else、`endif 可以仅对程序中指定的部分内容进行编译,这 3 个命令的使用形式如下:

`ifdef 宏名(标识符)

语句块

`endif

这种表达式的意思是:如果宏名在程序中被定义过(用`define 语句定义),则下面的语句块参与源文件的编译;否则,该语句块将不参与源文件的编译。

`ifdef 宏名(标识符)

   语句块 1

`else 语句块 2

`endif

这种表达式的意思是:如果宏名在程序中被定义过(用`define 语句定义),则语句块 1 将被编译到源文件中;否则,语句块 2 将被编译到源文件中。

9.3 蜂鸣器发声实验

9.3.1 实验要求

使 MCU&CPLD DEMO 试验板上的蜂鸣器发出一定频率的声音。

9.3.2 实现方法

蜂鸣器分交流与直流两种,直流蜂鸣器驱动简单,只要加入直流电压就能发出固定频率的声音。交流蜂鸣器的驱动稍复杂一些,需要加入一定频率的脉冲信号进行控制,但在使用时显得比较灵活,可以通过改变脉冲的频率使蜂鸣器发出不同音调的声音。MCU&CPLD DEMO 试验板上使用的是交流蜂鸣器,设定一个 500 μs 时间(通过计数器得到),每隔 500 μs 后取反输出端,经三极管 Q8 电流放大后即以 1 kHz 的脉冲驱动蜂鸣器,那么蜂鸣器就会发出 1 kHz 的声响。

9.3.3 程序设计

在 D 盘中先建立一个文件名为 BZ 的文件夹,然后建立一个 BZ 的新项目,输入以下源代码并保存为 BZ.v。

```
module BZ(BZ_OUT,CLK);        //模块声明及输入、输出端口列表
output BZ_OUT;                //定义输出端口
input CLK;                    //定义输入端口
reg[13:0] COUNTER;            //定义 COUNTER 为寄存器类型的 14 位变量
reg BZ_OUT;                   //定义 BZ_OUT 为寄存器类型的 1 位变量
//------------------------------------------------
//每当 CLK 产生上升沿时,执行一遍 begin-end 块内的语句
always@(posedge CLK)
 begin                        //begin-end 块开始
   COUNTER<＝COUNTER+1'b1;    //计数器 COUNTER 加 1
     if(COUNTER==14'd12000)   //如果 500 μs 到了
       begin
         COUNTER<＝14'd0;     //计数器清零
         BZ_OUT<＝~BZ_OUT;    //输出端取反,驱动蜂鸣器
       end
 end                          //begin-end 块结束

endmodule                     //模块结束
```

源代码输入完成后,将器件选择为 EPM7128SLC84-15。引脚分配需要参考 MCU&CPLD DEMO 试验板的电路原理,这里的引脚分配见表 9-3。器件编译通过后,可根

据需要进行仿真,接下来进行 *.pof 至 *.jed 的文件转换,最后将 *.jed 文件下载到 ATF1508AS 芯片中。

表 9-3 蜂鸣器发声实验引脚分配

引脚名	引脚号	输入或输出	板上丝印符号
CLK	83	Input	
BZ_OUT	24	Output	LED7

在 MCU&CPLD DEMO 试验板上,将一个短路块插到 BEEP 排针上(连通蜂鸣器的驱动电路),立刻能听到清脆的音频声。

9.4 简易电子琴实验

9.4.1 实验要求

按下 MCU&CPLD DEMO 试验板上的 K0~K3 键,蜂鸣器能发出不同频率的声音(简谱的中音 1 至中音 4)。

9.4.2 实现方法

前面已经提到过,交流蜂鸣器只要加入不同频率的脉冲,就能发出不同音调的声音。

表 9-4 为简谱中的音名与频率的关系。MCU&CPLD DEMO 试验板上的有源晶振频率为 24 MHz。例如,为了发出中音 1 的音调,应当进行分频,分频系数为

$$24\,000\,000 \div 523.3 \div 2 \approx 22\,931$$

表 9-4 简谱中的音名与频率的关系

音 名	频率/Hz	音 名	频率/Hz	音 名	频率/Hz
低音 1	261.6	中音 1	523.3	高音 1	1 046.5
低音 2	293.7	中音 2	587.3	高音 2	1 174.7
低音 3	329.6	中音 3	659.3	高音 3	1 318.5
低音 4	349.2	中音 4	698.5	高音 4	1 396.9
低音 5	392	中音 5	784	高音 5	1 568
低音 6	440	中音 6	880	高音 6	1 760
低音 7	493.9	中音 7	987.8	高音 7	1 975.5

据此,可计算出简谱中不同音名的分频系数,如表 9-5 所列。

通过计数器分频后得到各音名的驱动频率脉冲,当某个按键按下时用相应频率的脉冲去驱动蜂鸣器,那么蜂鸣器就会发出对应频率的音调。

第 9 章 CPLD/FPGA 的设计应用

表 9-5 简谱中不同音名的分频系数

音 名	分频系数	音 名	分频系数	音 名	分频系数
低音 1	45 872	中音 1	22 931	高音 1	11 467
低音 2	40 858	中音 2	20 432	高音 2	10 215
低音 3	36 408	中音 3	18 201	高音 3	9 101
低音 4	34 364	中音 4	17 180	高音 4	8 590
低音 5	30 612	中音 5	15 306	高音 5	7 653
低音 6	27 273	中音 6	13 636	高音 6	6 818
低音 7	24 296	中音 7	12 148	高音 7	6 074

9.4.3 程序设计

在 D 盘中先建立一个文件名为 SOUND 的文件夹,然后建立一个 SOUND 的新项目,输入以下源代码并保存为 SOUND.v。

```verilog
module SOUND(BZ_OUT,KEY,CLK);          //模块声明及输入、输出端口列表
output BZ_OUT;                          //定义输出端口
input CLK;                              //定义输入端口
input[3:0] KEY;                         //定义输入端口
//定义 COUNTER 和 COUNTER_END 为寄存器类型的 15 位变量
reg[14:0] COUNTER,COUNTER_END;
reg OUT_FLAG;                           //定义 OUT_FLAG 为寄存器类型的 1 位变量
reg BZ_OUT;                             //定义 BZ_OUT 为寄存器类型的 1 位变量
reg[3:0] KEY_STATUS;                    //定义 KEY_STATUS 为寄存器类型的 4 位变量
//------------------------------------------------------------
//每当 CLK 产生上升沿时,执行一遍 begin-end 块内的语句
always@(posedge CLK)
  begin                                 //begin-end 块开始
    KEY_STATUS = KEY;                   //读取键值
    case(KEY_STATUS)                    //case 语句,根据 KEY_STATUS 的值,产生散转分支
    //KEY_STATUS 为 0111 时,COUNTER_END 赋值 22931,OUT_FLAG 置 1
    4'b0111:begin COUNTER_END<= 15'd22931;OUT_FLAG<= 1'b1;end
    //KEY_STATUS 为 1011 时,COUNTER_END 赋值 20432,OUT_FLAG 置 1
    4'b1011:begin COUNTER_END<= 15'd20432;OUT_FLAG<= 1'b1;end
    //KEY_STATUS 为 1101 时,COUNTER_END 赋值 18201,OUT_FLAG 置 1
    4'b1101:begin COUNTER_END<= 15'd18201;OUT_FLAG<= 1'b1;end
    //KEY_STATUS 为 1110 时,COUNTER_END 赋值 17180,OUT_FLAG 置 1
    4'b1110:begin COUNTER_END<= 15'd17180;OUT_FLAG<= 1'b1;end
    //默认情况下,COUNTER_END 赋值 32768(无脉冲输出),OUT_FLAG 清 0
    default:begin COUNTER_END<= 15'd32768;OUT_FLAG<= 1'b0;end
    endcase                             //case 语句结束
  end                                   //begin-end 块结束
//------------------------------------------------------------
```

```
//每当CLK产生上升沿时,执行一遍begin-end块内的语句
always@(posedge CLK)
  begin                           //begin-end块开始
    COUNTER<＝COUNTER＋1'b1;       //计数器COUNTER加1
      if(COUNTER＝＝COUNTER_END)   //计数到分频值
      begin
        COUNTER<＝15'd0;           //计数器清0
          if(OUT_FLAG＝1'b1)       //如果输出标志OUT_FLAG等于1
            BZ_OUT<＝～BZ_OUT;     //输出端取反,驱动蜂鸣器
          else                     //否则未计数到分频值
            BZ_OUT<＝1'b1;         //输出端置1
      end
  end                              //begin-end块结束

endmodule                          //模块结束
```

源代码输入完成后,将器件选择为 EPM7128SLC84－15。引脚分配需要参考 MCU&CPLD DEMO 试验板的电路原理,这里的引脚分配见表9-6。器件编译通过后,可根据需要进行仿真,接下来进行 *.pof 至 *.jed 的文件转换,最后将 *.jed 文件下载到 ATF1508AS 芯片中。

表9-6 简易电子琴实验引脚分配

引脚名	引脚号	输入或输出	板上丝印符号
CLK	83	Input	
K0	37	Input	K0
K1	36	Input	K1
K2	35	Input	K2
K3	34	Input	K3
BZ_OUT	24	Output	LED7

在 MCU&CPLD DEMO 试验板上,将一个短路块插到 BEEP 排针上(连通蜂鸣器的驱动电路),分别按下 K0～K3 键,蜂鸣器即发出中音1至中音4的音频声。

9.5 驱动字符型液晶显示器实验

9.5.1 实验要求

驱动1602字符型液晶,显示一行内容。

9.5.2 字符型液晶控制器的指令简介

要驱动字符型液晶,那么少不了要对字符型液晶的结构与控制指令稍作介绍。读者如需

详细了解字符型液晶,那么可以参阅《手把手教你学系列丛书》中的相关书籍。

字符型液晶驱动芯片内部有两个寄存器,一个为指令寄存器,一个为数据寄存器,由 RS 引脚来控制。所有对指令寄存器或数据寄存器的存取均需检查驱动芯片内部的忙碌标志 BF, 此标志用来告知驱动芯片内部是否正在忙于工作,如内部正在忙的话是不允许接收任何的控制命令。而此位标志的检查可以令 RS=0,用读取 DB7(数据线的第 7 位)来加以判断,当 DB7 为 0 时,才可以写入指令或数据寄存器。

液晶控制器的指令共有 11 组,以下分别进行介绍。

1. 清除显示器

RS	R/W	E	DB7	DB6	DB5	DB4	DB3	DB2	DB1	DB0
0	0	1	0	0	0	0	0	0	0	1

指令代码为 01H,将 DDRAM(显示数据的驱动芯片内部缓存区)数据全部填入"空白"的 ASCII 代码 20H,执行此指令将清除显示器的内容,同时光标移到左上角。

2. 光标归位设定

RS	R/W	E	DB7	DB6	DB5	DB4	DB3	DB2	DB1	DB0
0	0	1	0	0	0	0	0	0	1	*

指令代码为 02H,地址计数器被清零,DDRAM 数据不变,光标移到左上角。*表示可以为 0 或 1。

3. 设定字符进入模式

RS	R/W	E	DB7	DB6	DB5	DB4	DB3	DB2	DB1	DB0
0	0	1	0	0	0	0	0	1	I/D	S

I/D	S	工作情形
0	0	光标左移一格,AC 值减一,字符全部不动
0	1	光标不动,AC 值减一,字符全部右移一格
1	0	光标右移一格,AC 值加一,字符全部不动
1	1	光标不动,AC 值加一,字符全部左移一格

4. 显示器开关

RS	R/W	E	DB7	DB6	DB5	DB4	DB3	DB2	DB1	DB0
0	0	1	0	0	0	0	1	D	C	B

D:显示屏开启或关闭控制位,D=1 时,显示屏开启;D=0 时,则显示屏关闭,但显示数据仍保存于 DDRAM 中。

C:光标出现控制位,C=1 时,则光标会出现在地址计数器所指的位置;C=0 则光标不出现。

B:光标闪烁控制位,B=1 光标出现后会闪烁;B=0,光标不闪烁。

5. 显示光标移位

RS	R/W	E	DB7	DB6	DB5	DB4	DB3	DB2	DB1	DB0
0	0	1	0	0	0	1	S/C	R/L	*	*

＊表示可以为 0 或 1。

S/C	R/L	工作情形
0	0	光标左移一格，AC 值减一
0	1	光标右移一格，AC 值加一
1	0	字符和光标同时左移一格
1	1	字符和光标同时右移一格

6. 功能设定

RS	R/W	E	DB7	DB6	DB5	DB4	DB3	DB2	DB1	DB0
0	0	1	0	0	1	DL	N	F	*	*

＊表示可以为 0 或 1。

DL：数据长度选择位。DL＝1 时为 8 位(DB7～DB0)数据转移；DL＝0 时则为 4 位数据转移，使用 DB7～DB4 位，分 2 次送入一个完整的字符数据。

N：显示屏为单行或双行选择。N＝1 为双行显示；N＝0 则为单行显示。

F：大小字符显示选择。当 F＝1 时，为 5＊10 字形(有的产品无此功能)；当 F＝0 时，则为 5＊7 字型。

7. CGRAM 地址设定

RS	R/W	E	DB7	DB6	DB5	DB4	DB3	DB2	DB1	DB0
0	0	1	0	1	A5	A4	A3	A2	A1	A0

设定下一个要读写数据的 CGRAM 地址(A5～A0)。CGRAM 为驱动芯片内部的存放字型、字符的缓存区。

8. DDRAM 地址设定

RS	R/W	E	DB7	DB6	DB5	DB4	DB3	DB2	DB1	DB0
0	0	1	1	A6	A5	A4	A3	A2	A1	A0

设定下一个要读写数据的 DDRAM 地址(A6～A0)。

9. 忙碌标志 BF 或 AC 地址读取

RS	R/W	E	DB7	DB6	DB5	DB4	DB3	DB2	DB1	DB0
0	1	1	BF	A6	A5	A4	A3	A2	A1	A0

LCD 的忙碌标志 BF 用以指示 LCD 目前的工作情况，当 BF＝1 时，表示正在做内部数据的处理，不接受外部送来的指令或数据。当 BF＝0 时，则表示已准备接收命令或数据。当程序读取此数据的内容时，DB7 表示忙碌标志，而另外 DB6～DB0 的值表示 CGRAM 或 DDRAM 中的地址，至于是指向哪一地址则根据最后写入的地址设定指令而定。

10. 写数据到 CGRAM 或 DDRAM 中

RS	R/W	E	DB7	DB6	DB5	DB4	DB3	DB2	DB1	DB0
1	0	1								

先设定 CGRAM 或 DDRAM 地址,再将数据写入 DB7~DB0 中,以使液晶显示出字形。也可将使用者自创的图形存入 CGRAM。

11. 从 CGRAM 或 DDRAM 中读取数据

RS	R/W	E	DB7	DB6	DB5	DB4	DB3	DB2	DB1	DB0
1	1	1								

先设定 CGRAM 或 DDRAM 地址,再读取其中的数据。

9.5.3 字符型液晶控制器的工作时序

控制液晶所使用的芯片大部分为 HD44780 或其兼容产品。

1. 读取时序

读取时序如图 9-3 所示。

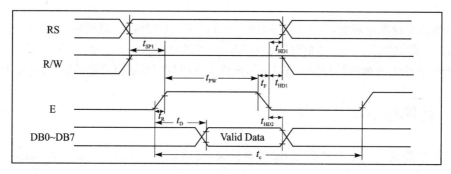

图 9-3 读取时序图

2. 写入时序

写入时序如图 9-4 所示。

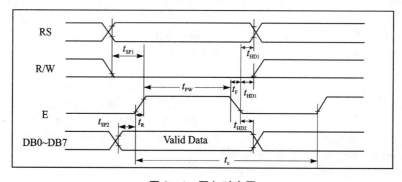

图 9-4 写入时序图

9.5.4 时序参数

时序参数如表 9-7 所列。

表 9-7 时序参数表

时序参数	符号	极限值			单位	测试条件
		最小值	典型值	最大值		
E 信号周期	t_C	400	—	—	ns	引脚 E
E 脉冲宽度	t_{PW}	150	—	—	ns	
E 上升沿/下降沿时间	t_R, t_F	—	—	25	ns	
地址建立时间	t_{SP1}	30	—	—	ns	引脚 E、RS、R/W
地址保持时间	t_{HD1}	10	—	—	ns	
数据建立时间(读操作)	t_D	—	—	100	ns	引脚 DB0~DB7
数据保持时间(读操作)	t_{HD2}	20	—	—	ns	
数据建立时间(写操作)	t_{SP2}	40	—	—	ns	
数据保持时间(写操作)	t_{HD2}	10	—	—	ns	

9.5.5 实现方法

液晶的读写速度比较低,为了与高速的 CPLD/FPGA 相匹配,就要降低 CPLD/FPGA 的读写速度。为此,建立一个 16 位的计数器对 MCU&CPLD DEMO 试验板上的 24 MHz 频率进行分频,使得每两次写入的时间间隔大于 1 ms,这样就可以较好地满足液晶的读/写速度要求。

9.5.6 程序设计

在 D 盘中先建立一个文件名为 BZ 的文件夹,然后建立一个 BZ 的新项目,输入以下源代码并保存为 BZ.v。

```
module CPLD1602(CLK,RS,RW,EN,DAT);   //模块声明及输入、输出端口列表

input CLK;                           //定义输入端口

output [7:0] DAT;                    //定义输出端口
output    RS,RW,EN;                  //定义输出端口

reg E;                               //定义 E 为寄存器类型的 1 位变量
reg [7:0] DAT;                       //定义 DAT 为寄存器类型的 8 位变量
reg RS;                              //定义 RS 为寄存器类型的 1 位变量
reg [15:0] COUNTER;                  //定义 COUNTER 为寄存器类型的 16 位变量
//定义 CURRENT、NEXT 为寄存器类型的 6 位变量
reg [5:0] CURRENT,NEXT;
reg CLKR;                            //定义 CLKR 为寄存器类型的 1 位变量
```

```verilog
  reg [1:0] CNT;                    //定义 CNT 为寄存器类型的 2 位变量

    parameter   SET0 = 6'd0;        //常量定义
    parameter   SET1 = 6'd1;        //常量定义
    parameter   SET2 = 6'd2;        //常量定义
    parameter   SET3 = 6'd3;        //常量定义
    parameter   SET4 = 6'd4;        //常量定义

    parameter   DAT1_0 = 6'd5;      //常量定义
    parameter   DAT1_1 = 6'd6;      //常量定义
    parameter   DAT1_2 = 6'd7;      //常量定义
    parameter   DAT1_3 = 6'd8;      //常量定义
    parameter   DAT1_4 = 6'd9;      //常量定义
    parameter   DAT1_5 = 6'd10;     //常量定义
    parameter   DAT1_6 = 6'd11;     //常量定义
    parameter   DAT1_7 = 6'd12;     //常量定义
    parameter   DAT1_8 = 6'd13;     //常量定义
    parameter   DAT1_9 = 6'd14;     //常量定义
    parameter   DAT1_10 = 6'd15;    //常量定义
    parameter   DAT1_11 = 6'd16;    //常量定义
    parameter   DAT1_12 = 6'd17;    //常量定义
    parameter   DAT1_13 = 6'd18;    //常量定义
    parameter   DAT1_14 = 6'd19;    //常量定义
    parameter   DAT1_15 = 6'd20;    //常量定义

    parameter   NUL = 6'd21;        //常量定义
//------------------------------------------------------------
//每当 CLK 产生上升沿时,执行一遍 begin - end 块内的语句
always @ (posedge CLK)
 begin                              //begin - end 块开始
  COUNTER = COUNTER + 1;            //计数器 COUNTER 加 1
  if(COUNTER = = 15'h0001)          //每当计数值等于 1 时(两次之间的间隔为 1.36 ms)
  CLKR = ~CLKR;                     //CLKR 翻转
 end                                //begin - end 块结束
//------------------------------------------------------------
//每当 CLKR 产生上升沿时,执行一遍 begin - end 块内的语句
always @ (posedge CLKR)
 begin                              //begin - end 块开始

  CURRENT = NEXT;                   //将下一变量 NEXT 赋予当前变量 CURRENT

  case(CURRENT)                     //case 语句,根据 CURRENT 的值,产生散转分支
    //CURRENT 为 SET0 时,选择液晶为 8 位数据传输,单行显示
    SET0:   begin  RS< = 0; DAT< = 8'h34; NEXT< = SET1; end
    //CURRENT 为 SET1 时,显示屏开启
    SET1:   begin  RS< = 0; DAT< = 8'h0c; NEXT< = SET2; end
    //CURRENT 为 SET2 时,字符不移动
```

```
SET2:   begin  RS<= 0; DAT<= 8'h06; NEXT<= SET3; end
//CURRENT 为 SET3 时,清除显示器的内容
SET3:   begin  RS<= 0; DAT<= 8'h01; NEXT<= SET4; end
//CURRENT 为 SET4 时,从地址 0 开始写入内容
SET4:   begin  RS<= 0; DAT<= 8'h80; NEXT<= DAT1_0; end
//CURRENT 为 DAT1_0 时,写入" - "
DAT1_0:   begin  RS<= 1; DAT<= 8'hb0; NEXT<= DAT1_1; end
//CURRENT 为 DAT1_1 时,写入"T"
DAT1_1:   begin  RS<= 1; DAT<= "T"; NEXT<= DAT1_2; end
//CURRENT 为 DAT1_2 时,写入"h"
DAT1_2:   begin  RS<= 1; DAT<= "h"; NEXT<= DAT1_3; end
//CURRENT 为 DAT1_3 时,写入"i"
DAT1_3:   begin  RS<= 1; DAT<= "i"; NEXT<= DAT1_4; end
//CURRENT 为 DAT1_4 时,写入"s"
DAT1_4:   begin  RS<= 1; DAT<= "s"; NEXT<= DAT1_5; end
//CURRENT 为 DAT1_5 时,写入" "
DAT1_5:   begin  RS<= 1; DAT<= " "; NEXT<= DAT1_6; end
//CURRENT 为 DAT1_6 时,写入"i"
DAT1_6:   begin  RS<= 1; DAT<= "i"; NEXT<= DAT1_7; end
//CURRENT 为 DAT1_7 时,写入"s"
DAT1_7:   begin  RS<= 1; DAT<= "s"; NEXT<= DAT1_8; end
//CURRENT 为 DAT1_8 时,写入" "
DAT1_8:   begin  RS<= 1; DAT<= " "; NEXT<= DAT1_9; end
//CURRENT 为 DAT1_9 时,写入"a"
DAT1_9:   begin  RS<= 1; DAT<= "a"; NEXT<= DAT1_10; end
//CURRENT 为 DAT1_10 时,写入" "
DAT1_10:  begin  RS<= 1; DAT<= " "; NEXT<= DAT1_11; end
//CURRENT 为 DAT1_11 时,写入"T"
DAT1_11:  begin  RS<= 1; DAT<= "T"; NEXT<= DAT1_12; end
//CURRENT 为 DAT1_12 时,写入"e"
DAT1_12:  begin  RS<= 1; DAT<= "e"; NEXT<= DAT1_13; end
//CURRENT 为 DAT1_13 时,写入"s"
DAT1_13:  begin  RS<= 1; DAT<= "s"; NEXT<= DAT1_14; end
//CURRENT 为 DAT1_14 时,写入"t"
DAT1_14:  begin  RS<= 1; DAT<= "t"; NEXT<= DAT1_15; end
//CURRENT 为 DAT1_15 时,写入"!"
DAT1_15:  begin  RS<= 1; DAT<= "!"; NEXT<= NUL; end
//CURRENT 为 NUL 时,停止写入
NUL:    begin RS<= 0;  DAT<= 8'h00;
            //回到 case 语句的开始处,循环进行显示
            if(CNT! = 2'h02) begin E<= 0; NEXT<= SET0; CNT<= CNT + 1; end
            else begin NEXT<= NUL; E<= 1; end
        end
default: NEXT = SET0;           //默认情况下,回到 case 语句的开始处
endcase                         //case 语句结束
end                             //begin – end 块结束
assign EN = E|CLKR;             //持续赋值语句,输出 EN 信号
```

第 9 章 CPLD/FPGA 的设计应用

```
    assign RW = 0;                //持续赋值语句,输出 RW 信号(低电平为写入)
    endmodule                     //模块结束
```

源代码输入完成后,将器件选择为 EPM7128SLC84 - 15。引脚分配需要参考 MCU&CPLD DEMO 试验板的电路原理,这里的引脚分配见表 9 - 8。器件编译通过后,可根据需要进行仿真,接下来进行 *.pof 至 *.jed 的文件转换,最后将 *.jed 文件下载到 ATF1508AS 芯片中。

表 9 - 8 驱动字符型液晶显示器实验引脚分配

引脚名	引脚号	输入或输出	板上丝印符号
CLK	83	Input	
RS	12	Output	RS
RW	11	Output	R/W
EN	10	Output	EN
AD7	79	Output	AD7
AD6	80	Output	AD6
AD5	81	Output	AD5
AD4	4	Output	AD4
AD3	5	Output	AD3
AD2	6	Output	AD2
AD1	8	Output	AD1
AD0	9	Output	AD0

在 MCU&CPLD DEMO 试验板上,将一个 1602 字符型液晶模组正确地插入 LCD16 * 2 单排座,上电以后,看到屏幕的第一行显示"- This is a Test!",图 9 - 5 为实验照片。

图 9 - 5 驱动字符型液晶显示器实验照片

9.6 串口接收实验

9.6.1 实验要求

在 PC 机上使用串口调试软件发送一个字节,MCU&CPLD DEMO 试验板收到后驱动发光二极管进行相应的指示。

9.6.2 实现方法

串口接收器的结构组成图如图 9-6 所示。以波特率 9 600、数据位 8 位、停止位 1 位为例进行设计。因为 MCU&CPLD DEMO 试验板上的有源晶振频率为 24 MHz,所以波特率 9 600 的分频数是 24 000 000÷9 600=2 500,波特率 9 600 的分频数一半是 24 000 000÷9 600÷2=1 250。

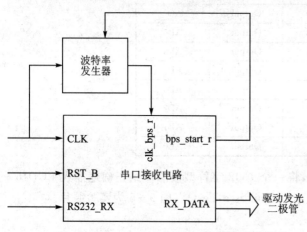

图 9-6 串口接收器的结构组成图

平时,RS232_RX 为高电平。当串口接收电路检测到输入端 RS232_RX 出现下降沿时,将 bps_start_r 置高,启动波特率发生器,产生波特率时钟脉冲 clk_bps_r,同时开始从 RS_232RX 端接收串行数据,并且同步启动移位次数计数器工作,每个波特率时钟的高电平接收一位数据。在标准的接收模式下,只有 1+8+1(2 或 3)=12 位的有效数据。收到停止位后,移位次数计数器清零,并将数据锁存到输出寄存器中,驱动发光管指示。

9.6.3 程序设计

在 D 盘中先建立一个文件名为 UART_RX 的文件夹,然后建立一个 UART_RX 的新项目,输入以下源代码并保存为 UART_RX.v。

```
module UART_RX(CLK,RST_B,RS232_RX,RX_DATA);  //模块声明及输入、输出端口列表
input CLK;                  //定义输入端口(24 MHz 主时钟)
input RST_B;                //定义输入端口(低电平复位信号)
input RS232_RX;             //定义输入端口(RS232 数据信号接收端)
output[7:0] RX_DATA;        //定义输出端口(接收到的数据)
//-----------------------------------------------------------
//下面为接收数据寄存器,定义为寄存器类型的变量,滤波用
reg rs232_rx0,rs232_rx1,rs232_rx2,rs232_rx3;
```

```verilog
wire neg_rs232_rx;                    //网线型变量,表示数据线接收到脉冲下降沿
//-----------------------------------------------------------------
reg[12:0] cnt;                        //定义 cnt 为寄存器类型的 13 位变量,分频后用于波特率计数器
reg clk_bps_r;                        //定义 clk_bps_r 为寄存器类型的 1 位变量(波特率时钟)
reg[2:0] uart_ctrl;                   //定义 uart_ctrl 为寄存器类型的 1 位变量(波特率选择寄存器)
reg bps_start_r;                      //定义 bps_start_r 为寄存器类型的 1 位变量(波特率启动)
//*************************************************************
//每当 CLK 产生上升沿或 RST_B 产生下降沿时
always @ (posedge CLK or negedge RST_B)
    if(!RST_B) cnt<= 13'd0;           //如果 RST_B 为低电平,波特率计数清零
    //否则如果计数值为 2 500 或波特率关闭,计数器清零
    //2 500 是波特率为 9 600 时的分频计数值
    else if((cnt = = 2500)||!bps_start_r)cnt<= 13'd0;
    else cnt <= cnt + 1'b1;           //否则波特率时钟计数启动
//*************************************************************
//每当 CLK 产生上升沿或 RST_B 产生下降沿时
always @ (posedge CLK or negedge RST_B)
    if(!RST_B) clk_bps_r<= 1'b0;      //如果 RST_B 为低电平,clk_bps_r 清零
    //否则如果计数值为 1 250,clk_bps_r 置高一个时钟周期
    //1 250 是波特率为 9 600 时的分频计数值的一半,用于数据采样
    else if(cnt = = 1 250) clk_bps_r<= 1'b1;
    else clk_bps_r <= 1'b0;           //否则 clk_bps_r 清零


//*************************************************************
//每当 CLK 产生上升沿或 RST_B 产生下降沿时,执行一遍 begin-end 块内的语句
always @ (posedge CLK or negedge RST_B)
begin                                 //begin-end 块开始
    if(!RST_B)                        //如果 RST_B 为低电平
        begin
            rs232_rx0 <= 1'b0;        //清零
            rs232_rx1 <= 1'b0;        //清零
            rs232_rx2 <= 1'b0;        //清零
            rs232_rx3 <= 1'b0;        //清零
        end
    else                              //否则
        begin
            rs232_rx0 <= RS232_RX;    //接收后滤波(抗干扰)
            rs232_rx1 <= rs232_rx0;   //接收后滤波(抗干扰)
            rs232_rx2 <= rs232_rx1;   //接收后滤波(抗干扰)
            rs232_rx3 <= rs232_rx2;   //接收后滤波(抗干扰)
        end
end                                   //begin-end 块结束

//下降沿检测,如果接收到下降沿后,在第 4 个 CLK 后 neg_rs232_rx 置高一个 CLK
assign neg_rs232_rx = rs232_rx3 & rs232_rx2 & ~rs232_rx1 & ~rs232_rx0;
//-----------------------------------------------------------------
reg[3:0] num;                         //定义 num 为寄存器类型的 4 位变量,用于移位次数计数
```

```verilog
reg rx_int;                              //接收数据中断信号,接收到数据期间始终为高电平
//**************************************************
//每当 CLK 产生上升沿或 RST_B 产生下降沿时
always @ (posedge CLK or negedge RST_B)
    if(!RST_B)                           //如果 RST_B 为低电平
        begin
            bps_start_r <= 1'bz;         //置 bps_start_r 为高阻
            rx_int <= 1'b0;              //置接收数据中断信号为 0
        end
    else if(neg_rs232_rx)                //否则如果接收到串口接收线 RS232_RX 的下降沿启动
                                         //信号
        begin
            bps_start_r <= 1'b1;         //启动串口的波特率准备数据接收
            rx_int <= 1'b1;              //置接收数据中断信号为 1(使能接收)
        end
    else if(num == 4'd12)                //如果接收完有用数据信息
        begin
            bps_start_r <= 1'b0;         //数据接收完毕,关闭波特率启动信号
            rx_int <= 1'b0;              //接收数据中断信号关闭
        end
//------------------------------------------------------------
reg[7:0] rx_data_r;                      //定义串口接收数据寄存器,保存直至下一次数据来到
//------------------------------------------------------------
reg[7:0] rx_temp_data;                   //定义当前接收数据寄存器
//**************************************************
//每当 CLK 产生上升沿或 RST_B 产生下降沿时
always @ (posedge CLK or negedge RST_B)
    if(! RST_B)                          //如果 RST_B 为低电平
        begin
            rx_temp_data <= 8'd0;        //清空当前接收数据寄存器
            num <= 4'd0;                 //移位次数计数器清零
            rx_data_r <= 8'd0;           //清空串口接收数据寄存器
        end
    else if(rx_int)                      //否则如果接收到数据
//读取并保存数据,接收数据为一个起始位,8 位数据,1~3 个结束位
        begin
            if(clk_bps_r)                //当波特率时钟为高电平时
                begin
                    num <= num + 1'b1;   //移位次数计数器递加
                    case (num)           //case 语句,根据 num 的值,产生散转分支
                        4'd1: rx_temp_data[0] <= RS232_RX;    //锁存第 1 位
                        4'd2: rx_temp_data[1] <= RS232_RX;    //锁存第 2 位
                        4'd3: rx_temp_data[2] <= RS232_RX;    //锁存第 3 位
                        4'd4: rx_temp_data[3] <= RS232_RX;    //锁存第 4 位
                        4'd5: rx_temp_data[4] <= RS232_RX;    //锁存第 5 位
                        4'd6: rx_temp_data[5] <= RS232_RX;    //锁存第 6 位
                        4'd7: rx_temp_data[6] <= RS232_RX;    //锁存第 7 位
```

第9章 CPLD/FPGA 的设计应用

```
            4'd8: rx_temp_data[7] <= RS232_RX;    //锁存第8位
            default: ;
          endcase                                 //case 语句结束
        end
      else if(num == 4'd12)                       //如果移位次数计数值为12
        begin
          num <= 4'd0;                            //接收到停止位后结束,移位次数计数器清零
          rx_data_r <= rx_temp_data;              //锁存数据
        end
    end

assign RX_DATA = rx_data_r;                       //接收的数据输出到 RX_DATA 端口上,驱动 LED

endmodule                                         //模块结束
```

源代码输入完成后,将器件选择为 EPM7128SLC84-15。引脚分配需要参考 MCU&CPLD DEMO 试验板的电路原理,这里的引脚分配见表9-9。器件编译通过后,可根据需要进行仿真,接下来进行 *.pof 至 *.jed 的文件转换,最后将 *.jed 文件下载到 ATF1508AS 芯片中。串口接收实验源代码中,几个相关变量的波形时序示意如图9-7所示。

图9-7 串口接收实验几个相关变量的波形时序

表9-9 串口接收实验引脚分配

引脚名	引脚号	输入或输出	板上丝印符号
CLK	83	Input	
RST_B	1	Input	GCLR
RS232_RX	56	Input	
RX_DATA 7	24	Output	LED7
RX_DATA 6	25	Output	LED6
RX_DATA 5	27	Output	LED5
RX_DATA 4	28	Output	LED4
RX_DATA 3	29	Output	LED3
RX_DATA 2	30	Output	LED2
RX_DATA 1	31	Output	LED1
RX_DATA 0	33	Output	LED0

取一条串口线,一端插在 MCU&CPLD DEMO 试验板上 CPLD_DB9 插座上,另一端插到 PC 机的串口上。在 PC 机上,打开串口调试器软件。MCU&CPLD DEMO 试验板通电以后,8个发光管 LED7~LED0 全亮。在串口调试器软件的发送区输入 F0,并勾选"按16进制显示或发送",单击"发送"按钮(见图9-8),可以看到 MCU&CPLD DEMO 试验板上的8个

发光管中,LED7～LED4 熄灭,LED3～LED0 点亮,与 PC 机发送的数据完全一致,实验获得成功。图 9-9 为发光管的点亮照片。

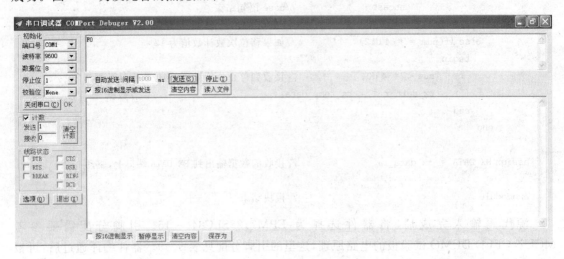

图 9-8　串口调试器发送 F0

图 9-9　发光管点亮照片

9.7　串口发送实验

9.7.1　实验要求

MCU&CPLD DEMO 试验板上的 CPLD 发送一个字节,在 PC 机上使用串口调试软件接收。要求按下 MCU&CPLD DEMO 试验板上的 K0～K3 键后,串口调试软件能收到 A～D 的字母。

9.7.2 实现方法

串口发送器的结构组成图如图 9-10 所示。以波特率 9 600、数据位 8 位、停止位 1 位为例进行设计。因为 MCU&CPLD DEMO 试验板上的有源晶振频率为 24 MHz,所以波特率 9 600 的分频数是 24 000 000÷9 600=2 500,波特率 9 600 的分频数一半是 24 000 000÷9 600÷2=1 250。

平时,RS232_RX 为高电平。当串口发送电路检测到输入端 RX_DATA 有数据输入时,将 bps_start_r 置高,启动波特率发生器,产生波特率时钟脉冲 clk_bps_r,同时开始从 RS232_TX 端发送数据,并且同步启动移位次数计数器工作,每个波特率时钟的高电平发送一位数据。在标准的发送模式下,只有 1+8+1(2)=11 位的有效数据。发送结束后,移位次数计数器清零。

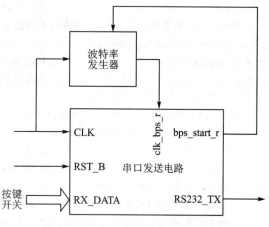

图 9-10 串口发送器的结构组成图

9.7.3 程序设计

在 D 盘中先建立一个文件名为 UART_TX 的文件夹,然后建立一个 UART_TX 的新项目,输入以下源代码并保存为 UART_TX.v。

```verilog
module UART_TX(CLK,RST_B,RX_DATA,RS232_TX);  //模块声明及输入、输出端口列表
input CLK;                    //定义输入端口(24 MHz 主时钟)
input[7:0] RX_DATA;           //定义输入端口(按键输入)
input RST_B;                  //定义输入端口(低电平复位信号)
output RS232_TX;              //定义输出端口(数据发送端)
reg[12:0] cnt;                //定义 cnt 为寄存器类型的 13 位变量,分频后用于波特率计数器
reg clk_bps_r;                //定义 clk_bps_r 为寄存器类型的 1 位变量(波特率时钟)
reg rx_int;                   //接收数据中断信号,接收到数据期间(按键按下)始终为高电平
//********************************************************************
//每当 CLK 产生上升沿或 RST_B 产生下降沿时
always@(posedge CLK or negedge RST_B)
    if(!RST_B) cnt<=13'd0;    //如果 RST_B 为低电平,波特率计数器清零
    //否则如果计数值为 2 500 或波特率关闭,计数器清零
    //2 500 是波特率为 9 600 时的分频计数值
    else if((cnt==2500)||!bps_start_r)cnt<=13'd0;
    else cnt<=cnt+1'b1;       //否则波特率时钟计数启动
//--------------------------------------------------------------------
//每当 CLK 产生上升沿或 RST_B 产生下降沿时
always@(posedge CLK or negedge RST_B)
```

```verilog
        if(!RST_B) clk_bps_r<＝1'b0;          //如果 RST_B 为低电平,clk_bps_r 清零
        //否则如果计数值为 1 250,clk_bps_r 置高一个时钟周期
        //1 250 是波特率为 9 600 时的分频计数值的一半,用于数据采样
        else if(cnt＝＝1250)clk_bps_r<＝1'b1;
        else clk_bps_r<＝1'b0;                //否则 clk_bps_r 清零
//********************************************************************
//下面为接收数据寄存器,定义为寄存器类型的变量,滤波用
reg rx_int0,rx_int1,rx_int2;
wire neg_rx_int;                              //网线型变量,表示检测到按键输入
reg[1:0] sel;                                 //寄存器类型的变量,用于识别那个按键按下
//------------------------------------------------------------
//每当 CLK 产生上升沿或 RST_B 产生下降沿时
always@(posedge CLK or negedge RST_B)
        if(!RST_B)rx_int<＝0;                  //如果 RST_B 为低电平,清除 rx_int
        //否则按键 K0 按下,置位 rx_int,sel 置 00(识别出 K0 键)
        else if(RX_DATA＝＝8'hfe)begin rx_int<＝1;sel<＝2'b00;end
        //否则按键 K1 按下,置位 rx_int,sel 置 01(识别出 K1 键)
        else if(RX_DATA＝＝8'hfd)begin rx_int<＝1;sel<＝2'b01;end
        //否则按键 K2 按下,置位 rx_int,sel 置 10(识别出 K2 键)
        else if(RX_DATA＝＝8'hfb)begin rx_int<＝1;sel<＝2'b10;end
        //否则按键 K3 按下,置位 rx_int,sel 置 11(识别出 K3 键)
        else if(RX_DATA＝＝8'hf7)begin rx_int<＝1;sel<＝2'b11;end
        else rx_int<＝0;                       //没有键按下,清除 rx_int
//------------------------------------------------------------
//每当 CLK 产生上升沿或 RST_B 产生下降沿时,执行一遍 begin-end 块内的语句
always@(posedge CLK or negedge RST_B)
begin                                         //begin-end 块开始
  if(!RST_B)                                  //如果 RST_B 为低电平
    begin
      rx_int0<＝1'b0;                          //清零
      rx_int1<＝1'b0;                          //清零
      rx_int2<＝1'b0;                          //清零
    end
  else                                        //否则
    begin
      rx_int0<＝rx_int;                        //滤波(抗干扰)
      rx_int1<＝rx_int0;                       //滤波(抗干扰)
      rx_int2<＝rx_int1;                       //滤波(抗干扰)
    end
end                                           //begin-end 块结束
//按键检测,如果按键释放后,在第 3 个 CLK 后 neg_rx_int 置高一个 CLK
assign neg_rx_int = ~rx_int1&rx_int2;
//------------------------------------------------------------
reg[7:0] tx_data;                             //定义发送数据寄存器
reg bps_start_r;                              //定义 bps_start_r 为寄存器类型的 1 位变量(波特率启动)
reg tx_en;                                    //定义 tx_en 为寄存器类型的 1 位变量(发送允许)
```

第9章 CPLD/FPGA 的设计应用

```verilog
reg[3:0] num;                        //定义 num 为寄存器类型的 4 位变量,用于移位次数计数
//*********************************************************
//每当 CLK 产生上升沿或 RST_B 产生下降沿时,执行一遍 begin-end 块内的语句
always@(posedge CLK or negedge RST_B)
begin                                //begin-end 块开始
  if(!RST_B)                         //如果 RST_B 为低电平
    begin
      bps_start_r<=1'bz;             //置 bps_start_r 为高阻
      tx_en<=1'b0;                   //禁止发送
      tx_data<=8'd0;                 //发送数据寄存器清零
    end
  else if(neg_rx_int)                //否则如果检测到按键输入信号
    begin
      bps_start_r<=1'b1;             //启动串口的波特率准备发送
      tx_en<=1'b1;                   //发送使能
      case(sel)                      //case 语句,根据 sel 的值,产生散转分支
        2'b00:tx_data<=8'd65;        //sel 为 00 时,tx_data 赋值 65(A)
        2'b01:tx_data<=8'd66;        //sel 为 01 时,tx_data 赋值 66(B)
        2'b10:tx_data<=8'd67;        //sel 为 10 时,tx_data 赋值 67(C)
        2'b11:tx_data<=8'd68;        //sel 为 11 时,tx_data 赋值 68(D)
      Endcase                        //case 语句结束
    end
  else if(num==4'd11)                //如果移位次数计数值为 11
    begin
      bps_start_r<=1'b0;             //关闭波特率
      tx_en<=1'b0;                   //禁止发送
    end
end                                  //begin-end 块结束
//*********************************************************
reg rs232_tx_r;                      //串口发送数据寄存器
//---------------------------------------------------------
//每当 CLK 产生上升沿或 RST_B 产生下降沿时,执行一遍 begin-end 块内的语句
always@(posedge CLK or negedge RST_B)
begin                                //begin-end 块开始
  if(!RST_B)                         //如果 RST_B 为低电平
    begin
    num<=4'd0;                       //移位次数计数器清零
    rs232_tx_r<=1'b1;                //串口发送数据寄存器置位
    end
  else if(tx_en)                     //否则如果发送使能
    begin
      if(clk_bps_r)                  //当波特率时钟为高电平时
        begin
          num<=num+1'b1;             //移位次数计数器递加
          case(num)                  //case 语句,根据 num 的值,产生散转分支
            4'd0:rs232_tx_r<=1'b0;   //发送开始位(低电平)
```

```
                4'd1:rs232_tx_r<= tx_data[0];        //发送第1位
                4'd2:rs232_tx_r<= tx_data[1];        //发送第2位
                4'd3:rs232_tx_r<= tx_data[2];        //发送第3位
                4'd4:rs232_tx_r<= tx_data[3];        //发送第4位
                4'd5:rs232_tx_r<= tx_data[4];        //发送第5位
                4'd6:rs232_tx_r<= tx_data[5];        //发送第6位
                4'd7:rs232_tx_r<= tx_data[6];        //发送第7位
                4'd8:rs232_tx_r<= tx_data[7];        //发送第8位
                4'd9:rs232_tx_r<= 1'b1;              //发送停止位(高电平)
                default:rs232_tx_r<= 1'b1;           //默认发送停止位(高电平)
            endcase                                  //case语句结束
        end
//如果移位次数计数值为11,移位次数计数器清零
        else if(num = = 4'd11) num<= 4'd0;
    end
end                                                  //begin-end块结束
assign RS232_TX = rs232_tx_r;                        //持续赋值语句输出数据
endmodule                                            //模块结束
```

源代码输入完成后,将器件选择为 EPM7128SLC84-15。引脚分配需要参考 MCU&CPLD DEMO 试验板的电路原理,这里的引脚分配见表 9-10。器件编译通过后,可根据需要进行仿真,接下来进行 *.pof 至 *.jed 的文件转换,最后将 *.jed 文件下载到 ATF1508AS 芯片中。串口发送实验源代码中,几个相关变量的波形时序如图 9-11 所示。

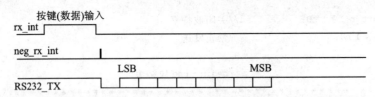

图 9-11 串口发送实验的几个相关变量的波形时序

表 9-10 串口发送实验引脚分配

引脚名	引脚号	输入或输出	板上丝印符号
CLK	83	Input	
RST_B	1	Input	GCLR
RS232_TX	55	Output	
RX_DATA 7	39	Input	S3
RX_DATA 6	40	Input	S2
RX_DATA 5	41	Input	S1
RX_DATA 4	44	Input	S0
RX_DATA 3	34	Input	K3
RX_DATA 2	35	Input	K2
RX_DATA 1	36	Input	K1
RX_DATA 0	37	Input	K0

第 9 章　CPLD/FPGA 的设计应用

取一条串口线,一端插在 MCU&CPLD DEMO 试验板上 CPLD_DB9 插座上,另一端插到 PC 机的串口上。为了防止传输混乱而收不到数据,首先将 MCU&CPLD DEMO 试验板通电,按动一下 GCLR 键,将发送缓冲区的乱码清除。然后在 PC 机上,打开串口调试器软件。按下 MCU&CPLD DEMO 试验板上的 K0～K3 按键,可以看到串口调试器软件接收区显示收到的"ABCD"(见图 9-12),实验获得成功。

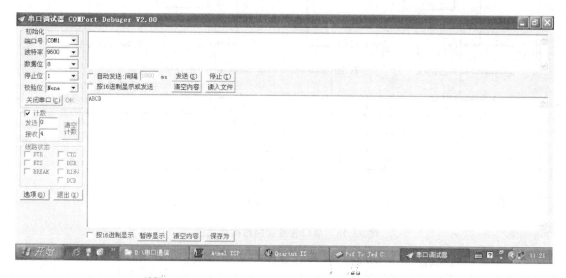

图 9-12　接收区显示收到的"ABCD"

9.8　RS232 收发实验

9.8.1　实验要求

在 PC 机上使用串口调试软件发送一个字节,MCU&CPLD DEMO 试验板收到后驱动发光二极管进行相应的指示,同时自动将收到的数据发回 PC 机。

9.8.2　实现方法

串口收发器的结构组成图如图 9-13 所示。以波特率 9 600、数据位 8 位、停止位 1 位为例进行设计。因为 MCU&CPLD DEMO 试验板上的有源晶振频率为 24 MHz,所以波特率 9 600 的分频数是 24 000 000÷9 600=2 500,波特率 9 600 的分频数一半是 24 000 000÷9 600÷2=1 250。

平时,RS232_RX 为高电平。当串口接收电路检测到输入端 RS232_RX 出现下降沿时,将 bps_start_rx 置高,启动接收波特率发生器,产生波特率时钟脉冲 clk_bps_rx,同时开始从 RS_232RX 端接收串行数据,并且同步启动接收移位次数计数器工作,每个接收波特率时钟的高电平接收一位数据。在标准的接收模式下,有 1+8+1(2 或 3)=12 位的有效数据。收到停止位后,接收移位次数计数器清零,并将数据锁存到输出寄存器中,驱动发光管指示。

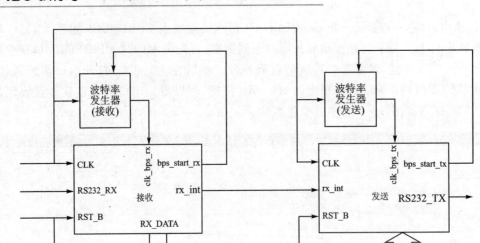

图 9-13 串口收发器的结构组成图

在串口接收电路收到数据期间时,将接收数据中断信号 rx_int 置高,根据此信号启动发送波特率发生器,产生波特率时钟脉冲 clk_bps_tx,从 RS232_TX 端将接收到的数据发送回去,并且同步启动发送移位次数计数器工作。每个发送波特率时钟的高电平发送一位数据。在标准的发送模式下,有 1+8+1(2)=11 位的有效数据。发送结束后,发送移位次数计数器清零。

9.8.3 程序设计

在 D 盘中先建立一个文件名为 RS232 的文件夹,然后建立一个 RS232 的新项目,输入以下源代码并保存为 RS232.v。

```
//模块声明及输入、输出端口列表
module RS232(CLK,RST_B,RS232_RX,RX_DATA,RS232_TX);
/********************接收部分************************/
input CLK;                  //定义输入端口(24 MHz 主时钟)
input RST_B;                //定义输入端口(低电平复位信号)
input RS232_RX;             //定义输入端口(RS232 数据信号接收端)
output RS232_TX;            //定义输出端口(RS232 数据信号发送端)
output[7:0] RX_DATA;        //定义输出端口(接收到的数据)
//------------------------------------------------------------
//下面为接收数据寄存器,定义为寄存器类型的变量,滤波用
reg rs232_rx0,rs232_rx1,rs232_rx2,rs232_rx3;
wire neg_rs232_rx;          //网线型变量,表示数据线接收到脉冲下降沿
reg[12:0] cnt_rx;           //定义 cnt_rx 为寄存器类型的 13 位变量,分频后用于接收波特率计数器
reg clk_bps_rx;             //定义 clk_bps_rx 为寄存器类型的 1 位变量(接收波特率时钟)
```

第9章　CPLD/FPGA 的设计应用

```verilog
//***************************************************************
//每当 CLK 产生上升沿或 RST_B 产生下降沿时
always @ (posedge CLK or negedge RST_B)
    if(!RST_B) cnt_rx <= 13'd0;           //如果 RST_B 为低电平,接收波特率计数清零
    //否则如果计数值为 2 500 或波特率关闭,接收计数器清零
    //2 500 是波特率为 9 600 时的分频计数值
    else if((cnt_rx == 2500)||!bps_start_rx)cnt_rx <= 13'd0;
    else cnt_rx <= cnt_rx + 1'b1;         //否则接收波特率时钟计数启动
//***************************************************************
//每当 CLK 产生上升沿或 RST_B 产生下降沿时
always @ (posedge CLK or negedge RST_B)
    if(!RST_B) clk_bps_rx <= 1'b0;        //如果 RST_B 为低电平,clk_bps_rx 清零
    //否则如果计数值为 1 250,clk_bps_rx 置高一个时钟周期
    //1 250 是波特率为 9 600 时的分频计数值的一半,用于数据采样
    else if(cnt_rx == 1250) clk_bps_rx <= 1'b1;
    else clk_bps_rx <= 1'b0;              //否则 clk_bps_rx 清零
//***************************************************************
//每当 CLK 产生上升沿或 RST_B 产生下降沿时,执行一遍 begin - end 块内的语句
always @ (posedge CLK or negedge RST_B)
begin                                     //begin - end 块开始
    if(!RST_B)                            //如果 RST_B 为低电平
        begin
            rs232_rx0 <= 1'b0;            //清零
            rs232_rx1 <= 1'b0;            //清零
            rs232_rx2 <= 1'b0;            //清零
            rs232_rx3 <= 1'b0;            //清零
        end
    else                                  //否则
        begin
            rs232_rx0 <= RS232_RX;        //接收后滤波(抗干扰)
            rs232_rx1 <= rs232_rx0;       //接收后滤波(抗干扰)
            rs232_rx2 <= rs232_rx1;       //接收后滤波(抗干扰)
            rs232_rx3 <= rs232_rx2;       //接收后滤波(抗干扰)
        end
end                                       //begin - end 块结束
//下降沿检测,如果接收到下降沿后,在第 4 个 CLK 后 neg_rs232_rx 置高一个 CLK
assign neg_rs232_rx = rs232_rx3 & rs232_rx2 & ~rs232_rx1 & ~rs232_rx0;
//---------------------------------------------------------------
reg bps_start_rx;             //定义 bps_start_rx 为寄存器类型的 1 位变量(接收波特率启动)
reg[3:0] num_rx;              //定义 num_rx 为寄存器类型的 4 位变量,用于接收移位次数计数
reg rx_int;                   //接收数据中断信号,接收到数据期间始终为高电平
//***************************************************************
//每当 CLK 产生上升沿或 RST_B 产生下降沿时
always @ (posedge CLK or negedge RST_B)
    if(!RST_B)                            //如果 RST_B 为低电平
```

```verilog
        begin
            bps_start_rx <= 1'bz;              //置 bps_start_rx 为高阻
            rx_int <= 1'b0;                    //置接收数据中断信号为 0
        end
    else if(neg_rs232_rx)                      //否则如果接收到串口接收线 RS232_RX 的下降沿启动
                                               //信号
        begin
            bps_start_rx <= 1'b1;              //启动串口的接收波特率准备数据接收
            rx_int <= 1'b1;                    //接收数据中断信号使能
        end
    else if(num_rx == 4'd12) begin             //如果接收完有用数据信息
            bps_start_rx <= 1'b0;              //数据接收完毕,关闭接收波特率启动信号
            rx_int <= 1'b0;                    //接收数据中断信号关闭
        end
//--------------------------------------------------------------------
reg[7:0] rx_data_rx;                           //定义串口接收数据寄存器,保存直至下一次数据来到
//--------------------------------------------------------------------
reg[7:0] rx_temp_data;                         //定义当前接收数据寄存器
//********************************************************************
//每当 CLK 产生上升沿或 RST_B 产生下降沿时
always @ (posedge CLK or negedge RST_B)
    if(!RST_B)                                 //如果 RST_B 为低电平
        begin
            rx_temp_data <= 8'd0;              //清空当前接收数据寄存器
            num_rx <= 4'd0;                    //接收移位次数计数器清零
            rx_data_rx <= 8'd0;                //清空串口接收数据寄存器
        end
    else if(rx_int)                            //否则如果接收到数据
        begin
            //读取并保存数据,接收数据为一个起始位,8 位数据,1~3 个结束位
            if(clk_bps_rx)                     //当接收波特率时钟为高电平时
                begin
                    num_rx <= num_rx + 1'b1;   //接收移位次数计数器递加
                    case (num_rx)              //case 语句,根据 num_rx 的值,产生散转分支
                        4'd1: rx_temp_data[0] <= RS232_RX;    //锁存第 1 位
                        4'd2: rx_temp_data[1] <= RS232_RX;    //锁存第 2 位
                        4'd3: rx_temp_data[2] <= RS232_RX;    //锁存第 3 位
                        4'd4: rx_temp_data[3] <= RS232_RX;    //锁存第 4 位
                        4'd5: rx_temp_data[4] <= RS232_RX;    //锁存第 5 位
                        4'd6: rx_temp_data[5] <= RS232_RX;    //锁存第 6 位
                        4'd7: rx_temp_data[6] <= RS232_RX;    //锁存第 7 位
                        4'd8: rx_temp_data[7] <= RS232_RX;    //锁存第 8 位
                        default: ;
                    endcase                    //case 语句结束
                end
```

```verilog
        else if(num_rx == 4'd12)          //如果接收移位次数计数值为12
          begin
            num_rx <= 4'd0;               //接收到停止位后结束,接收移位次数计数器清零
            rx_data_rx <= rx_temp_data;   //把数据锁存到数据寄存器 rx_data_rx 中
          end
      end
assign RX_DATA = rx_data_rx;              //接收的数据输出到 RX_DATA 端口上,驱动 LED
/*************************** 发送部分 ***************************/
reg[12:0] cnt_tx;     //定义 cnt_tx 为寄存器类型的13位变量,分频后用于发送波特率计数器
reg clk_bps_tx;       //定义 clk_bps_tx 为寄存器类型的1位变量(发送波特率时钟)
//****************************************************************
//每当 CLK 产生上升沿或 RST_B 产生下降沿时
always@(posedge CLK or negedge RST_B)
    if(!RST_B) cnt_tx <= 13'd0;           //如果 RST_B 为低电平,发送波特率计数清零
    //否则如果计数值为2 500 或波特率关闭,发送计数器清零
    //2 500 是波特率为9 600 时的分频计数值
    else if((cnt_tx == 2500)||!bps_start_tx)cnt_tx <= 13'd0;
    else cnt_tx <= cnt_tx + 1'b1;         //否则发送波特率时钟计数启动
//------------------------------------------------------------------
//每当 CLK 产生上升沿或 RST_B 产生下降沿时
always@(posedge CLK or negedge RST_B)
    if(!RST_B) clk_bps_tx <= 1'b0;        //如果 RST_B 为低电平,clk_bps_tx 清零
    //否则如果计数值为1 250,clk_bps_tx 置高一个时钟周期
    //1 250 是波特率为9 600 时的分频计数值的一半,用于数据采样
    else if(cnt_tx == 1250)clk_bps_tx <= 1'b1;
    else clk_bps_tx <= 1'b0;              //否则 clk_bps_tx 清零
//****************************************************************
//下面为接收数据寄存器,定义为寄存器类型的变量,滤波用
reg rx_int0,rx_int1,rx_int2;
wire neg_rx_int;                          //网线型变量,表示收到了数据
//------------------------------------------------------------------
//每当 CLK 产生上升沿或 RST_B 产生下降沿时,执行一遍 begin-end 块内的语句
always@(posedge CLK or negedge RST_B)
begin                                     //begin-end 块开始
    if(! RST_B)                           //如果 RST_B 为低电平
      begin
        rx_int0 <= 1'b0;                  //清零
        rx_int1 <= 1'b0;                  //清零
        rx_int2 <= 1'b0;                  //清零
      end
    else                                  //否则
      begin
        rx_int0 <= rx_int;                //滤波(抗干扰)
        rx_int1 <= rx_int0;               //滤波(抗干扰)
```

```verilog
        rx_int2<=rx_int1;                    //滤波(抗干扰)
      end
  end                                        //begin-end 块结束
//接收到数据后,在第 3 个 CLK 后 neg_rs232_rx 置高一个 CLK
assign neg_rx_int = ~rx_int1&rx_int2;
//------------------------------------------------------------
reg bps_start_tx;                            //定义 bps_start_tx 为寄存器类型的 1 位变量(发送波特率启动)
reg tx_en;                                   //定义 tx_en 为寄存器类型的 1 位变量(发送允许)
reg[3:0] num_tx;                             //定义 num_tx 为寄存器类型的 4 位变量,用于发送移位次数计数
//************************************************************
//每当 CLK 产生上升沿或 RST_B 产生下降沿时,执行一遍 begin-end 块内的语句
always@(posedge CLK or negedge RST_B)
begin                                        //begin-end 块开始
  if(!RST_B)                                 //如果 RST_B 为低电平
    begin
      bps_start_tx<=1'bz;                    //置 bps_start_tx 为高阻
      tx_en<=1'b0;                           //禁止发送
    end
  else if(neg_rx_int)                        //否则如果检测到数据输入
    begin
      bps_start_tx<=1'b1;                    //启动串口的发送波特率准备发送
      tx_en<=1'b1;                           //发送使能
    end
  else if(num_tx==4'd11)                     //如果发送移位次数计数值为 11
    begin
      bps_start_tx<=1'b0;                    //关闭发送波特率
      tx_en<=1'b0;                           //禁止发送
    end
end                                          //begin-end 块结束
//************************************************************
reg rs232_tx_r;                              //串口发送数据寄存器
//------------------------------------------------------------
//每当 CLK 产生上升沿或 RST_B 产生下降沿时,执行一遍 begin-end 块内的语句
always@(posedge CLK or negedge RST_B)
begin                                        //begin-end 块开始
  if(!RST_B)                                 //如果 RST_B 为低电平
    begin
      num_tx<=4'd0;                          //发送移位次数计数器清零
      rs232_tx_r<=1'b1;                      //串口发送数据寄存器置位
    end
  else if(tx_en)                             //否则如果发送使能
    begin
      if(clk_bps_tx)                         //当发送波特率时钟为高电平时
        begin
          num_tx<=num_tx+1'b1;               //发送移位次数计数器递加
```

第9章 CPLD/FPGA 的设计应用

```
        case(num_tx)                              //case 语句,根据 num_tx 的值,产生散转分支
            4'd0:rs232_tx_r <= 1'b0;              //发送开始位(低电平)
            4'd1:rs232_tx_r <= rx_data_rx[0];     //发送第 1 位
            4'd2:rs232_tx_r <= rx_data_rx[1];     //发送第 2 位
            4'd3:rs232_tx_r <= rx_data_rx[2];     //发送第 3 位
            4'd4:rs232_tx_r <= rx_data_rx[3];     //发送第 4 位
            4'd5:rs232_tx_r <= rx_data_rx[4];     //发送第 5 位
            4'd6:rs232_tx_r <= rx_data_rx[5];     //发送第 6 位
            4'd7:rs232_tx_r <= rx_data_rx[6];     //发送第 7 位
            4'd8:rs232_tx_r <= rx_data_rx[7];     //发送第 8 位
            4'd9:rs232_tx_r <= 1'b1;              //发送停止位(高电平)
            default:rs232_tx_r <= 1'b1;           //默认发送停止位(高电平)
        endcase                                   //case 语句结束
    end
    //如果发送移位次数计数值为 11,则发送移位次数计数器清零
    else if(num_tx == 4'd11) num_tx <= 4'd0;
    end
end                                               //begin-end 块结束
assign RS232_TX = rs232_tx_r;                     //持续赋值语句输出数据
endmodule                                         //模块结束
```

源代码输入完成后,将器件选择为 EPM7128SLC84 - 15。引脚分配需要参考 MCU&CPLD DEMO 试验板的电路原理,这里的引脚分配见表 9 - 11。器件编译通过后,可根据需要进行仿真,接下来进行 *.pof 至 *.jed 的文件转换,最后将 *.jed 文件下载到 ATF1508AS 芯片中。

表 9 - 11 RS232 收发实验引脚分配

引脚名	引脚号	输入或输出	板上丝印符号
CLK	83	Input	
RST_B	1	Input	GCLR
RS232_RX	56	Input	
RS232_TX	55	Output	
RX_DATA 7	24	Output	LED7
RX_DATA 6	25	Output	LED6
RX_DATA 5	27	Output	LED5
RX_DATA 4	28	Output	LED4
RX_DATA 3	29	Output	LED3
RX_DATA 2	30	Output	LED2
RX_DATA 1	31	Output	LED1
RX_DATA 0	33	Output	LED0

取一条串口线,一端插在 MCU&CPLD DEMO 试验板上 CPLD_DB9 插座上,另一端插到 PC 机的串口上。为了防止传输混乱而收不到数据,首先将 MCU&CPLD DEMO 试验板通

电,按动一下 GCLR 键,将发送缓冲区的乱码清除。然后在 PC 机上,打开串口调试器软件,清空发送、接收区内的数据,发送、接收均选择"按 16 进制显示",然后单击"打开串口"按钮。发送区输入"55",单击"发送"按钮,看到试验板上 LED7~LED0 立刻间隔点亮(见图 9-14),同时接收区也显示出了收到的"55"(见图 9-15),实验获得完全成功。

图 9-14 LED7~LED0 间隔点亮

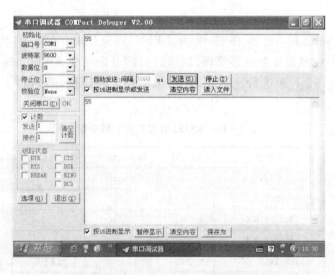

图 9-15 接收区也显示出了收到的"55"

9.9 RS232 收发不同内容的实验

9.9.1 实验要求

在 PC 机上使用串口调试软件发送一个字节,MCU&CPLD DEMO 试验板收到后驱动发光二极管进行相应的指示,同时读取按键开关的状态并发回 PC 机。

9.9.2 实现方法

串口收发器收发不同内容的结构组成图如图 9-16 所示。以波特率 9 600、数据位 8 位、停止位 1 位为例进行设计。因为 MCU&CPLD DEMO 试验板上的有源晶振频率为 24 MHz，所以波特率 9 600 的分频数是 24 000 000÷9 600＝2 500，波特率 9 600 的分频数一半是 24 000 000÷9 600÷2＝1 250。

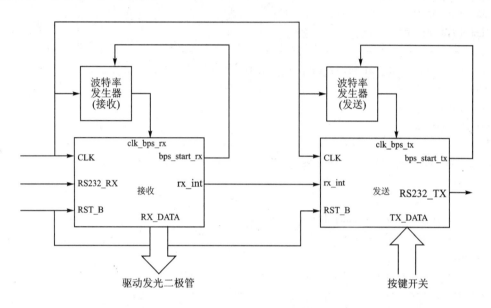

图 9-16 收发不同内容的串口收发器结构组成图

平时，RS232_RX 为高电平。当串口接收电路检测到输入端 RS232_RX 出现下降沿时，将 bps_start_rx 置高，启动接收波特率发生器，产生波特率时钟脉冲 clk_bps_rx，同时开始从 RS_232RX 端接收串行数据，并且同步启动接收移位次数计数器工作，每个接收波特率时钟的高电平接收一位数据。在标准的接收模式下，有 1＋8＋1(2 或 3)＝12 位的有效数据。收到停止位后，接收移位次数计数器清零，并将数据锁存到输出寄存器中，驱动发光管指示。

在串口接收电路收到数据期间时，将接收数据中断信号 rx_int 置高，根据此信号启动发送波特率发生器，产生波特率时钟脉冲 clk_bps_tx，同时电路读取按键开关的状态，从 RS232_TX 端将按键开关的状态数据发送回去，并且同步启动发送移位次数计数器工作。每个发送波特率时钟的高电平发送一位数据。在标准的发送模式下，有 1＋8＋1(2)＝11 位的有效数据。发送结束后，发送移位次数计数器清零。

9.9.3 程序设计

在 D 盘中先建立一个文件名为 RS232_RXTX 的文件夹，然后建立一个 RS232_RXTX 的新项目，输入以下源代码并保存为 RS232_RXTX.v。前面已经对串口的通信程序作了详细的分析，因此下面的这段程序就不作具体分析了，留给读者自己研究。

```verilog
module RS232_RXTX(CLK,RST_B,RS232_RX,RX_DATA,RS232_TX,TX_DATA);

/************************this is RX ************************/

input CLK;
input RST_B;
input RS232_RX;
output[7:0] RX_DATA;
output RS232_TX;
input[7:0] TX_DATA;
//--------------------------------------------
reg rs232_rx0,rs232_rx1,rs232_rx2,rs232_rx3;
wire neg_rs232_rx;
reg[12:0] cnt_rx;
reg clk_bps_rx;
//*******************************************
always @ (posedge CLK or negedge RST_B)
    if(!RST_B)
      cnt_rx<= 13'd0;
    else if((cnt_rx= = 2500)||!bps_start_rx)
      cnt_rx<= 13'd0;
    else
      cnt_rx <= cnt_rx+1'b1;
//--------------------------------------------
always @ (posedge CLK or negedge RST_B)
    if(!RST_B)
      clk_bps_rx<= 1'b0;
    else if(cnt_rx= = 1250)
      clk_bps_rx<= 1'b1;
    else
      clk_bps_rx <= 1'b0;
//*******************************************
always @ (posedge CLK or negedge RST_B)
begin
    if(!RST_B)
        begin
            rs232_rx0 <= 1'b0;
            rs232_rx1 <= 1'b0;
            rs232_rx2 <= 1'b0;
            rs232_rx3 <= 1'b0;
        end
    else
        begin
            rs232_rx0 <= RS232_RX;
```

```verilog
                rs232_rx1 <= rs232_rx0;
                rs232_rx2 <= rs232_rx1;
                rs232_rx3 <= rs232_rx2;
            end
    end

assign neg_rs232_rx = rs232_rx3&rs232_rx2&~rs232_rx1&~rs232_rx0;
//------------------------------------------
reg bps_start_rx;
reg[3:0] num_rx;
reg rx_int;
//******************************************
always @ (posedge CLK or negedge RST_B)
    if(!RST_B)
        begin
            bps_start_rx <= 1'bz;
            rx_int <= 1'b0;
        end
    else if(neg_rs232_rx)
        begin
            bps_start_rx <= 1'b1;
            rx_int <= 1'b1;
        end
    else if(num_rx == 4'd12)
        begin
            bps_start_rx <= 1'b0;
            rx_int <= 1'b0;
        end
//------------------------------------------
reg[7:0] rx_data_rx;
//------------------------------------------
reg[7:0] rx_temp_data;
//******************************************
always @ (posedge CLK or negedge RST_B)
    if(!RST_B)
        begin
            rx_temp_data <= 8'd0;
            num_rx <= 4'd0;
            rx_data_rx <= 8'd0;
        end
    else if(rx_int)
        begin
            if(clk_bps_rx)
                begin
```

```verilog
                    num_rx <= num_rx + 1'b1;
                    case (num_rx)
                            4'd1: rx_temp_data[0] <= RS232_RX;
                            4'd2: rx_temp_data[1] <= RS232_RX;
                            4'd3: rx_temp_data[2] <= RS232_RX;
                            4'd4: rx_temp_data[3] <= RS232_RX;
                            4'd5: rx_temp_data[4] <= RS232_RX;
                            4'd6: rx_temp_data[5] <= RS232_RX;
                            4'd7: rx_temp_data[6] <= RS232_RX;
                            4'd8: rx_temp_data[7] <= RS232_RX;
                            default: ;
                    endcase
                end
            else if(num_rx == 4'd12)
                begin
                    num_rx <= 4'd0;
                    rx_data_rx <= rx_temp_data;
                end
        end

assign RX_DATA = rx_data_rx;

/********************** underside is TX ***********************/

reg[12:0] cnt_tx;
reg clk_bps_tx;
reg[7:0] tx_data_rx;
//******************************************
always@(posedge CLK or negedge RST_B)
    if(!RST_B)
        cnt_tx <= 13'd0;
    else if((cnt_tx == 2500)||!bps_start_tx)
        cnt_tx <= 13'd0;
    else
        cnt_tx <= cnt_tx + 1'b1;
//---------------------------------------
always@(posedge CLK or negedge RST_B)
    if(!RST_B) clk_bps_tx <= 1'b0;
    else if(cnt_tx == 1250)clk_bps_tx <= 1'b1;
    else clk_bps_tx <= 1'b0;
//******************************************
reg rx_int0,rx_int1,rx_int2;
wire neg_rx_int;
//---------------------------------------
```

```verilog
always@(posedge CLK or negedge RST_B)
begin
    if(!RST_B)
        begin
        rx_int0<= 1'b0;
        rx_int1<= 1'b0;
        rx_int2<= 1'b0;
        end
    else
        begin
        rx_int0<= rx_int;
        rx_int1<= rx_int0;
        rx_int2<= rx_int1;
        end
end
assign neg_rx_int = ~rx_int1&rx_int2;
//-------------------------------------
reg bps_start_tx;
reg tx_en;
reg[3:0] num_tx;
//*****************************************
always@(posedge CLK or negedge RST_B)
begin
    if(!RST_B)
        begin
        bps_start_tx<= 1'bz;
        tx_en<= 1'b0;
        end
    else if(neg_rx_int)
        begin
        tx_data_rx<= TX_DATA;
        bps_start_tx<= 1'b1;
        tx_en<= 1'b1;
        end
    else if(num_tx = = 4'd11)
        begin
        bps_start_tx<= 1'b0;
        tx_en<= 1'b0;
        end
end
//*****************************************
reg rs232_tx_r;
//-------------------------------------
always@(posedge CLK or negedge RST_B)
```

```verilog
    begin
      if(!RST_B)
        begin
        num_tx <= 4'd0;
        rs232_tx_r <= 1'b1;
        end
      else if(tx_en)
        begin
          if(clk_bps_tx)
            begin
            num_tx <= num_tx + 1'b1;
              case(num_tx)
              4'd0:rs232_tx_r <= 1'b0;
              4'd1:rs232_tx_r <= tx_data_rx[0];
              4'd2:rs232_tx_r <= tx_data_rx[1];
              4'd3:rs232_tx_r <= tx_data_rx[2];
              4'd4:rs232_tx_r <= tx_data_rx[3];
              4'd5:rs232_tx_r <= tx_data_rx[4];
              4'd6:rs232_tx_r <= tx_data_rx[5];
              4'd7:rs232_tx_r <= tx_data_rx[6];
              4'd8:rs232_tx_r <= tx_data_rx[7];
              4'd9:rs232_tx_r <= 1'b1;
              default:rs232_tx_r <= 1'b1;
              endcase
            end
          else if(num_tx == 4'd11)
            num_tx <= 4'd0;
        end
    end
    assign RS232_TX = rs232_tx_r;
    endmodule
```

源代码输入完成后,将器件选择为 EPM7128SLC84－15。引脚分配需要参考 MCU&CPLD DEMO 试验板的电路原理,这里的引脚分配见表 9－12。器件编译通过后,可根据需要进行仿真,接下来进行 *.pof 至 *.jed 的文件转换,最后将 *.jed 文件下载到 ATF1508AS 芯片中。

取一条串口线,一端插在 MCU&CPLD DEMO 试验板上 CPLD_DB9 插座上,另一端插到 PC 机的串口上。为了防止传输混乱而收不到数据,首先将 MCU&CPLD DEMO 试验板通电,按动一下 GCLR 键,将发送缓冲区的乱码清除。然后在 PC 机上,打开串口调试器软件,清空发送、接收区内的数据,发送、接收均选择"按 16 进制显示",然后单击"打开串口"按钮。发送区输入"F8",同时按下 MCU&CPLD DEMO 试验板上的 K3～K0 按键,单击"发送"按钮,看到试验板上 LED2～LED0 立刻点亮(见图 9－17),同时接收区也显示出了按键开关的状态"F0"(见图 9－18),实验获得圆满成功。

表 9-12 RS232 收发不同内容实验的引脚分配

引脚名	引脚号	输入或输出	板上丝印符号
CLK	83	Input	
RST_B	1	Input	GCLR
RS232_RX	56	Input	
RS232_TX	55	Output	
RX_DATA 7	24	Output	LED7
RX_DATA 6	25	Output	LED6
RX_DATA 5	27	Output	LED5
RX_DATA 4	28	Output	LED4
RX_DATA 3	29	Output	LED3
RX_DATA 2	30	Output	LED2
RX_DATA 1	31	Output	LED1
RX_DATA 0	33	Output	LED0
TX_DATA 7	39	Input	S3
TX_DATA 6	40	Input	S2
TX_DATA 5	41	Input	S1
TX_DATA 4	44	Input	S0
TX_DATA 3	34	Input	K3
TX_DATA 2	35	Input	K2
TX_DATA 1	36	Input	K1
TX_DATA 0	37	Input	K0

图 9-17 LED2~LED0 立刻点亮

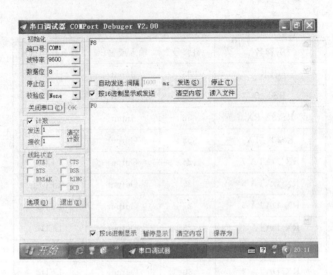

图 9-18 接收区也显示出了按键开关的状态"F0"

9.10 简易数字电子钟

9.10.1 实验要求

设计一个简易数字电子钟,显示的时间范围为:SJ000000~SJ235959,可以循环计时。说明:SJ 代表时间的汉语拼音,000000 代表 00 时 00 分 00 秒,235959 代表 23 时 59 分 59 秒。时间过 23 时 59 分 59 秒后,又从 00 时 00 分 00 秒开始计时,反复循环。

9.10.2 实现方法

设定一个时间计数器,每隔 0.5 s 产生一个秒标志(即每秒产生一个脉冲),然后分别用秒、分、时计数器计时。计时时必须遵循时间规律,即秒、分按 60 进制,时按 24 进制。另外还要设定一个数码管显示用的扫描计数器,每隔一定时间(例如 0.7 ms)点亮一位数码管,循环扫描点亮。这样由于扫描的时间很快,8 位数码管的扫描周期还不到 6 ms,远低于人眼视觉暂留特性的限定值,故可以看到稳定的显示。

9.10.3 程序设计

在 D 盘中先建立一个文件名为 CLOCK 的文件夹,然后建立一个 CLOCK 的新项目,输入以下源代码并保存为 CLOCK.v。

```
module CLOCK(SEG,SEL,CLK);              //模块声明及输入、输出端口列表
output[7:0] SEG;                        //定义输出端口
output[7:0] SEL;                        //定义输出端口
```

```verilog
    input CLK;                              //定义输入端口
//------------------------------------------------------------
    reg[7:0] SEG_REG;                       //定义 SEG_REG 为寄存器类型的 8 位变量
    reg[3:0] SEG_BUF;                       //定义 SEG_BUF 为寄存器类型的 4 位变量
    reg[7:0] SEL_REG;                       //定义 SEL_REG 为寄存器类型的 4 位变量
    reg[13:0] DIS_COUNTER;                  //定义 DIS_COUNTER 为寄存器类型的 14 位变量
    reg[23:0] TIME_COUNTER;                 //定义 TIME_COUNTER 为寄存器类型的 24 位变量
    reg[3:0] DIS_STATUS;                    //定义 DIS_STATUS 为寄存器类型的 4 位变量
    reg[7:0] HOUR,MIN,SEC;                  //定义 HOUR、MIN、SEC 为寄存器类型的 8 位变量
    reg SEC_FLAG;                           //定义 SEC_FLAG 为寄存器类型的 1 位变量
//------------------------------------------------------------
    always@(posedge CLK)                    //每当 CLK 产生上升沿时,执行一遍 begin-end 块内
                                            //的语句
      begin                                 //begin-end 块开始
        TIME_COUNTER = TIME_COUNTER + 1'b1; //计数器 TIME_COUNTER 递加
        if(TIME_COUNTER = = 24'd12000000)   //如果 0.5 s 到了
          begin
            TIME_COUNTER< = 24'd0;          //计数器 TIME_COUNTER 清零
            SEC_FLAG< = ~SEC_FLAG;          //秒标志取反
          end
end                                         //begin-end 块结束
//------------------------------------------------------------
//每当 SEC_FLAG 产生上升沿时,执行一遍 begin-end 块内的语句
    always@(posedge SEC_FLAG)
      begin                                 //begin-end 块开始
        SEC[3:0] = SEC[3:0] + 1'b1;         //秒递加
          if(SEC[3:0] = = 4'd10)
            begin
            SEC[3:0] = 4'd0;
            SEC[7:4] = SEC[7:4] + 1'b1;
//------------------------------------------------------------
              if(SEC[7:4] = = 4'd6)         //秒的最大计数为 59
                begin
                  SEC[7:4] = 4'd0;
                  MIN[3:0] = MIN[3:0] + 1'b1;   //分递加
//------------------------------------------------------------
                  if(MIN[3:0] = = 4'd10)
                    begin
                    MIN[3:0] = 4'd0;
                    MIN[7:4] = MIN[7:4] + 1'b1;
//------------------------------------------------------------
                      if(MIN[7:4] = = 4'd6) //分的最大计数为 59
                        begin
                          MIN[7:4] = 4'd0;
```

```verilog
                        HOUR[3:0] = HOUR[3:0] + 1'b1;      //时递加
                    //----------------------------------------
                    //时的最大计数为 23
                        if((HOUR[7:4] = = 4'd2)&&(HOUR[3:0] = = 4'd4))
                            begin
                                HOUR[7:4] = 4'd0;
                                HOUR[3:0] = 4'd0;
                            end
                        else if(HOUR[3:0] = = 4'd10)
                            begin
                                HOUR[3:0] = 4'd0;
                                HOUR[7:4] = HOUR[7:4] + 1'b1;
                            end
                    end
                end
            end
        end
    end                                         //begin-end 块结束
//-----------------------------------------------------------------
always@(posedge CLK)                            //每当 CLK 产生上升沿时,执行一遍 begin-end 块
                                                //内的语句
    begin                                       //begin-end 块开始
        DIS_COUNTER<= DIS_COUNTER + 1'b1;       //计数器 DIS_COUNTER 递加
        if(DIS_COUNTER = = 14'b11111111111111)  //如果 0.7 ms 到了
            begin
                DIS_STATUS = DIS_STATUS + 1'b1; //状态 DIS_STATUS 递加
                if(DIS_STATUS = = 4'd8)DIS_STATUS = 0;   //状态 DIS_STATUS 在 0~7 之间循环
            end
    end                                         //begin-end 块结束
//-----------------------------------------------------------------
always@(posedge CLK)                            //每当 CLK 产生上升沿时,执行一遍 begin-end 块
                                                //内的语句
    begin                                       //begin-end 块开始
        case(DIS_STATUS)                        //case 语句,根据 DIS_STATUS 的值,产生散转分支
            4'd0:SEG_BUF<= SEC[3:0];            //送出秒的低位
            4'd1:SEG_BUF<= SEC[7:4];            //送出秒的高位
            4'd2:SEG_BUF<= MIN[3:0];            //送出分的低位
            4'd3:SEG_BUF<= MIN[7:4];            //送出分的高位
            4'd4:SEG_BUF<= HOUR[3:0];           //送出时的低位
            4'd5:SEG_BUF<= HOUR[7:4];           //送出时的高位
            4'd6:SEG_BUF<= 4'd14;               //送出 14
            4'd7:SEG_BUF<= 4'd15;               //送出 15
        endcase                                 //case 语句结束
    end                                         //begin-end 块结束
```

```verilog
//-----------------------------------------------------------
always@(posedge CLK)                //每当 CLK 产生上升沿时,执行一遍 begin-end 块
                                    //内的语句
  begin                             //begin-end 块开始
    case(SEG_BUF)                   //case 语句,根据 SEG_BUF 的值,产生散转分支
      4'd0:SEG_REG<= 8'h3f;         //送出"0"的字段码
      4'd1:SEG_REG<= 8'h06;         //送出"1"的字段码
      4'd2:SEG_REG<= 8'h5b;         //送出"2"的字段码
      4'd3:SEG_REG<= 8'h4f;         //送出"3"的字段码
      4'd4:SEG_REG<= 8'h66;         //送出"4"的字段码
      4'd5:SEG_REG<= 8'h6d;         //送出"5"的字段码
      4'd6:SEG_REG<= 8'h7d;         //送出"6"的字段码
      4'd7:SEG_REG<= 8'h07;         //送出"7"的字段码
      4'd8:SEG_REG<= 8'h7f;         //送出"8"的字段码
      4'd9:SEG_REG<= 8'h6f;         //送出"9"的字段码
      4'd14:SEG_REG<= 8'h0e;        //送出"J"的字段码
      4'd15:SEG_REG<= 8'h6d;        //送出"S"的字段码
      default:SEG_REG<= 8'hzz;      //默认状态下,数据口为高阻
    endcase                         //case 语句结束
  end                               //begin-end 块结束
//-----------------------------------------------------------
//每当 CLK 产生上升沿时,执行一遍 begin-end 块内的语句
always@(posedge CLK)
  begin                             //begin-end 块开始
    case(DIS_STATUS)                //case 语句,根据 DIS_STATUS 的值,产生散转分支
      4'd0:SEL_REG<= 8'b00000001;   //点亮个位数码管
      4'd1:SEL_REG<= 8'b00000010;   //点亮十位数码管
      4'd2:SEL_REG<= 8'b00000100;   //点亮百位数码管
      4'd3:SEL_REG<= 8'b00001000;   //点亮千位数码管
      4'd4:SEL_REG<= 8'b00010000;   //点亮万位数码管
      4'd5:SEL_REG<= 8'b00100000;   //点亮十万位数码管
      4'd6:SEL_REG<= 8'b01000000;   //点亮百万位数码管
      4'd7:SEL_REG<= 8'b10000000;   //点亮千万位数码管
      default:SEL_REG<= 6'hzz;      //默认状态下,位选口为高阻
    endcase                         //case 语句结束
  end                               //begin-end 块结束
//-----------------------------------------------------------
assign SEG = SEG_REG;               //持续赋值语句,输出到数码管的数据口
assign SEL = SEL_REG;               //持续赋值语句,输出到数码管的位选口
endmodule                           //模块结束
```

源代码输入完成后,将器件选择为 EPM7128SLC84-15。引脚分配需要参考 MCU&CPLD DEMO 试验板的电路原理,这里的引脚分配见表 9-13。器件编译通过后,可根据需要进行仿真,接下来进行 *.pof 至 *.jed 的文件转换,最后将 *.jed 文件下载到

ATF1508AS 芯片中。

表 9-13 简易数字电子钟引脚分配

引脚名	引脚号	输入或输出	板上丝印符号
CLK	83	Input	
SEG7	68	Output	
SEG6	69	Output	
SEG5	70	Output	
SEG4	73	Output	
SEG3	74	Output	
SEG2	75	Output	
SEG1	76	Output	
SEG0	77	Output	
COM7	67	Output	
COM6	65	Output	
COM5	64	Output	
COM4	63	Output	
COM3	61	Output	
COM2	60	Output	
COM1	58	Output	
COM0	57	Output	

在 MCU&CPLD DEMO 试验板上，可以看到 8 个数码管从"SJ000000"开始计时（见图 9-19），计时非常准确。

图 9-19 8 个数码管开始准确计时

第 10 章

51 单片机的基本知识

所谓单片机,就是在一个芯片上集成了包括中央处理器 CPU、数据存储器 RAM、程序存储器 ROM、定时器/计数器和多种 I/O 接口的微型单片计算机。

10.1 51 单片机的基本结构

单片机的基本结构组成中包含有中央处理器 CPU,程序存储器、数据存储器、输入/输出接口部件,还有地址总线,数据总线和控制总线等。51 单片机的典型芯片是 80C51,其特性与常见的 AT89S51 完全相同,这里以 80C51 为例简单介绍一下单片机的基本知识。80C51 的结构图如图 10-1 所示。

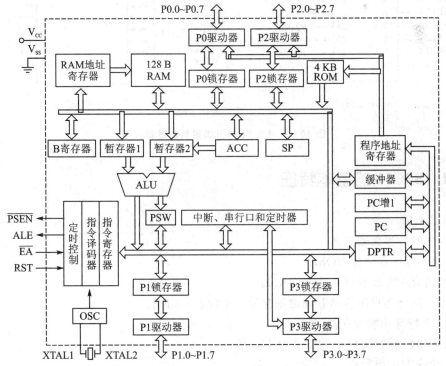

图 10-1 80C51 的结构图

10.2 80C51 基本特性及引脚定义

80C51 是一个 8 位(数据线是 8 位)单片机,片内有 256B RAM 及 4 KB ROM。中央处理器单元完成运算和控制功能。内部数据存储器共 256 个单元,访问它们的地址是 00～FFH,其中用户使用前 128 个单元(00～7FH),后 128 个单元被专用寄存器占用。内部的 2 个 16 位计数器/定时器用做定时或计数,并可用定时或计数的结果实现控制功能。80C51 有 4 个 8 位并行口(P0、P1、P2、P3),用以实现地址输出及数据输入/输出。片内还有一个时钟振荡器,外部只需接入石英晶体即可振荡。

80C51 采用 40 引脚双列直插式封装(DIP)方式,图 10-2 为引脚排列及逻辑符号。

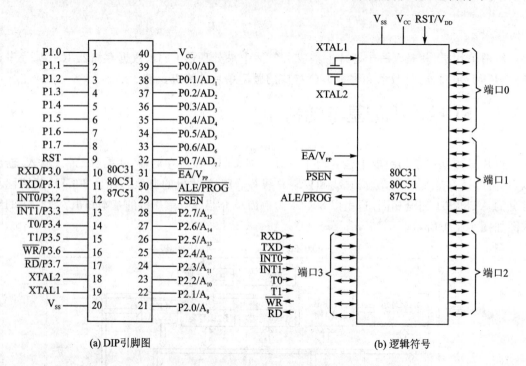

图 10-2 80C51 的引脚排列及逻辑符号

10.2.1 80C51 的基本特征

- 8 位 CPU;
- 片内时钟振荡器;
- 4 KB 程序存储器 ROM;
- 片内有 128 B 数据存储器 RAM;
- 可寻址外部程序存储器和数据存储器空间各 64 KB;
- 21 个特殊功能寄存器 SFR;
- 4 个 8 位并行 I/O 口,共 32 根 I/O 线;
- 1 个全双工串行口;

第 10 章　51 单片机的基本知识

- 2 个 16 位定时器/计数器；
- 5 个中断源，有 2 个优先级；
- 具有位寻址功能，适用于位(布尔)处理。

10.2.2　80C51 的引脚定义及功能

1. 主电源引脚 Vcc 和 Vss

Vcc——电源端。工作电源和编程校验(+5 V)。

Vss——接地端。

2. 时钟振荡电路引脚 XTAL1 和 XTAL2

XTAL1 和 XTAL2 分别用作晶体振荡电路的反相器输入和输出端。在使用内部振荡电路时，这两个端子用来外接石英晶体，振荡频率为晶振频率，振荡信号送至内部时钟电路产生时钟脉冲信号；若采用外部振荡电路，则 XTAL2 用于输入外部振荡脉冲，该信号直接送至内部时钟电路，而 XTAL1 必须接地。

3. 控制信号引脚 RST/V_{PD}、ALE/$\overline{PROG}$、$\overline{PSEN}$ 和 $\overline{EA}/V_{PP}$

RST/V_{PD}——RST 为复位信号输入端。当 RST 端保持两个机器周期(24 个时钟周期)以上的高电平时，使单片机完成复位操作。第二功能 V_{PD} 为内部 RAM 的备用电源输入端。当主电源 Vcc 一旦发生断电(掉电或失电)，降到一定低电压值时，可通过 V_{PD} 为单片机内部 RAM 提供电源，以保护片内 RAM 中的信息不丢失，使上电后能继续正常运行。

ALE/$\overline{PROG}$——ALE 为地址锁存允许信号。在访问外部存储器时，ALE 用来锁存 P0 扩展地址低 8 位的地址信号。在不访问外部存储器时，ALE 也以时钟振荡频率的 1/6 的固定速率输出，因而它又可用作外部定时或其他需要。但是，在遇到访问外部数据存储器时，会丢失一个 ALE 脉冲。ALE 能驱动 8 个 LSTTL 门输入。第二功能 $\overline{PROG}$ 是对内部 ROM 编程时的编程脉冲输入端。

$\overline{PSEN}$——外部程序存储器 ROM 的读选通信号。当访问外部 ROM 时，$\overline{PSEN}$ 产生负脉冲作为外部 ROM 的选通信号。而在访问外部数据 RAM 或片内 ROM 时，不会产生有效的 $\overline{PSEN}$ 信号。$\overline{PSEN}$ 可驱动 8 个 LSTTL 门输入端。

$\overline{EA}/V_{PP}$——访问外部程序存储器控制信号。对 80C51，它们的片内有 4 KB 的程序存储器，当 EA 为高电平时，CPU 访问程序存储器有两种情况：第一种情况是，访问的地址空间在 0~4K 范围内，CPU 访问片内程序存储器；第二种情况是，访问的地址超出 4K 时，CPU 将自动执行外部程序存储器的程序，即访问外部 ROM。当 $\overline{EA}$ 接地时，只能访问外部 ROM。第二功能 V_{PP} 为编程电源输入。

4. 4 个 8 位 I/O 端口 P0、P1、P2 和 P3

P0 口(P0.0~P0.7)是一个 8 位漏极开路型的双向 I/O 口。第二功能是在访问外部存储器时，分时提供低 8 位地址线和 8 位双向数据总线。在对片内 ROM 进行编程和校验时，P0 口用于数据的输入和输出。

P1 口(P1.0~P1.7)是一个内部带提升电阻的准双向 I/O 口。在对片内 ROM 编程和校验时,P1口用于接收低8位地址。

P2口(P2.0~P2.7)是一个内部带提升电阻的8位准双向I/O口。第二功能是在访问外部存储器时,输出高8位地址。在对片内ROM进行编程和校验时,P2口用作接收高8位地址和控制信号。

P3口(P2.0~P2.7)是一个内部带提升电阻的8位准双向I/O口。在系统中,这8个引脚都有各自的第二功能,如表10-1所列。

表10-1 P3口的第二功能

P3口各引脚	第二功能	P3口各引脚	第二功能
P3.0	RXD(串行口输入)	P3.4	T0(定时器/计数器的外部输入)
P3.1	TXD(串行口输出)	P3.5	T1(定时器/计数器的外部输入)
P3.2	$\overline{INT0}$(外部中断0输入)	P3.6	$\overline{WR}$(片外数据存储器写选通控制输出)
P3.3	$\overline{INT1}$(外部中断1输入)	P3.7	$\overline{RD}$(片外数据存储器读选通控制输出)

各端口的负载能力:P0口的每一位能驱动8个LSTTL门输入端,P1~P3口的每一位能驱动3个LSTTL门输入端。

10.3 80C51的内部结构

1. 中央处理单元

中央处理器CPU是单片机中的核心部分,由控制器和运算器组成。运算器包含算术逻辑部件（ALU）、控制器、寄存器B、累加器A、程序计数器PC、程序状态字寄存器PSW、堆栈指针SP、数据指针寄存器DPTR以及逻辑运算部件等。控制器包括指令寄存器、指令译码器、控制逻辑阵列等。算术逻辑部件（ALU）功能是完成算术运算和逻辑运算,算术运算包括加法、减法、加1、减1等操作。逻辑运算包括,"与"、"或"、"异或"等操作。AUL还有一些直接按位操作功能,如置位、清零、求补、条件判转、逻辑"与"、"或"等。在需按位运算时,位操作指令提供了把逻辑等式直接变换成软件的简单明了的方法。

控制器的功能是按时间顺序协调各部分的工作,在控制器的控制下,单片机可对指令进行读取、译码,形成各种操作动作,使各个部件之间能协调工作。

程序计数器PC是专门用来控制指令执行顺序的一个寄存器,可以放16位二进制数码,用来存放指令在内存中的地址。当一个地址码被取出后,PC会自动加1,做好取下一个指令地址码的准备工作。

累加器A是8位寄存器,它和算术逻辑部件ALU一起完成各种算术逻辑运算,既可以存放运算前的原始数据,又可以存放运算的结果,它是使用最为频繁的一个器件。

寄存器B是一个8位寄存器,用于乘除法运算。乘法运算时,B是一个操作数,积存于AB中。除法运算时,A是被除数,B是除数,其商存于A,余数存B。

程序状态字PSW是一个8位寄存器,这是一个非常重要的标志寄存器,用来保存指令执行结果的标志,供程序查询和判别。在PSW的8位中有7个标志位,格式如下:

第10章 51单片机的基本知识

7	6	5	4	3	2	1	0
CY	AC	F0	RS1	RS0	OV	—	P

P：这是 PSW 的第 0 位，它是累加器 A 的奇偶标志位。P=1 表示累加器 A 中的数为奇数，P=0 为偶数。

OV：这是 PSW 的第 2 位，称 OV 为溢出标志，对于带符号的数，在操作时，OV=1 表示有溢出，OV=0 表示无溢出。

F0：用户定义的标志位。可作为软件标志，可通过软件对其进行置位/复位或测试，以控制程序的转移。

AC：辅助进位（半进位）标志。是低 4 位向高 4 位进位或借位标志，当 D3 向 D4 位进位，AC 被置 1，否则被清零。BCD 码调整时，也用到 AC。

CY：进位标志。在最高位有进位（做加法运算时）或有借位（做减法时），CY=1，否则 CY=0。

RS1、RS0：寄存器组选择位，可由软件设置，这是 PSW 中的第 4 位和第 3 位，用来指示当前使用的工作寄存器区。片内工作寄存器共有 4×8=32 个，这 32 个寄存器的地址编号为 00H 到 1FH，分成四个区，每区 8 个寄存器都用 R0~R7 来标称。当前使用到的工作寄存器区，可由 PSW 中的 RS1、RS0 位指示出来（见表 10-2）。

表 10-2 寄存器组选择

	0 区		1 区		2 区		3 区	
	RS1	RS0	RS1	RS0	RS1	RS0	RS1	RS0
	0	0	0	1	1	0	1	1
R0	00H		08H		10H		18H	
R1	01H		09H		11H		19H	
R2	02H		0AH		12H		1AH	
R3	03H		0BH		13H		1BH	
R4	04H		0CH		14H		1CH	
R5	05H		0DH		15H		1DH	
R6	06H		0EH		16H		1EH	
R7	07H		0FH		17H		1FH	

数据指针（DPTR）是一个 16 位寄存器，可分为 DPH、DPL 高低两个字节，在访问外部数据存储器时，用 DPTR 作为地址指针。

2. 并行 I/O 口

80C51 的 32 根 I/O 线分为 4 个双向并行口 P0~P3，每一根 I/O 线都能独立地用作输入或输出。每一根 I/O 线均包含锁存器、输出驱动器和输入缓冲器（三态门）。

P0 口受内部控制信号的控制，可分别切换地址/数据总线、I/O 口两种工作状态。

P1 口只有 I/O 口一种工作状态。

P2 口受内部控制信号的控制，可以有地址总线、I/O 口两种工作状态。

P3 口除了用作一般 I/O 口外，每一根线都可执行与口功能无关的第二种输入/输出功能。

3. 串行 I/O 口

80C51 有串行口，通过异步通信方式（UART），与串行传送信息的外部设备相连接，或用于通过标准异步通信协议进行全双工通信。

4. 定时/计数器

80C51 内的可编程定时/计数器，由控制位 C/T 来选择其功能。作为定时器时，每个机器周期加 1（计数频率为时钟频率的 1/12）。作为计数器时，对应外部事件脉冲的负沿加 1（最高计数频率为时钟频率的 1/24）。

5. 时 钟

80C51 内部有晶振感抗振荡器。外接石英晶体形成谐振回路，产生时钟信号。若用外部时钟源，XTAL1 接地，XTAL2 接外部时钟。片内时钟发生器将振荡器信号二分频，为芯片提供两相时钟信号。一个机器周期由 6 个时钟状态组成，每个时钟状态又是由 2 个振荡脉冲组成，因此一个机器周期包括 12 个振荡脉冲。

10.4 80C51 的存储器配置和寄存器

MCS-51 系列单片机片内集成有一定数量的程序存储器和数据存储器。对 80C51 来说，片内有 256 B 的数据存储器及 4 KB 程序存储器。应用时如内部存储器不够可扩展外部存储器，内外存储器寻址空间的配置如图 10-3 所示。

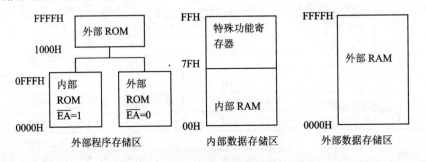

图 10-3　内外存储器寻址空间的配置

1. 程序存储器

程序存储器用于存放编写好的程序或常数，$\overline{EA}$ 引脚接高电平，即可从内部程序存储器中（4 KB 中）读取指令，超过 4 KB 后，CPU 自动转向外部 ROM 执行程序。$\overline{EA}$ 引脚接低电平，则所有的读取指令操作均在外部 ROM 中。读取程序存储器中的常数表格用 MOVC 指令。

程序存储器的寻址空间为 64 KB，其中有 6 个（51 单片机）或 7 个（52 单片机）单元具有特殊功能（中断入口地址），如表 10-3 所列。52 单片机比 51 单片机多了一个"定时器 2 溢出中断"入口地址。

80C51 被复位后，程序计数器 PC 的内容为 0000H，因此系统必须从 0000H 单元开始取指令执行程序。一般在该单元中存入一条跳转指令，而用户设计的程序从跳转后的地址开始存放。

第 10 章 51 单片机的基本知识

表 10-3 中断入口地址

地　址	事件名称	地　址	事件名称
0000H	系统复位	0013H	外部中断 1
0003H	外部中断 0	001BH	定时器 1 溢出中断
000BH	定时器 0 溢出中断	0023H	串行口中断
		002BH	定时器 2 溢出中断

如果不用扩展外部程序存储器,而仅使用内部程序存储器,那么 EA 引脚需要上拉为高电平。

2. 内部数据存储器

数据存储器分外部和内部。访问内部数据存储器用 MOV 指令,访问外部数据存储器用 MOVX 指令。

80C51 的内部数据存储器分成两块:00~7FH 和 80~FFH。后 128 B 用作特殊功能寄存器(SFR)空间,21 个特殊功能寄存器离散地分布在 80~FFH 地址空间内,如表 10-4 所列。数据存储器的地址空间分布如图 10-4 所示。

如果仅用到片内数据存储器,那么就不需要用到 MOVX 指令。

表 10-4 特殊功能寄存器地址映像

SFR 名称	符　号	D_7			位地址/位定义				D_0	字节地址
B 寄存器	B	F7	F6	F5	F4	F3	F2	F1	F0	(F0H)
累加器 A	ACC	E7	E6	E5	E4	E3	E2	E1	E0	(E0H)
程序状态字	PSW	D_7	D_6	D_5	D_4	D_3	D_2	D_1	D_0	(D0H)
		Cy	AC	F0	RS1	RS0	OV		P	
中断优先级控制	IP	BF	BE	BD	BC	BB	BA	B9	B8	(B8H)
					PS	PT1	PX1	PT0	PX0	
I/O 端口 3	P3	B7	B6	B5	B4	B3	B2	B1	B0	(B0H)
		P3.7	P3.6	P3.5	P3.4	P3.3	P3.2	P3.1	P3.0	
中断允许控制	IE	AF	AE	AD	AC	AB	AA	A9	A8	(A8H)
		EA			ES	ET1	EX1	ET0	EX0	
I/O 端口 2	P2	A7	A6	A5	A4	A3	A2	A1	A0	(A0H)
		P2.7	P2.6	P2.5	P2.4	P2.3	P2.2	P2.1	P2.0	
串行数据缓冲	SBUF									99H
串行控制	SCON	9F	9E	9D	9C	9B	9A	99	98	(98H)
		SM0	SM1	SM2	REN	TB8	RB8	TI	RI	
I/O 端口 1	P1	97	96	95	94	93	92	91	90	(90H)
		P1.7	P1.6	P1.5	P1.4	P1.3	P1.2	P1.1	P1.0	
定时/计数器 1(高字节)	TH1									8DH
定时/计数器 0(高字节)	TH0									8CH
定时/计数器 1(低字节)	TL1									8BH
定时/计数器 0(低字节)	TL0									8AH

续表 10-4

SFR 名称	符号	D7				位地址/位定义			D0	字节地址
定时/计数器方式选择	TMOD	GATE	C/T̄	M1	M0	GATE	C/T̄	M1	M0	89H
定时/计数器控制	TCON	8F	8E	8D	8C	8B	8A	89	88	(88H)
		TF1	TR1	TF0	TR0	IE1	IT1	IE0	IT0	
电源控制及波特率选择	PCON	SMOD				GF1	GF0	PD	IDL	87H
数据指针高字节	DPH									83H
数据指针低字节	DPL									82H
堆栈指针	SP									81H
I/O 端口 0	P0	87	86	85	84	83	82	81	80	(80H)
		P0.7	P0.6	P0.5	P0.4	P0.3	P0.2	P0.1	P0.0	

注：带括号的字节地址表示具有位地址。

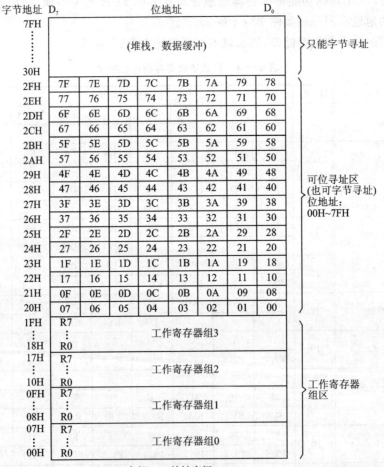

图 10-4 数据存储器的地址空间分布

第 11 章
单片机 C 语言基础知识

C 语言是目前应用非常普遍的计算机高级程序设计语言,这里简要介绍一下标准 C 语言的基本语法以及针对 51 单片机的 Keil C51 编译器使用的 C 语言(俗称 C51)对标准 C 语言的扩展。

11.1 C 语言的标识符与关键字

标识符是用来标识源程序中某个对象的名字的,这些对象可以是语句、数据类型、函数、变量、常量、数组等。一个标识符由字符串、数字和下划线等组成,第一个字符必须是字母或下划线,通常以下划线开头的标识符是编译系统专用的,因此在编写 C 语言源程序时一般不要使用以下划线开头的标识符,而将下划线用作分段符。C 语言规定标识符最长可达 255 个字符,但 ICC AVR 编译器只有前面 30 个字符在编译时有效,因此在编写源程序时标识符的长度不要超过 30 个字符,这对于一般应用程序来说已经足够了。C 语言是大小写敏感的一种高级语言,如果要定义一个时间"秒"标识符,可以写作"sec",如果程序中有"SEC",那么这两个是完全不同定义的标识符。

关键字则是编程语言保留的特殊标识符,有时又称为保留字,它们具有固定名称和含义,在 C 语言的程序编写中不允许标识符与关键字相同。与其他计算机语言相比,C 语言的关键字较少,ANSI C 标准一共规定了 32 个关键字,见表 11-1。

表 11-1 ANSI C 标准规定的 32 个关键字

关键字	用 途	说 明
auto	存储种类说明	用以说明局部变量,缺省值为此
break	程序语句	退出最内层循环体
case	程序语句	switch 语句中的选择项
char	数据类型说明	单字节整型数或字符型数据
const	存储类型说明	在程序执行过程中不可更改的常量值
continue	程序语句	转向下一次循环
default	程序语句	switch 语句中的失败选择项
do	程序语句	构成 do-while 循环结构

续表 11-1

关键字	用途	说明
double	数据类型说明	双精度浮点数
else	程序语句	构成 if-else 选择结构
enum	数据类型说明	枚举
extern	存储种类说明	在其他程序模块中说明了的全局变量
float	数据类型说明	单精度浮点数
for	程序语句	构成 for 循环结构
goto	程序语句	构成 goto 转移结构
if	程序语句	构成 if-else 选择结构
int	数据类型说明	基本整型数
long	数据类型说明	长整型数
register	存储种类说明	使用 CPU 内部寄存器的变量
return	程序语句	函数返回
short	数据类型说明	短整型数
signed	数据类型说明	有符号数,二进制数据的最高位为符号位
sizeof	运算符	计算表达式或数据类型的字节数
static	存储种类说明	静态变量
struct	数据类型说明	结构类型数据
switch	程序语句	构成 switch 选择结构
typedef	数据类型说明	重新进行数据类型定义
union	数据类型说明	联合类型数据
unsigned	数据类型说明	无符号数据
void	数据类型说明	无类型数据
volatile	数据类型说明	该变量在程序执行中可被隐含地改变
while	程序语句	构成 while 和 do-while 循环结构

Keil C51 编译器的关键字除了有 ANSI C 标准的 32 个关键字外,还根据 51 单片机的特点扩展了相关的关键字。在 Keil C51 开发环境的文本编辑器中编写 C 语言程序,系统可以把保留字以不同颜色显示,缺省颜色为蓝色。表 11-2 为 Keil C51 编译器扩展的关键字。

表 11-2 Keil C51 编译器扩展的关键字

关键字	用途	说明
bit	位标量声明	声明一个位标量或位类型的函数
sbit	位变量声明	声明一个可位寻址变量
sfr	特殊功能寄存器声明	声明一个特殊功能寄存器(8 位)
sfr16	特殊功能寄存器声明	声明一个 16 位的特殊功能寄存器
data	存储器类型说明	直接寻址的 8051 内部数据存储器
bdata	存储器类型说明	可位寻址的 8051 内部数据存储器
idata	存储器类型说明	间接寻址的 8051 内部数据存储器
pdata	存储器类型说明	"分页"寻址的 8051 外部数据存储器
xdata	存储器类型说明	8051 外部数据存储器
code	存储器类型说明	8051 程序存储器

续表 11-2

关键字	用 途	说 明
interrupt	中断函数声明	定义一个中断函数
reentrant	再入函数声明	定义一个再入函数
using	寄存器组定义	定义 8051 的工作寄存器组

11.2 数据类型

单片机的程序设计离不开对数据的处理，数据在单片机内存中的存放情况由数据结构决定。C 语言的数据结构是以数据类型出现的，数据类型可分为基本数据类型和复杂数据类型，复杂数据类型由基本数据类型构造而成。C 语言中的基本数据类型有 char，int，short，long，float 和 double。对于 Keil C51 编译器来说，short 型与 int 型相同，double 型与 float 型相同。表 11-3 为 Keil C51 编译器所支持的数据类型。

表 11-3 Keil C51 编译器所支持的数据类型

数据类型	长 度	值 域
unsigned char	单字节	0～255
signed char	单字节	－128～＋127
unsigned int	双字节	0～65 535
signed int	双字节	－32 768～＋32 767
unsigned long	四字节	0～4 294 967 295
signed long	四字节	－2 147 483 648～＋2 147 483 647
float	四字节	±1.175 494E－38～±3.402 823E＋38
*	1～3 字节	对象的地址
bit	位	0 或 1
sfr	单字节	0～255
sfr16	双字节	0～65 535
sbit	位	0 或 1

Keil C51 编译器除了能支持以上这些基本数据之外，还能支持复杂的构造型数据，如数组、结构类型、联合类型等。

11.3 常量、变量及存储类型

常量是在程序执行过程中其值不能改变的量。常量的数据类型有整型、浮点型、字符型和字符串型等，Keil C51 编译器还扩充了一种位（bit）标量。

变量是一种在程序执行过程中其值可以变化的量。C 语言程序中的每一个变量都必须有一个标识符作为它的变量名。同样的，变量的数据类型也有整型、浮点型、字符型和字符串型以及位（bit）标量。

在使用一个变量或常量之前，必须先对该变量或常量进行定义，指出它的数据类型和存储器类型，以便编译系统为它分配相应的存储单元。在 C51 中对变量进行定义的格式如下：

[存储种类] 数据类型 [存储器类型] 变量名表

如：

auto int data x;
char code y = 0x55;

其中，"存储种类"和"存储器类型"是可选项。变量的存储种类有 4 种：自动（auto）、外部（extern）、静态（static）和寄存器（register）。在定义一个变量时如果省略存储种类选项，则该变量将为自动（auto）变量。

定义一个变量时除了需要说明其数据类型之外，Keil C51 编译器还允许说明变量的存储器类型。Keil C51 编译器完全支持 8051 系列单片机的硬件结构，可以访问其硬件系统的所有部分。对于每个变量可以准确地赋予其存储器类型，从而可使之能够在单片机系统内准确地定位。

表 11-4 列出了 Keil C51 编译器所能识别的存储器类型。

表 11-4 Keil C51 编译器的存储器类型

存储器类型	说 明
data	直接访问内部数据存储器（128 B），访问速度最快
bdata	可位寻址内部数据存储器（16 B），允许位与字节混合访问
idata	间接访问内部数据存储器（256 B），允许访问全部内部地址
pdata	分页访问外部数据存储器（256 B），用 MOVX @Ri 指令访问
xdata	外部数据存储器（64 KB），用 MOVX @DPTR 指令访问
code	程序存储器（64 KB），用 MOVC @A+DPTR 指令访问

定义变量时如果省略"存储器类型"选项，则按编译模式 SMALL、COMPACT 或 LARGE 所规定的默认存储器类型确定变量的存储区域，不能位于寄存器中的参数传递变量和过程变量也保存在默认的存储器区域内。Keil C51 编译器的 3 种存储器模式（默认的存储器类型）对变量的影响如下：

1. SMALL

变量被定义在 8051 单片机的内部数据存储器（data 区）中，因此对这种变量的访问速度最快。另外，所有的对象，包括堆栈，都必须嵌入内部数据存储器，而堆栈的长度是很重要的，实际栈长取决于不同函数的嵌套深度。

2. COMPACT

变量被定义在分页外部数据存储器（pdata 区）中，外部数据段的长度可达 256 B。这时对变量的访问是通过寄存器间接寻址（MOVX @Ri）进行的，堆栈位于 8051 单片机内部数据存储器中。采用这种编译模式时，变量的高 8 位地址由 P2 口确定。因此，在采用这种模式的同时，必须适当改变启动程序 STARTUP.A51 中的参数：PDATASTART 和 PDATALEN；用 L51 进行连接时还必须采用连接控制命令 PDATA 来对 P2 口地址进行定位，这样才能确保 P2 口为所需要的高 8 位地址。

3. LARGE

变量被定义在外部数据存储器（xdata 区，最大可达 64 KB）中，使用数据指针 DPTR 来间接访问变量。这种访问数据的方法效率是不高的，尤其是对于 2 个或多个字节的变量，用这种数据访问方法对程序的代码长度影响非常大。另外一个不方便之处是这种数据指针不能对称操作。

8051系列单片机具有21个特殊功能寄存器,它们离散分布在片内RAM的高128 B中。如定时器方式控制寄存器TMOD、中断允许控制寄存器IE等。为了能够直接访问这些特殊功能寄存器,C51编译器扩充了关键字sfr和sfr16,利用这种扩充关键字可以在C语言源程序中直接对8051单片机的特殊功能寄存器进行定义。定义方法如下:

　　sfr 特殊功能寄存器名=地址常数;
　　例如:

　　　sfr TMOD = 0x89;//定义定时/计数器方式控制寄存器,其地址为89H

这里需要注意的是,在关键字sfr后面必须是一个名字,名字可任意选取,但应符合一般习惯。等号后面必须是常数,不允许有带运算符的表达式,而且该常数必须在特殊功能寄存器的地址范围之内(80H~0FFH)。

在新一代的增强型80C51单片机中,特殊功能寄存器经常组合成16位来使用。为了有效地访问这种16位的特殊功能寄存器,可采用关键字sfr16。例如,对80C52单片机的定时器T2,可采用如下的方法来定义:

　　　sfr16 T2 = 0xCC;//定义T2,其地址为T2L = 0CCH,T2H = 0CDH

这里T2为特殊功能寄存器名,等号后面是它的低字节地址,其高字节地址必须在物理上直接位于低字节之后。这种定义方法适用于所有新一代的8051增强型单片机中新增加的特殊功能寄存器的定义。

在80C51单片机应用系统中经常需要访问特殊功能寄存器中的某些位,C51编译器为此提供了一种扩充关键字sbit,利用它可以访问可位寻址对象。使用方法有如下3种:

(1) sbit 位变量名=位地址

这种方法将位的绝对地址赋给位变量,位地址必须位于80H~0FFH之间。例如:

　　　sbit OV = 0xD2;
　　　sbit CY = 0xD7;

(2) sbit 位变量名=特殊功能寄存器名^位位置

当可寻址位位于特殊功能寄存器中时可采用这种方法,"位位置"是一个0~7之间的常数。例如:

　　　sbit OV = PSW^2;
　　　sbit CY = PSW^7;

(3) sbit 位变量名=字节地址^位位置

这种方法以一个常数(字节地址)作为基址,该常数必须在80H~0FFH之间。"位位置"是一个0~7之间的常数。例如:

　　　sbit OV = 0xD0^2;
　　　sbit CY = 0xD0^7;

当位对象位于8051单片机内部存储器的可位寻址区bdata时称为"可位寻址对象"。C51

编译时会将对象放入 8051 单片机内部可位寻址区。例如：

    int bdata my_x = 12345;

使用关键字可以独立访问可位寻址对象中的某一位。例如：

    sbit my_bit0 = my_x^0;
    sbit my_bit15 = my_x^15;

操作符后面的"位位置"的最大值（"^"后面的值）取决于指定的基址类型，对于 char 来说是 0～7；对于 int 来说是 0～15；对于 long 来说是 0～31。

下面再讨论一下变量。

从变量的作用范围来看，有全局变量和局部变量之分。

全局变量是指在程序开始处或各个功能函数的外面所定义的变量，在程序开始处定义的全局变量在整个程序中有效，可供程序中所有的函数共同使用，而在各功能函数外面定义的全局变量只对从定义处开始往后的各个函数有效，只有从定义处往后的各个功能函数可以使用该变量，定义处前面的函数则不能使用它。

局部变量是指在函数内部或以花括号{}括起来的功能块内部所定义的变量，局部变量只在定义它的函数或功能块以内有效，在该函数或功能块以外则不能使用它。因此局部变量可以与全局变量同名，但在这种情况下局部变量的优先级较高，而同名的全局变量在该功能块内被暂时屏蔽。

从变量的存在时间来看又可分为静态存储变量和动态存储变量。

静态存储变量是指在程序运行期间其存储空间固定不变的变量，动态存储变量是指该变量的存储空间不确定，在程序运行期间根据需要动态地为该变量分配存储空间。一般来说全局变量为静态存储变量，局部变量为动态存储变量。

在进行程序设计的时候经常需要给一些变量赋初值，C 语言允许在定义变量的同时给变量赋初值。例如：

    unsigned char data val = 5;
    int xdata y = 10000;

11.4 数　组

基本数据类型（如字符型、整型、浮点型）的一个重要特征是只能具有单一的值。然而，许多情况下需要一种类型可以表示数据的集合，例如：如果使用基本类型表示整个班级学生的数学成绩，则 30 个学生需要 30 个基本类型变量。如果可以构造一种类型来表示 30 个学生的全部数学成绩，将会大大简化操作。

C 语言中除了基本的数据类型（如整型、字符型、浮点型数据等属于基本数据类型）外，还提供了构造类型的数据，构造类型数据是由基本类型数据按一定规则组合而成的，因此也称为导出类型数据。C 语言提供了三种构造类型：数组类型、结构体类型和共用体类型。构造类型可以更为方便地描述现实问题中各种复杂的数据结构。

数组是一组有序数据的集合，数组中的每一个数据都属于同一个数据类型。

数组类型的所有元素都属于同一种类型，并且是按顺序存放在一个连续的存储空间中，即最低的地址存放第一个元素，最高的地址存放最后的一个元素。

数组类型的优点主要有两个：

① 让一组同一类型的数据共用一个变量名，而不需要为每一个数据都定义一个名字。

② 由于数组的构造方法采用的是顺序存储，极大方便了对数组中元素按照同一方式进行的各种操作。此外需要说明的是数组中元素的次序是由下标来确定的，下标从 0 开始顺序编号。

数组中的各个元素可以用数组名和下标来唯一地确定。数组可以是一维数组、二维数组或者多维数组。常用的有一维数组、二维数组和字符数组等。一维数组只有一个下标，多维数组有两个以上的下标。在 C 语言中数组必须先定义，然后才能使用。

11.4.1 一维数组的定义

一维数组的定义形式如下：

数据类型 数组名 [常量表达式]；

其中，"数据类型"说明了数组中各个元素的类型。"数组名"是整个数组的标识符，它的命名方法与变量的命名方法一样。"常量表达式"说明了该数组的长度，即该数组中的元素个数。常量表达式必须用方括号"[ ]"括起来，而且其中不能含有变量。

例如：定义数组 char math[30]，则该数组可以用来描述 30 个学生的数学成绩。

11.4.2 二维及多维数组的定义

定义多维数组时，只要在数组名后面增加相应于维数的常量表达式即可。对于二维数组的定义形式为：

数据类型 数组名 [常量表达式 1][常量表达式 2]；

例如：要定义一个 3 行 5 列共 3×5＝15 个元素的整数矩阵 first，可以采用如下的定义方法。

```
int first[3][5];
```

再如，要在点阵液晶上显示"爱我中华"四个汉字，可这样定义点阵码。

```
char Hanzi[4][32] =
{
0x00,0x40,0x40,0x20,0xB2,0xA0,0x96,0x90,0x9A,0x4C,0x92,0x47,0xF6,0x2A,0x9A,0x2A,0x93,0x12,
0x91,0x1A,0x99,0x26,0x97,0x22,0x91,0x40,0x90,0xC0,0x30,0x40,0x00,0x00,/*"爱"*/
0x20,0x04,0x20,0x04,0x22,0x42,0x22,0x82,0xFE,0x7F,0x21,0x01,0x21,0x01,0x20,0x10,0x20,0x10,
0xFF,0x08,0x20,0x07,0x22,0x1A,0xAC,0x21,0x20,0x40,0x20,0xF0,0x00,0x00,/*"我"*/
0x00,0x00,0x00,0x00,0xFC,0x07,0x08,0x02,0x08,0x02,0x08,0x02,0x08,0x02,0xFF,0xFF,0x08,0x02,
0x08,0x02,0x08,0x02,0x08,0x02,0xFC,0x07,0x08,0x00,0x00,0x00,0x00,0x00,/*"中"*/
0x20,0x00,0x10,0x04,0x08,0x04,0xFC,0x05,0x03,0x04,0x02,0x04,0x10,0x04,0x10,0xFF,0x7F,0x04,
```

0x88,0x04,0x88,0x04,0x84,0x04,0x86,0x04,0xE4,0x04,0x00,0x04,0x00,0x00/*"华"*/
}

数组的定义要注意以下几个问题：
① 数组名的命名规则同变量名的命名,要符合 C 语言标识符的命名规则。
② 数组名后面的"[]"是数组的标志,不能用圆括号或其他符号代替。
③ 数组元素的个数必须是一个固定的值,可以是整型常量、符号常量或者整型常量表达式。

11.4.3 字符数组

基本类型为字符类型的数组称为字符数组。字符数组是用来存放字符的。字符数组是 C 语言中常用的一种数组。字符数组中的每个元素都是一个字符,因此可用字符数组来存放不同长度的字符串。字符数组的定义方法与一般数组相同,下面是定义字符数组的例子：

　　char second[6] = {'H','E','L','L','O','\0'};
　　char third[6] = {"HELLO"};

在 C 语言中字符串是作为字符数组来处理的。一个一维的字符数组可以存放一个字符串,这个字符串的长度应小于或等于字符数组的长度。为了测定字符串的实际长度,C 语言规定以 '\0',作为字符串结束标志,对字符串常量也自动加一个 '\0' 作为结束符。因此字符数组 char second[6] 或 char third[6] 可存储一个长度≤5 的不同长度的字符串。在访问字符数组时,遇到 '\0' 就表示字符串结束,因此在定义字符数组时,应使数组长度大于它允许存放的最大字符串的长度。

对于字符数组的访问可以通过数组中的元素逐个进行访问,也可以对整个数组进行访问。

11.4.4 数组元素赋初值

数组的定义方法,可以在存储器空间中开辟一个相应于数组元素个数的存储空间,数组的赋值除了可以通过输入或者赋值语句为单个数组元素赋值来实现,还可以在定义的同时给出元素的值,即数组的初始化。如果希望在定义数组的同时给数组中各个元素赋初值,可以采用如下方法：

　　数据类型 数组名[常量表达式]={常量表达式表};

其中,"数据类型"指出数组元素的数据类型。"常量表达式表"中给出各个数组元素的初值。

例如：

　　char SEG7[10] = {0x3f,0x06,0x5b,0x4f,0x66,0x6d,0x7d,0x07,0x7f,0x6f};

有关数组初始化的说明如下。
① 元素值表列,可以是数组所有元素的初值,也可以是前面部分元素的初值。如：

　　int a[5] = {1,2,3};

数组 a 的前 3 个元素 a[0]、a[1]、a[2]分别等于 1、2、3,后 2 个元素未说明。但是系统约定,当数组为整型时,数组在进行初始化时未明确设定初值的元素,其值自动被设置为 0。所以 a[3]、a[4]的值为 0。

② 当对全部数组元素赋初值时,元素个数可以省略。但"[]"不能省。例如:

  char c[] = {'a','b','c'};

此时系统将根据数组初始化时大括号内值的个数,决定该数组的元素个数。所以上例数组 c 的元素个数为 3。但是如果提供的初值小于数组希望的元素个数时,方括号内的元素个数不能省。

11.4.5 数组作为函数的参数

除了可以用变量作为函数的参数之外,还可以用数组名作为函数的参数。一个数组的数组名表示该数组的首地址。数组名作为函数的参数时,此时形式参数和实际参数都是数组名,传递的是整个数组,即形式参数数组和实际参数数组完全相同,是存放在同一空间的同一个数组。这样调用的过程中参数传递方式实际上是地址传递,将实际参数数组的首地址传递给被调函数中的形式参数数组。当形式参数数组修改时,实际参数数组也同时被修改了。

用数组名作为函数的参数,应该在主调函数和被调函数中分别进行数组定义,而不能只在一方定义数组。而且在两个函数中定义的数组类型必须一致,如果类型不一致将导致编译出错。实参组和形参组的长度可以一致也可以不一致,编译器对形参组的长度不作检查,只是将实参组的首地址传递给形参组。如果希望形参组能得到实参组的全部元素,则应使两个数组的长度一致。定义形参组时可以不指定长度,只在数组名后面跟一个空的方括号[],但为了在被调函数中处理数组元素的需要,应另外设置一个参数来传递数组元素的个数。

11.5 C 语言的运算

C 语言对数据有很强的表达能力,具有十分丰富的运算符,利用这些运算符可以组成各种表达式及语句。运算符就是完成某种特定运算的符号。表达式则是由运算符及运算对象所组成的具有特定含义的一个式子。由运算符或表达式可以组成 C 语言程序的各种语句。C 语言是一种表达式语言,在任意一个表达式的后面加一个分号";"就构成了一个表达式语句。

按照运算符在表达式中所起的作用,可分为算术运算符、关系运算符、逻辑运算符、赋值运算符、增量与减量运算符、逗号运算符、条件运算符、位运算符、指针和地址运算符、强制类型转换运算符和 sizeof 运算符等。运算符按其在表达式中与运算对象的关系,又可分为单目运算符、双目运算符和三目运算符等。单目运算符只需要有一个运算对象,双目运算符要求有两个运算对象,三目运算符要求有 3 个运算对象。

11.5.1 算术运算符

C 语言提供的算术运算符有:

＋ 加或取正值运算符。如：1＋2 的结果为 3。
－ 减或取负值运算符。如：4－3 的结果为 1。
＊ 乘运算符。如：2＊3 的结果为 6。
／ 除运算符。如：6/3 的结果为 2。
％ 模运算符，或称取余运算符。如：7％3 的结果为 1。

上面这些运算符中加、减、乘、除为双目运算符，它们要求有两个运算对象。取余运算要求两个运算对象均为整型数据，如果不是整型数据，则可以采用强制类型转换。例如 8％3 的结果为 2。取正值和取负值为单目运算符，它们的运算对象只有一个，分别是取运算对象的正值和负值。

11.5.2 关系运算符

C 语言中的关系运算符有以下几种：

＞　　大于。如：x＞y。
＜　　小于。如：a＜4。
＞＝　大于或等于。如：x＞＝2。
＜＝　小于或等于。如：a＜＝5。
＝＝　测试等于。如：a＝＝b。
！＝　测试不等于。如：x！＝5。

前 4 种关系运算符（＞，＜，＞＝，＜＝）具有相同的优先级，后两种关系运算符（＝＝，！＝）也具有相同的优先级，但前 4 种的优先级高于后 2 种。

关系运算符通常用来判别某个条件是否满足，关系运算的结果只有"真"和"假"两种值。当所指定的条件满足时结果为 1，条件不满足时结果为 0。1 表示"真"，0 表示"假"。

11.5.3 逻辑运算符

1. C 语言中提供的逻辑运算符有 3 种

｜｜　逻辑或。
＆＆　逻辑与。
！　　逻辑非。

逻辑运算的结果也只有两个："真"为 1，"假"为 0。

2. 逻辑表达式的一般形式为

逻辑与：条件式 1＆＆条件式 2。
逻辑或：条件式 1｜｜条件式 2。
逻辑非：！条件式。

11.5.4 赋值运算符

在 C 语言中,最常见的赋值运算符为"＝",赋值运算符的作用是将一个数据的值赋给一个变量,利用赋值运算符将一个变量与一个表达式连接起来的式子称为赋值表达式,在赋值表达式的后面加一个分号";"便构成了赋值语句。例如:

x = 5;

在赋值运算符"＝"的前面加上其他运算符,就构成了所谓复合赋值运算符。具体如下:

＋＝　　加法赋值运算符
－＝　　减法赋值运算符
＊＝　　乘法赋值运算符
／＝　　除法赋值运算符
％＝　　取模(取余)赋值运算符
＞＞＝　右移位赋值运算符
＜＜＝　左移位赋值运算符
&＝　　逻辑与赋值运算符
|＝　　逻辑或赋值运算符
^＝　　逻辑异或赋值运算符
～＝　　逻辑非赋值运算符

复合赋值运算首先对变量进行某种运算,然后将运算的结果再赋给该变量。复合运算的一般形式为

变量　复合赋值运算符　表达式

例如:a＋＝5;等价于 a＝a＋5;

采用复合赋值运算符,可以使程序简化,同时还可以提高程序的编译效率。

11.5.5 自增和自减运算符

自增和自减运算符是 C 语言中特有的一种运算符,它们的作用分别是对运算对象做加 1 和减 1 运算,其功能如下:

＋＋　　　自增运算符。如:a＋＋,＋＋a
－－　　　自减运算符。如:a－－,－－a

看起来 a＋＋和＋＋a 的作用都是使变量 a 的值加 1,但是由于运算符＋＋所处的位置不同,使变量 a＋1 的运算过程也不同。＋＋a(或－－a)是先执行 a＋1(或 a－1)操作,再使用 a 的值,而 a＋＋(或 a－－)则是先使用 a 的值,再执行 a＋1(或 a－1)操作。

增量运算符＋＋和减量运算符－－只能用于变量,不能用于常数或表达式。

11.5.6 逗号运算符

在 C 语言中,逗号","运算符可以将两个(或多个)表达式连接起来,称为逗号表达式。逗号表达式的一般形式为

表达式 1,表达式 2,……表达式 n

逗号表达式的运算过程是:先算表达式 1,再算表达式 2,……依次算到表达式 n。

11.5.7 条件运算符

条件运算符是 C 语言中唯一的一个三目运算符,它要求有 3 个运算对象,用它可以将 3 个表达式连接构成一个条件表达式。条件表达式的一般形式如下:

表达式 1?表达式 2:表达式 3

其功能是首先计算表达式 1,当其值为真(非 0 值)时,将表达式 2 的值作为整个条件表达式的值;当逻辑表达式的值为假(0 值)时,将表达式 3 的值作为整个条件表达式的值。

例如:

max=(a>b)?a:b

当 a>b 成立时,max=a;否则 a>b 不成立,max=b。

11.5.8 位运算符

能对运算对象进行按位操作是 C 语言的一大特点,正是由于这一特点使 C 语言具有了汇编语言的一些功能,从而使之能对计算机的硬件直接进行操作。C 语言中共有 6 种位运算符。

位运算符的作用是按位对变量进行运算,并不改变参与运算的变量的值。若希望按位改变运算变量的值,则应利用相应的赋值运算。另外位运算符不能用来对浮点型数据进行操作。

位运算符的优先级从高到低依次是:

按位取反(~)→左移(<<)和右移(>>)→按位与(&)→按位异或(^)→按位或(|)。

表 11-5 列出了按位取反、按位与、按位或和按位异或的逻辑真值。

表 11-5 按位取反、按位与、按位或和按位异或的逻辑真值

x	y	~x	~y	x&y	x|y	x^y
0	0	1	1	0	0	0
0	1	1	0	0	1	1
1	0	0	1	0	1	1
1	1	0	0	1	1	0

11.5.9 sizeof 运算符

C 语言中提供了一种用于求取数据类型、变量以及表达式的字节数的运算符 sizeof,该运

算符的一般使用形式为

sizeof(表达式)或　sizeof(数据类型)

注意：sizeof 是一种特殊的运算符,不要认为它是一个函数。实际上,字节数的计算在编译时就完成了,而不是在程序执行的过程中才计算出来的。

11.6　流程控制

计算机软件工程师通过长期的实践,总结出一套良好的程序设计规则和方法,即结构化程序设计。按照这种方法设计的程序具有结构清晰、层次分明、易于阅读修改和维护的优点。

结构化程序设计的基本思想是:任何程序都可以用三种基本结构的组合来实现。这三种基本结构是:顺序结构、选择结构和循环结构。如图 11-1～图 11-3 所示。

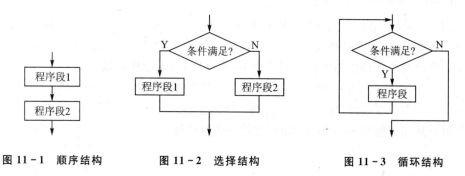

图 11-1　顺序结构　　图 11-2　选择结构　　图 11-3　循环结构

顺序结构的程序流程是按照书写顺序依次执行的程序;选择结构则是对给定的条件进行判断,再根据判断的结果决定执行哪一个分支;循环结构是在给定条件成立时反复执行某段程序。

这三种结构都具有一个入口和一个出口。三种结构中,顺序结构是最简单的,它可以独立存在,也可以出现在选择结构或循环结构中,总之程序都存在顺序结构。在顺序结构中,函数、一段程序或者语句是按照出现的先后顺序执行的。

11.6.1　条件语句与控制结构

1. 条件语句

条件语句又称为分支语句,它是用关键字 if 构成的。C 语言提供了 3 种形式的条件语句。

(1) 第一种形式

if(条件表达式) 语句

其含义为:若条件表达式的结果为真(非 0 值),就执行后面的语句;反之,若条件表达式的结果为假(0 值),就不执行后面的语句。这里的语句也可以是复合语句。

(2) 第二种形式

if(条件表达式) 语句 1

　　else　　　 语句 2

其含义为:若条件表达式的结果为真(非 0 值),就执行语句 1;反之,若条件表达式的结果为假（0 值），就执行语句 2。这里的语句 1 和语句 2 均可以是复合语句。

（3）第三种形式

if（条件表达式 1）语句 1
　else if（条件式表达 2）语句 2
　else if（条件式表达 3）语句 3
　　　⋮
　　　else if（条件表达式 n）语句 m
　　　　else　语句 n

这种条件语句常用来实现多方向条件分支，其实，它是由 if-else 语句嵌套而成的，在此种结构中，else 总是与最临近的 if 相配对的。

2. switch/case 开关语句

"if（条件表达式）语句 1　else 语句 2"能从两条分支中选择一个。但有时候，需要从多个分支中选择一个分支，虽然从理论上讲采用 if-else 条件语句也可以实现多方向条件分支，但是当分支较多时会使条件语句的嵌套层次太多，程序冗长，可读性降低。

switch/case 开关语句是一种多分支选择语句，是用来实现多方向条件分支的语句。开关语句可直接处理多分支选择，使程序结构清晰，使用方便。

开关语句是用关键字 switch 构成的，它的一般形式如下：

switch（表达式）
{
　case 常量表达式 1：　　{语句 1；} break；
　case 常量表达式 2：　　{语句 2；} break；
　　　⋮
　case 常量表达式 n：　　{语句 n；} break；
　default：　　　　　　　{语句 d；} break；
}

开关语句的执行过程是：

① 当 switch 后面表达式的值与某一"case"后面的常量表达式的值相等时，就执行该"case"后面的语句，然后遇到 break 语句而退出 switch 语句。若所有"case"中常量表达式的值都没有与表达式的值相匹配，就执行 default 后面的 d 语句。

② switch 后面括号内的表达式，可以是整型或字符型表达式，也可以是枚举类型数据。

③ 每一个 case 常量表达式的值必须不同，否则就会出现自相矛盾的现象（对同一个值，有两种或者多种解决方案提供）。

④ 每个 case 和 default 的出现次序不影响执行结果，可先出现"default"再出现其他"case"。

⑤ 假如在 case 语句的最后没有加"break;"，则流程控制转移到下一个 case 继续执行。因此，在执行一个 case 分支后，使流程跳出 switch 结构，即终止 switch 语句的执行，可用一个 break 语句完成。

11.6.2 循环语句

在许多实际问题中,需要程序进行有规律地重复执行,这时可以用循环语句来实现。在 C 语言中,用来实现循环的语句有 while 语句、do-while 语句、for 语句及 goto 语句等。

1. while 语句

while 语句构成循环结构的一般形式如下:

while(条件表达式) {语句;}

其执行过程是:当条件表达式的结果为真(非 0 值)时,程序就重复执行后面的语句,一直执行到条件表达式的结果变化为假(0 值)时为止。这种循环结构是先检查条件表达式所给出的条件,再根据检查的结果决定是否执行后面的语句。如果条件表达式的结果一开始就为假,则后面的语句一次也不会被执行。这里的语句可以是复合语句。图 11-4 为 while 语句的流程图。

2. do-while 语句

do-while 语句构成循环结构的一般形式如下:

do
{语句;}
while(条件表达式);

其执行过程是:先执行给定的循环体语句,然后再检查条件表达式的结果。当条件表达式的值为真(非 0 值)时,则重复执行循环体语句,直到条件表达式的值变为假(0 值)时为止。因此,用 do-while 语句构成的循环结构在任何条件下,循环体语句至少会被执行一次。

对于同一个循环问题,可以用 while 语句处理,也可以用 do-while 结构处理。do-while 结构等价为一个语句加上一个 while 结构。do-while 结构适用于需要循环体语句执行至少一次以上的循环的情况。while 语句构成循环结构可以用于循环体语句一次也不执行的情况。图 11-5 为 do-while 语句的流程图。

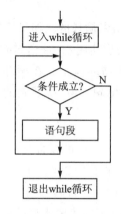
图 11-4 while 语句的流程图

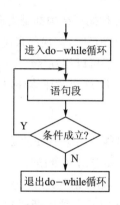
图 11-5 do-while 语句的流程图

3. for 语句

采用 for 语句构成循环结构的一般形式如下:

for([初值设定表达式 1];[循环条件表达式 2];[更新表达式 3]){语句;}

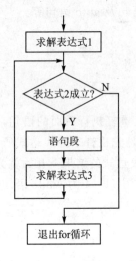

图 11-6 for 语句的流程图

for 语句的执行过程是:先计算出初值表达式 1 的值作为循环控制变量的初值,再检查循环条件表达式 2 的结果,当满足循环条件时就执行循环体语句并计算更新表达式 3,然后再根据更新表达式 3 的计算结果来判断循环条件 2 是否满足……一直进行到循环条件表达式 2 的结果为假(0 值)时,退出循环体。图 11-6 为 for 语句的流程图。

在 C 语言程序的循环结构中,for 语句的使用最为灵活,它不仅可以用于循环次数已经确定的情形,而且可以用于循环次数不确定而只给出循环结束条件的情况。另外,for 语句中的 3 个表达式是相互独立的,并不一定要求 3 个表达式之间有依赖关系。并且 for 语句中的 3 个表达式都可能缺省,但无论缺省哪一个表达式,其中的两个分号都不能缺省。

例如,要把 50~100 之间的偶数取出相加,用 for 语句就显得十分方便。

4. goto 语句

goto 语句是一个无条件转向语句,它的一般形式如下:

goto 语句标号;

其中,语句标号是一个带冒号":"的标识符,标识符标识语句的地址。当执行跳转语句时,使控制跳转到标识符指向的地址,从该语句继续执行程序。将 goto 语句和 if 语句一起使用,可以构成一个循环结构。但更常见的是在 C 语言程序中采用 goto 语句来跳出多重循环,需要注意的是只能用 goto 语句从内层循环跳到外层循环,而不允许从外层循环跳到内层循环。

5. break 语句和 continue 语句

上面介绍的三种循环结构都是当循环条件不满足时,结束循环的。如果循环条件不止一个或者需要中途退出循环时,实现起来比较困难。此时可以考虑使用 break 语句或 continue 语句。

break 语句除了可以用在 switch 语句中,还可以用在循环体中。在循环体中遇见 break 语句,立即结束循环,跳到循环体外,执行循环结构后面的语句。break 语句的一般形式如下:

break;

break 语句只能跳出它所处的那一层循环,而不像 goto 语句可以直接从最内层循环中跳出来。由此可见,要退出多重循环时,采用 goto 语句比较方便。需要指出的是,break 语句只能用于开关语句和循环语句之中,它是一种具有特殊功能的无条件转移语句。

continue 语句也是一种中断语句,它一般用在循环结构中,其功能是结束本次循环,即跳过循环体中下面尚未执行的语句,把程序流程转移到当前循环语句的下一个循环周期,并根据循环控制条件决定是否重复执行该循环体。continue 语句的一般形式如下：

```
continue;
```

continue 语句和 break 语句的区别在于：continue 语句只结束本次循环而不是终止整个循环的执行；break 语句则是结束整个循环，不再进行条件判断。

11.7 函 数

C 语言程序是由函数构成的，函数是 C 语言中的一种基本模块。一个 C 语言源程序至少包括一个名为 main() 的函数（主函数），也可能包含其他函数。

C 语言程序总是由主函数 main() 开始执行的，main() 函数是一个控制程序流程的特殊函数，它是程序的起点。

所有函数在定义时是相互独立的，它们之间是平行关系，所以不能在一个函数内部定义另一个函数，即不能嵌套定义。函数之间可以互相调用，但不能调用主函数。

从使用者的角度来看，有两种函数：标准库函数和用户自定义功能子函数。标准库函数是编译器提供的，用户不必自己定义这些函数。C 语言系统能够提供功能强大、资源丰富的标准函数库，作为使用者，在进行程序设计时应善于利用这些资源，以提高效率，节省开发时间。

11.7.1 函数定义的一般形式

函数定义的一般形式为

函数类型标识符　函数名　（形式参数）

形式参数类型说明表列

{

局部变量定义

函数体语句

}

ANSIC 标准允许在形式参数表中对形式参数的类型进行说明，因此也可这样定义

函数类型标识符　函数名　（形式参数类型说明表列）

{

局部变量定义

函数体语句

}

其中：

"函数类型标识符"说明了函数返回值的类型，当"函数类型标识符"缺省时默认为整型。

"函数名"是程序设计人员自己定义的函数名字。

"形式参数类型说明表列"中列出的是在主调用函数与被调用函数之间传递数据的形式参数，如果定义的是无参函数，形式参数类型说明表列用 void 来注明。

"局部变量定义"是对在函数内部使用的局部变量进行定义。

"函数体语句"是为完成该函数的特定功能而设置的各种语句。

11.7.2 函数的参数和函数返回值

C语言采用函数之间的参数传递方式,使一个函数能对不同的变量进行处理,从而大大提高了函数的通用性与灵活性。在函数调用时,通过主调函数的实际参数与被调函数的形式参数之间进行数据传递来实现函数间参数的传递。在被调函数最后,通过 return 语句返回函数的返回值给主调函数。

return 语句形式如下:

return （表达式）;

对于不需要有返回值的函数,可以将该函数定义为"void"类型。void 类型又称"空类型"。这样,编译器会保证在函数调用结束时不使函数返回任何值。为了使程序减少出错,保证函数的正确调用,凡是不要求有返回值的函数,都应将其定义成 void 类型。

在定义函数中指定的变量,当未出现函数调用的时候,它们并不占用内存中的存储单元。只有在发生函数调用的时候,函数的形参才被分配内存单元。在调用结束后,形参所占的内存单元也被释放。实参可以是常量、变量或表达式,要求实参必须有确定的值。在调用时将实参的值赋给形参变量(如果形参是数组名,则传递的是数组首地址而不是变量的值)。

从函数定义的形式看,又可划分为无参数函数、有参数函数及空函数三种。

1. 无参数函数

此种函数在被调用时无参数,主调函数并不将数据传送给被调用函数。无参数函数可以返回或不返回函数值,一般以不带返回值的为多。

2. 有参数函数

调用此种函数时,在主调函数和被调函数之间有参数传递。也就是说,主调函数可以将数据传递给被调函数使用,被调函数中的数据也可以返回供主调函数使用。

3. 空函数

如果定义函数时只给出一对大括号{},不给出其局部变量和函数体语句(即函数体内部是"空"的),则该函数为"空函数"。这种空函数开始时只设计最基本的模块(空架子),其他作为扩充功能在以后需要时再加上,这样可使程序的结构清晰,可读性好,而且易于扩充。

11.7.3 函数调用的三种方式

C语言程序中函数是可以互相调用的。所谓函数调用就是在一个函数体中引用另外一个已经定义了的函数,前者称为主调用函数,后者称为被调用函数。主调用函数调用被调用函数的一般形式为

函数名（实际参数表列）

其中,"函数名"指出被调用的函数。

"实际参数表列"中可以包含多个实际参数,各个参数之间用逗号隔开。实际参数的作用是将它的值传递给被调用函数中的形式参数。需要注意的是,函数调用中的实际参数与函数定义中的形式参数必须在个数、类型及顺序上严格保持一致,以便将实际参数的值正确地传递给形式参数。否则在函数调用时会产生意想不到的错误结果。如果调用的是无参函数,则可以没有实际参数表列,但圆括号不能省略。

C语言中可以采用三种方式完成函数的调用。

1. 函数语句调用

在主调函数中将函数调用作为一条语句,例如:

```
fun1();
```

这是无参调用,它不要求被调函数返回一个确定的值。

2. 函数表达式调用

只要求它完成一定的操作。在主调函数中将函数调用作为一个运算对象直接出现在表达式中,这种表达式称为函数表达式。例如:

```
c = power(x,n) + power(y,m);
```

这其实是一个赋值语句,它包括两个函数调用,每个函数调用都有一个返回值,将两个返回值相加的结果,赋值给变量c。因此这种函数调用方式要求被调函数返回一个确定的值。

3. 作为函数参数调用

在主调函数中将函数调用作为另一个函数调用的实际参数。例如:

```
m = max(a,max(b,c));
```

max(b,c)是一次函数调用,它的返回值作为函数 max 另一次调用的实参。最后 m 的值为变量 a、b、c 三者中值最大者。

这种在调用一个函数的过程中又调用了另外一个函数的方式,称为嵌套函数调用。

说明:

在一个函数中调用另一个函数(即被调函数),需要具备如下的条件:

① 被调用的函数必须是已经存在的函数(库函数或者用户自定义过的函数)。

② 如果程序使用了库函数,或者使用不在同一文件中的另外的自定义函数,则程序的开头须用#include.预处理命令将调用有关函数时所需要的信息包含到本文中来。对于自定义函数,如果不是在本文件中定义的,那么在程序开始要用 extern 修饰符进行原型声明。使用库函数时,用#include<***.h>的形式,使用自己编辑的函数头文件等时,用#include "***.h/c"的格式。

11.8 指 针

指针是 C 语言中的一个重要概念,指针类型数据在 C 语言程序中的使用十分普遍。C 语言区别于其他程序设计语言的主要特点就是处理指针时所表现出的能力和灵活性。正确地使用指针类型数据,可以有效地表示复杂的数据结构,直接处理内存地址,而且可以更为有效合理地使用数组。

11.8.1 指针与地址

计算机程序的指令、常量和变量等都要存放在以字节为单位的内存单元中，内存的每个字节都具有一个唯一的编号，这个编号就是存储单元的地址。

各个存储单元中所存放的数据，称为该单元的内容。计算机在执行任何一个程序时都要涉及许多的单元访问，就是按照内存单元的地址来访问该单元中的内容，即按地址来读或写该单元中的数据。由于通过地址可以找到所需要的单元，因此这种访问是"直接访问"方式。

另外一种访问是"间接访问"，首先将欲访问单元的地址存放在另一个单元中，访问时，先找到存放地址的单元，从中取出地址，然后才能找到需访问的单元，再读或写该单元的数据。在这种访问方式中使用了指针。

C语言中引入了指针类型的数据，指针类型数据是专门用来确定其他类型数据地址的，因此一个变量的地址就称为该变量的指针。例如，有一个整型变量i存放在内存单元60H中，则该内存单元地址60H就是变量i的指针。

如果有一个变量专门用来存放另一个变量的地址，则该变量称为指向变量的指针变量（简称指针变量）。例如，如果用另一个变量pi存放整型变量i的地址60H，则pi即为一个指针变量。

11.8.2 指针变量的定义

指针变量与其他变量一样，必须先定义，后使用。
指针变量定义的一般形式：

数据类型　指针变量名；

其中，"指针变量名"是定义的指针变量名字。"数据类型"说明了该指针变量所指向的变量的类型。

例如：定义一个指向对象类型为int的指针。

int * pt;

注意：变量的指针和指针变量是两个不同的概念。变量的指针就是该变量的地址，而一个指针变量里面存放的内容是另一个变量在内存中的地址，拥有这个地址的变量则称为该指针变量所指向的变量。每一个变量都有它自己的指针（即地址），而每一个指针变量都是指向另一个变量的。为了表示指针变量和它所指向的变量之间的关系，C语言中用符号"*"来表示"指向"。例如，整型变量i的地址60H存放在指针变量pi中，则可用 *pi 来表示指针变量pi所指向的变量，即 *pi 也表示变量i。

11.8.3 指针变量的引用

指针变量是含有一个数据对象地址的特殊变量，指针变量中只能存放地址。在实际的编程和运算过程中,变量的地址和指针变量的地址是不可见的。因此,C 语言提供了一个取地址运算符"&",使用取地址运算符"&"和赋值运算符"="就可以使一个指针变量指向一个变量。

例如:通过取地址运算和赋值运算后,指针变量 pt 就指向了变量 t。

  int t;
  int * pt;
  pt = &t;

当完成了变量、指针变量的定义以及指针变量的引用后,就可以对内存单元进行间接访问了。此时,需用到指针运算符(又称间接运算符)" * "。

例如:需将变量 t 的值赋给变量 x。

  int x;
  int t;

直接访问方式为:x=t;
间接访问方式为:int x;
  int t;
  int * pt;
  pt = &t;
  x = * pt;

有关的运算符有两个,它们是"&"和" * "。在不同的场合所代表的含义是不同的,一定要搞清楚。例如:

  int * pt;进行指针变量的定义,此时 * pt 的 * 为指针变量说明符。
  pt = &t;此时 &t 的 & 为取 t 的地址并赋给 pt(取地址)。
  x = * pt;此时 * pt 的 * 为指针运算符,即将指针变量 pt 所指向的变量值赋给 x(取内容)。

11.8.4 数组指针与指向数组的指针变量

任何变量都占有存储单元,都有地址。数组及其元素同样占有存储单元,都有相应的地址。因此,指针既然可以指向变量,当然也可以指向数组。其中,指向数组的指针是数组的首地址,指向数组元素的指针则是数组元素的地址。

例如:定义一个数组 x[10]和一个指向数组的指针变量 px。

  int x[10];
  int * px;

当未对指针变量 px 进行引用时,px 与 x[10]毫不相干,即此时指针变量 px 并未指向数组 x[10]。

当数组的第一个元素的地址 &x[0]赋予 px 时,px = &x[0];指针变量 px 即指向数组x[]。这时,可以通过指针变量 px 来操作数组 x 了,即 * px 代表 x[0], * (px+1)代表x[1],…… * (px+i)代表 x[i]。i=1,2,……。

C 语言规定,数组名代表数组的首地址,也是第一个数组元素的地址,因此上面的语句也

可改写为

```
int x[10];
int * px;
px = x;
```

形式上更简单一些。

11.8.5 指针变量的运算

若先使指针变量 px 指向数组 x[]（即 px=x;），则

① px++（或 px+=1);将使指针变量 px 指向下一个数组元素，即 x[1]。

② *px++;因为++与*运算符优先级相同，而结合方向为自右向左，因此，*px++ 等价于*(px++)。

③ *++px;先使 px 自加 1,再取*px 值。若 px 的初值为 &x[0],则执行 y=*++px 时,y 值为 a[1]的值。而执行 y=*px++后,等价于先取*px 的值,后使 px 自加 1。

④ (*px)++;表示 px 所指向的元素值加 1。要注意的是元素值加 1 而不是指针变量值加 1。

注意：对 px+i 的含义的理解。C 语言规定,px+1 指向数组首地址的下一个元素,而不是将指针变量 px 的值简单地加 1。例如,若数组的类型是整型(int),每个数组元素占 2 个字节,则对于整型指针变量 px 来说,px+1 意味着使 px 的原值(地址)加 2 个字节,使它指向下一个元素。px+2 则使 px 的原值(地址)加 4 个字节,使它指向下下个元素。

11.8.6 指向多维数组的指针和指针变量

指针除了可以指向一维数组外,也可以指向多维数组。下面以二维数组为例进行说明。

例如：定义了一个 3 行 4 列的二维数组。

```
int x[3][4]={ {1,3,5,7},
{9,11,13,15},
{17,19,21,23}};
```

对这个数组的理解为:x 是数组名,数组包含 3 个元素:x[0]、x[1]、x[2]。每个元素又是一个一维数组,包含 4 个元素。如 x[0]代表的一维数组包含 x[0][0]={1}, x[0][1]={3}, x[0][2]={5}, x[0][3]={7}。

从二维数组的地址角度看,x 代表整个数组的首地址,也就是第 0 行的首地址。x+1 代表第 1 行的首地址,即数组名为 x[1]的一维数组首地址。

根据 C 语言的规定,由于 x[0]、x[1]、x[2]都是一维数组,因此它们分别代表了各个数组的首地址。即 x[0]=&x[0][0],x[1]=&x[1][0],x[2]=&x[2][0]。

同时定义一个指针变量 int (*p)[4];其含义是 P 指向一个包含 4 个元素的一维数组。

当 p=x 时,指向数组 x[3][4]的第 0 行首址。

P+1 和 x+1 等价,指向数组 x[3][4]的第 1 行首址。

P+2 和 x+2 等价,指向数组 x[3][4]的第 2 行首址。

*(P+1)+3 和 &x[1][3]等价,指向数组 x[1][3]的地址。

((P+1)+3)和 x[1][3]等价,表示 x[1][3]的值。

……

一般地,对于数组元素 x[i][j]来讲:

*(p+i)+j 就相当于 &x[i][j],表示数组第 i 行第 j 列的元素的地址。

((p+i)+j)就相当于 x[i][j],表示数组第 i 行第 j 列的元素的值。

11.9 结构体

前面已经介绍了 C 语言的基本数据类型,但在实际设计一个较复杂程序时,仅有这些基本类型的数据是不够的,有时需要将一批各种类型的数据放在一起使用,从而引入了所谓构造类型的数据,例如前面介绍的数组就是一种构造类型的数据,一个数组实际上是将一批相同类型的数据顺序存放。这里还要介绍 C 语言中另一类更为常用的构造类型数据:结构体、共用体及枚举。

11.9.1 结构体的概念

结构体是一种构造类型的数据,它是将若干个不同类型的数据变量有序地组合在一起而形成的一种数据的集合体。组成该集合体的各个数据变量称为结构成员,整个集合体使用一个单独的结构变量名。一般来说结构中的各个变量之间是存在某些关系的,例如时间数据中的时、分、秒,日期数据中的年、月、日等。由于结构是将一组相关联的数据变量作为一个整体来进行处理,因此在程序中使用结构将有利于对一些复杂而又具有内在联系的数据进行有效的管理。

11.9.2 结构体类型变量的定义

1. 先定义结构体类型再定义变量名

定义结构体类型的一般格式为

struct 结构体名
{
成员表列
};

其中,"结构体名"用作结构体类型的标志。"成员表列"为该结构体中的各个成员,由于结构体可以由不同类型的数据组成,因此对结构体中的各个成员都要进行类型说明。

例如,定义一个日期结构体类型 date,它可由 6 个结构体成员 year、month、day、hour、min、sec 组成。

```
struct date
{
int year;
char month;
char day;
char hour;
char min;
char sec;
};
```

定义好一个结构体类型之后,就可以用它来定义结构体变量。一般格式为

struct 结构体名　结构体变量名1,结构体变量名2,……结构体变量名n;

例如,可以用结构体 date 来定义两个结构体变量 time1 和 time2。

　struct date time1,time2;

这样结构体变量 time1 和 time2 都具有 struct date 类型的结构,即它们都是1个整型数据和5个字符型数据所组成。

2. 在定义结构体类型的同时定义结构体变量名

一般格式为

struct 结构体名

　　{

　　成员表列

　　}结构体变量名1,结构体变量名2,……,结构体变量名n;

例如,对于上述日期结构体变量也可按以下格式定义。

```
struct date
{
int year;
char month;
char day;
char hour;
char min;
char sec;
}time1,time2;
```

3. 直接定义结构体变量

一般格式为

struct

　　{

　　成员表列

　　}结构体变量名1,结构体变量名2,……结构体变量名n;

第3种方法与第2种方法十分相似,所不同的只是第3种方法中省略了结构体名。这种

方法一般只用于定义几个确定的结构变量的场合。例如,如果只需要定义 time1 和 time2 而不打算再定义任何别的结构变量,则可省略掉结构体名"date"。

不过为了便于记忆和以备将来进一步定义其他结构体变量的需要,一般还是不要省略结构名为好。

11.9.3 结构体类型需要注意的地方

① 结构体类型与结构体变量是两个不同的概念。定义一个结构体类型时只是给出了该结构体的组织形式,并没有给出具体的组织成员。因此结构体名不占用任何存储空间,也不能对一个结构体名进行赋值、存取和运算。

而结构体变量则是一个结构体中的具体对象,编译器会给具体的结构体变量名分配确定的存储空间,因此可以对结构体变量名进行赋值、存取和运算。

② 将一个变量定义为标准类型与定义为结构体类型有所不同。前者只需要用类型说明符指出变量的类型即可,如 int x;。后者不仅要求用 struct 指出该变量为结构体类型,而且还要求指出该变量是哪种特定的结构类型,即要指出它所属的特定结构类型的名字。如上面的 date 就是这种特定的结构体类型(日期结构体类型)的名字。

③ 一个结构体中的成员还可以是另外一个结构体类型的变量,即可以形成结构体的嵌套。

11.9.4 结构体变量的引用

定义了一个结构体变量之后,就可以对它进行引用,即可以进行赋值、存取和运算。一般情况下,结构体变量的引用是通过对其成员的引用来实现的。

① 引用结构体变量中的成员的一般格式为

结构体变量名. 成员名

其中"."是存取成员的运算符。例如:

```
time1.year = 2006;
```

表示将整数 2006 赋给 time1 变量中的成员 year。

② 如果一个结构体变量中的成员又是另外一个结构体变量,即出现结构体的嵌套时,则需要采用若干个成员运算符,一级一级地找到最低一级的成员,而且只能对这个最低级的结构元素进行存取访问。

③ 对结构体变量中的各个成员可以像普通变量一样进行赋值、存取和运算。例如:

```
time2.sec ++ ;
```

④ 可以在程序中直接引用结构体变量和结构体成员的地址。结构体变量的地址通常用作函数参数,用来传递结构体的地址。

11.9.5 结构体变量的初始化

和其他类型的变量一样,对结构体类型的变量也可以在定义时赋初值进行初始化。例如:

```
struct date
{
int year;
char month;
char day;
char hour;
char min;
char sec;
}time1 = {2006,7,23,11,4,20};
```

11.9.6 结构体数组

一个结构体变量可以存放一组数据(如一个时间点 time1 的数据),在实际使用中,结构体变量往往不止一个(例如,要对 20 个时间点的数据进行处理),这时可将多个相同的结构体组成一个数组,这就是结构体数组。

结构体数组的定义方法与结构体变量完全一致,例如:

```
struct date
{
int year;
char month;
char day;
char hour;
char min;
char sec;
};
struct date time[20];
```

这就定义了一个包含有 20 个元素的结构体数组变量 time,其中每个元素都是具有 date 结构体类型的变量。

11.9.7 指向结构体类型数据的指针

一个结构体变量的指针,就是该变量在内存中的首地址。可以设一个指针变量,将它指向一个结构体变量,则该指针变量的值是它所指向的结构体变量的起始地址。

定义指向结构体变量的指针的一般格式为

struct 结构体类型名 *指针变量名;

或

```
struct
{
成员表列
} *指针变量名;
```

与一般指针相同,对于指向结构体变量的指针也必须先赋值后才能引用。

11.9.8 用指向结构体变量的指针引用结构体成员

通过指针来引用结构体成员的一般格式为:

指针变量名->结构体成员

例如:

```
struct date
{
int year;
char month;
char day;
char hour;
char min;
char sec;
};
struct date time1;
struct date * p;
p = &time1;
p->year = 2006;
```

11.9.9 指向结构体数组的指针

前面已经了解了,一个指针变量可以指向数组。同样,指针变量也可以指向结构体数组。指向结构体数组的指针变量的一般格式为

struct 结构体数组名 *指针变量名;

11.9.10 将结构体变量和指向结构体的指针作函数参数

结构体既可作为函数的参数,也可作为函数的返回值。当结构体被用作函数的参数时,其用法与普通变量作为实际参数传递一样,属于"传值"方式。

但当一个结构体较大时,若将该结构体作为函数的参数,由于参数传递采用值传递方式,需要较大的存储空间(堆栈)来将所有的成员压栈和出栈,此外还影响程序的执行速度。

这时可以用指向结构体的指针来作为函数的参数,此时参数的传递是按地址传递方式进行的。由于采用的是"传址"方式,只需要传递一个地址值。与前者相比,大大节省了存储空

间,同时还加快了程序的执行速度。其缺点是在调用函数时对指针所作的任何变动都会影响到原来的结构体变量。

11.10 共用体

结构体变量占用的内存空间大小是其各成员所占长度的总和,如果同一时刻只存放其中的一个成员数据,对内存空间是很大的浪费。共用体也是 C 语言中一种构造类型的数据结构,它所占内存空间的长度是其中最长的成员长度。各个成员的数据类型及长度虽然可能都不同,但都从同一个地址开始存放,即采用了所谓的"覆盖技术"。这种技术可使不同的变量分时使用同一个内存空间,有效提高了内存的利用效率。

11.10.1 共用体类型变量的定义

共用体类型变量的定义方式与结构体类型变量的定义相似,也有 3 种方法。

1. 先定义共用体类型再定义变量名

定义共用体类型的一般格式为

union 共用体名
{
成员表列
};

定义好一个共用体类型之后,就可以用它来定义共用体变量。一般格式为

union 共用体名 共用体变量名1,共用体变量名2,……共用体变量名n;

2. 在定义共用体类型的同时定义共用体变量名

一般格式为

union 共用体名
{
成员表列
}共用体变量名1,共用体变量名2,……,共用体变量名n;

3. 直接定义共用体变量

一般格式为

union
{
成员表列
}共用体变量名1,共用体变量名2,……,共用体变量名n;

可见,共用体类型与结构体类型的定义方法是很相似的,只是将关键字 struct 改成了 union,但是在内存的分配上两者却有着本质的区别。结构体变量所占用的内存长度是其中各

个元素所占用内存长度的总和,而共用体变量所占用的内存长度是其中最长的成员长度。例如:

```
struct exmp1
    {
        int a;
        char b;
    };
```

struct exmp1 x;结构体变量 x 所占用的内存长度是成员 a、b 长度的总和,a 占用 2 字节,b 占用 1 字节,总共占用 3 字节。再如:

```
union exmp2
    {
        int a;
        char b;
    };
```

union exmp2 y;共用体变量 y 所占用的内存长度是最长的成员 a 的长度,a 占用 2 字节,故总共占用 2 字节。

11.10.2 共用体变量的引用

与结构体变量类似,对共用体变量的引用也是通过对其成员的引用来实现的。引用共用体变量的成员的一般格式为

共用体变量名.共用体成员

结构体变量、共用体变量都属于构造类型数据,都用于计算机工作时的各种数据存取。但许多刚学单片机的读者搞不明白,什么情况下要定义为结构体变量? 什么情况下要定义为共用体变量? 这里打一通俗比方帮助大家加深理解。

假定甲方和乙方都购买了 2 辆汽车(一辆大汽车、一辆小汽车),大汽车停放时占地 10 m²,小汽车停放时占地 5 m²。现在他们都要为新买的汽车建造停放的车库(相当于定义构造类型数据),但甲方和乙方的状况不一样。甲方的运输工作白天就结束了,每天晚上 2 辆车(大、小汽车)同时停放车库内;而乙方由于产品关系,同一时刻只有一辆车停放车库内(大汽车运货时,小汽车停车库内,或小汽车运货时大汽车停车库内)。显然,甲方的车库要建 15 m²(相当于定义结构体变量);而乙方的车库只要建 10 m² 就足够了(相当于定义共用体变量),建得再大也是浪费。

11.11 中断函数

11.11.1 什么是中断

什么是"中断"? 顾名思义中断就是中断某一工作过程去处理一些与本工作过程无关或间

接相关或临时发生的事件,处理完后,则继续原工作过程。比如:你在看书,电话响了,你在书上做个记号后去接电话,接完后在原记号处继续往下看书。如有多个中断发生,依优先法则,中断还具有嵌套特性。又比如:看书时,电话响了,你在书上做个记号后去接电话,你拿起电话和对方通话,这时门铃响了,你让打电话的对方稍等一下,你去开门,并在门旁与来访者交谈,谈话结束,关好门,回到电话机旁,拿起电话,继续通话,通话完毕,挂上电话,从作记号的地方继续往下看书。由于一个人不可能同时完成多项任务,因此只好采用中断方法,一件一件地做。

类似的情况在单片机中也同样存在,通常单片机中只有一个 CPU,但却要应付诸如运行程序、数据输入、输出以及特殊情况处理等多项任务,为此也只能采用停下一个工作去处理另一个工作的中断方法。

在单片机中,"中断"是一个很重要的概念。中断技术的进步使单片机的发展和应用大大地推进了一步。所以,中断功能的强弱已成为衡量单片机功能完善与否的重要指标。

单片机采用中断技术后,大大提高了它的工作效率和处理问题的灵活性,主要表现在 3 个方面。

① 解决了快速 CPU 和慢速外设之间的矛盾,可使 CPU、外设并行工作(宏观上看)。
② 可及时处理控制系统中许多随机的参数和信息。
③ 具备了处理故障的能力,提高了单片机系统自身的可靠性。

中断处理程序类似于程序设计中的调用子程序,但它们又有区别。

① 中断产生是随机的,它既保护断点,又保护现场,主要为外设服务和为处理各种事件服务。保护断点是由硬件自动完成的,保护现场须在中断处理程序中用相应的指令完成。
② 调用子程序是程序中事先安排好的,它只保护断点,主要为主程序服务(与外设无关)。

11.11.2 中断响应及 C51 编程

单片机响应中断的基本条件是:中断源有请求,中断允许寄存器 IE 相应位置"1",总中断开放(EA=1)。

单片机中断响应过程:单片机一旦响应中断,首先置位相应的优先级有效触发器,然后执行一个硬件子程序调用,把断点地址压入堆栈,再把与各中断源对应的中断服务程序首地址送程序计数器 PC,同时清除中断请求标志(TI 和 RI 除外),从而控制程序转移到中断服务程序。以上过程均由中断系统自动完成。

单片机响应中断后,只保护断点而不保护现场(累加器 A 及标志位寄存器 PSW 等的内容),且不能清除串行口中断请求标志 TI 和 RI,也无法清除外输入申请信号 $\overline{INT0}$ 和 $\overline{INT1}$,因而进入中断服务子程序后,如用到上述寄存器就会破坏它原来存在的内容,一旦中断返回,将造成主程序的混乱。所以在进入中断服务子程序后,一般都要保护现场,然后再执行中断服务程序。在返回主程序前再恢复现场。所有这些应在用户编制中断处理程序时予以考虑。

Keil C51 编译器支持在 C 语言源程序中直接编写 MCS-51 单片机的中断服务函数程序。以前学习用汇编语言编写中断服务程序时,会对堆栈出栈的保护问题觉得头痛。为了能够在 C 语言源程序中直接编写中断服务函数,Keil C51 编译器对函数的定义进行了扩展,增加了一个扩展关键字 interrupt。关键字 interrupt 是函数定义时的一个选项,加上这个选项就

可以将一个函数定义成中断服务函数。定义中断服务函数的一般形式为

函数类型　函数名（形式参数表）［interrupt　n］　［using n］

关键字 interrupt 后面的 n 是中断号,n 的取值范围为 0～31。编译器从 8n+3 处产生中断向量,具体的中断号 n 和中断向量取决于不同的单片机芯片。

11.11.3　51 单片机的常用中断源和中断向量

51 单片机的常用中断源和中断向量如表 11-6 所列。

表 11-6　51 单片机的常用中断源和中断向量

n	中断源	中断向量 8n+3
0	外部中断 0	0003H
1	定时器/计数器 0	000BH
2	外部中断 1	0013H
3	定时器/计数器 1	001BH
4	串行口	0023H

51 系列单片机可以在内部 RAM 中使用 4 个不同的工作寄存器组,每个寄存器组中包含 8 个工作寄存器(R0～R7)。Keil C51 编译器扩展了一个关键字 using,专门用来选择 80C51 单片机中不同的工作寄存器组。using 后面的 n 是一个 0～3 的常整数,分别选中 4 个不同的工作寄存器组。在定义一个函数时 using 是一个选项,对于初学者,如果不用该选项,则由编译器选择一个寄存器组作绝对寄存器组访问。

关键字 using 对函数目标代码的影响如下：

① 在函数的入口处将当前工作寄存器组保护到堆栈中,指定的工作寄存器内容不会改变,函数返回之前将被保护的工作寄存器组从堆栈中恢复。

② 使用关键字 using 在函数中确定一个工作寄存器组时必须十分小心,要保证任何寄存器组的切换都只在控制的区域内发生,如果不做到这一点将产生不正确的函数结果。

③ 带 using 属性的函数,原则上不能返回 bit 类型的值。并且关键字 using 不允许用于外部函数,关键字 interrupt 也不允许用于外部函数,它对中断函数目标代码的影响如下：

在进入中断函数时,特殊功能寄存器 ACC、B、DPH、DPL、PSW 将被保存入栈。如果不使用寄存组切换,则将中断函数中所用到的全部工作寄存器都入栈。函数返回之前,所有的寄存器内容出栈。中断函数由 80C51 单片机指令 RETI 结束。

11.11.4　编写 51 单片机中断函数时应严格遵循的规则

编写 51 单片机中断函数时应严格遵循以下规则：

① 中断函数不能进行参数传递,如果中断函数中包含任何参数声明都将导致编译出错。

② 中断函数没有返回值,如果企图定义一个返回值将得到不正确的结果。因此最好在定义中断函数时将其定义为 void 类型,以明确说明没有返回值。

③ 在任何情况下都不能直接调用中断函数,否则会产生编译错误。因为中断函数的返回

是由 51 单片机指令 RETI 完成的,RETI 指令影响 51 单片机的硬件中断系统。

④ 如果中断函数中用到浮点运算,则必须保存浮点寄存器的状态,当没有其他程序执行浮点运算时可以不保存。

⑤ 如果在中断函数中调用了其他函数,则被调用函数所使用的寄存器组必须与中断函数相同。用户必须保证按要求使用相同的寄存器组,否则会产生不正确的结果。如果定义中断函数时没有使用 using 选项,则由编译器选择一个寄存器组作绝对寄存器组访问。

限于篇幅,本书不可能对 C 语言的语法及使用知识作进一步详细的介绍。读者朋友如有需求,建议阅读《手把手教你学单片机 C 程序设计》一书(北京航空航天大学出版社出版)。

第 12 章
CPLD/FPGA 与单片机的接口及数据传输

CPLD/FPGA 与单片机之间的连接与通信,就相当于两台设备之间的连接与通信,需要遵循一定的格式与规定,这样才能保证实现快速准确高效的通信。通常,两个设备之间可以选择多种通信方式,常见的如:异步串行通信(UART)、高速同步串行通信(SPI)、IIC 总线通信、高速并行总线通信等。一般情况下,CPLD/FPGA 与单片机都是安装在同一块印刷板上的,因此并不需要通信距离较远(几十厘米~几米),但抗干扰较好的慢速通信系统(UART、IIC),那么可供选择的就是 SPI 与高速并行总线通信了。如果使用的单片机(如 AVR、PIC 等单片机)上具有 SPI 接口,那当然是一个很好的主意(几十厘米的短距离上具有很高的通信速度),但现在使用的是传统的 51 单片机(AT89S51),那就只能使用高速并行总线的方式进行通信。高速并行总线通信在几十厘米的短距离上具有最高的通信速度,但它占用的 I/O 口要多一些,这是它的不足之处。

12.1 CPLD/FPGA 与单片机 AT89S51 的接口连接及数据传输实验

12.1.1 实验要求

在 MCU&CPLD DEMO 试验板上实现:单片机读取 CPLD 外部的按键开关状态,然后将其状态取反后传回 CPLD 中,并点亮 8 个发光管进行显示。

12.1.2 实现方法

MCU&CPLD DEMO 试验板上 CPLD 与单片机接口连接及数据传输实验的结构组成图如图 12-1 所示。这里可以将 CPLD 当作单片机的外部 RAM 来进行读/写操作。

在 CPLD 内构建 3 个 8 位的寄存器:ADDRESS_REG、PORT1_KEY_REG、PORT2_LED_REG。

ADDRESS_REG 存放用于操作端口的地址指令。单片机使用 MOVX 指令对外部器件进行读写操作时,P0 口上将分时出现低 8 位地址与数据信号,其简明时序见图 12-2。

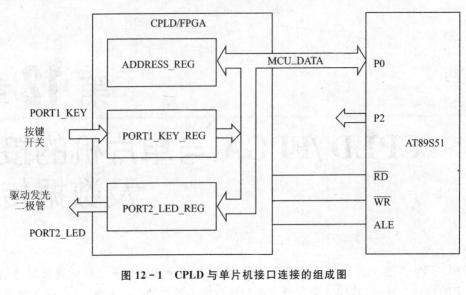

图 12-1 CPLD 与单片机接口连接的组成图

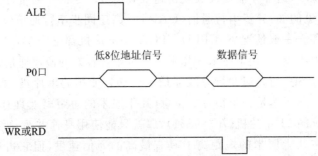

图 12-2 使用 MOVX 指令对外部器件进行读/写的简明时序

P0 口出现低 8 位地址信号时,在 ALE 脉冲的下降沿,将低 8 位地址打入 CPLD 内的 ADDRESS_REG 寄存器,可以定义:低 8 位地址为 00000000 时,CPLD 读取按键开关的状态到 PORT1_KEY_REG 寄存器中,并将按键开关的状态数据送到总线上,在单片机随后发出的"$\overline{RD}$"脉冲下降沿,将此状态读入单片机中;低 8 位地址为 00000001 时,单片机将数据送到总线上,在单片机随后发出的"$\overline{WR}$"脉冲下降沿,CPLD 接收数据到 PORT2_LED_REG 寄存器中,并驱动发光二极管进行指示。这样,完成了 CPLD 与单片机之间的数据高速双向传输。

12.1.3 CPLD/FPGA 程序设计

在 D 盘中先建立一个文件名为 CPLD_RW 的文件夹,然后建立一个 CPLD_RW 的新项目,输入以下源代码并保存为 CPLD_RW.v。

```
//模块声明及输入、输出端口列表
module CPLD_RW(MCU_DATA,RD,WR,ALE,PORT1_KEY,PORT2_LED);
inout[7:0] MCU_DATA;            //定义输入端口(8位数据线)
input RD;                       //定义输入端口(读脉冲)
input WR;                       //定义输入端口(写脉冲)
input ALE;                      //定义输入端口(地址锁存脉冲)
```

第12章 CPLD/FPGA 与单片机的接口及数据传输

```verilog
    input[7:0] PORT1_KEY;              //定义输入端口(按键输入端)
    output[7:0] PORT2_LED;             //定义输出端口(发光管输出端)
//------------------------------------
    reg[7:0] ADDRESS_REG;              //定义 ADDRESS_REG 为寄存器类型的 8 位变量
    reg[7:0] PORT1_KEY_REG;            //定义 PORT1_KEY_REG 为寄存器类型的 8 位变量
    reg[7:0] PORT2_LED_REG;            //定义 PORT2_LED_REG 为寄存器类型的 8 位变量
//------------------------------------
    always@(negedge ALE)               //每当 ALE 产生下降沿时
    begin
        ADDRESS_REG = MCU_DATA;        //将总线上的数据锁入 ADDRESS_REG 寄存器
    end
//------------------------------------
    always@(negedge RD)                //每当 RD 产生下降沿时
    begin
        if(ADDRESS_REG = = 8'b00000000)  //如果 ADDRESS_REG 寄存器内容为 00000000
            PORT1_KEY_REG = PORT1_KEY; //读取按键开关的状态
        else                           //否则
            PORT1_KEY_REG = 8'bzzzzzzzz; //PORT1_KEY_REG 寄存器置高阻
    end
//------------------------------------
    always@(negedge WR)                //每当 WR 产生下降沿时
    begin
        if(ADDRESS_REG = = 8'b00000001)  //如果 ADDRESS_REG 寄存器内容为 00000001
            PORT2_LED_REG = MCU_DATA;  //读取总线的数据并点亮发光二极管
    end
//------------------------------------
    assign MCU_DATA = RD? 8'bzzzzzzzz:PORT1_KEY_REG;   //持续赋值语句
    assign PORT2_LED = PORT2_LED_REG;                   //持续赋值语句
//------------------------------------
endmodule
```

源代码输入完成后,将器件选择为 EPM7128SLC84-15。引脚分配需要参考 MCU&CPLD DEMO 试验板的电路原理,这里的引脚分配见表 12-1。器件编译通过后,可根据需要进行仿真,接下来进行 *.pof 至 *.jed 的文件转换,最后将 *.jed 文件下载到 ATF1508AS 芯片中。

表 12-1 CPLD 与单片机数据传输实验引脚分配

引脚名	引脚号	输入或输出	板上丝印符号
CLK	83	Input	
RST_B	1	Input	GCLR
RS232_RX	56	Input	
RX_DATA 7	24	Output	LED7
RX_DATA 6	25	Output	LED6
RX_DATA 5	27	Output	LED5
RX_DATA 4	28	Output	LED4
RX_DATA 3	29	Output	LED3
RX_DATA 2	30	Output	LED2
RX_DATA 1	31	Output	LED1
RX_DATA 0	33	Output	LED0

12.1.4 单片机程序设计

51 单片机软件 Keil C51 开发过程为：
① 建立一个工程项目,选择芯片并确定选项。
② 建立汇编源文件或 C 语言源程序文件。
③ 用项目管理器生成各种应用文件。
④ 检查并修改源文件中的错误。
⑤ 编译连接通过后进行软件模拟仿真或硬件在线仿真。
⑥ 编程操作。
⑦ 应用。

1. 建立一个工程项目,选择芯片并确定选项

在 D 盘中先建立一个名为 MCU_RW 的文件夹。双击 Keil uVision2 快捷图标后进入 Keil C51 开发环境,单击"项目"菜单,在弹出的下拉菜单选中"新建项目"选项,屏幕显示如图 12-3 所示。

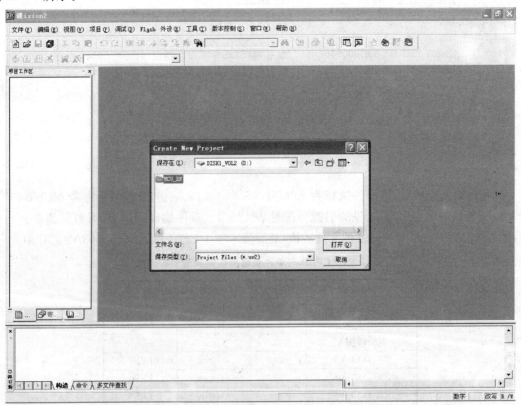

图 12-3 建立一个工程项目

在文件名中输入一个项目名"MCU_RW",选择保存路径(保存在刚才建立的 D:\MCU_RW 文件夹中,见图 12-4),单击"保存"按钮。在随后弹出的"选择目标'target 1'器件"对话框中用鼠标单击 Atmel 前的"＋"号,选择"AT89S51"单片机后单击"确定"按钮,如图 12-5

第 12 章　CPLD/FPGA 与单片机的接口及数据传输

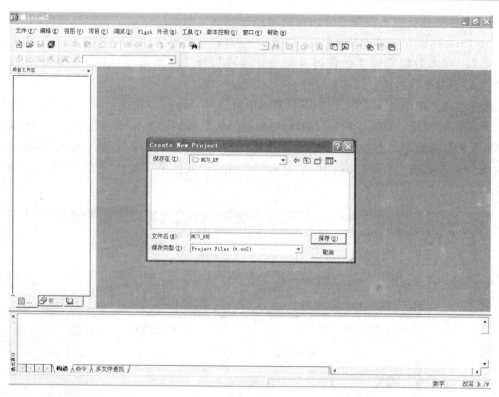

图 12-4　选择保存路径

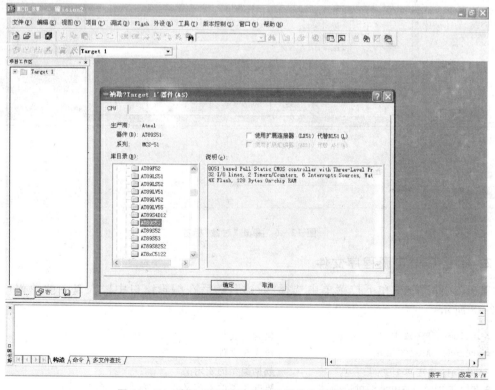

图 12-5　选择 AT89S51 单片机后单击"确定"按钮

所示。这时,屏幕会弹出一个是否添加启动代码到项目的提示(Copy Standard 8051 Startup Code to Project Folder and Add File to Project?),启动代码文件 STARTUP.A51 中包含用于清除 128 字节数据存储器的代码及初始化堆栈指针。这里单击"是"。当然也可以单击"否",在以后需要时再进行添加。

选择主菜单栏中的"项目",选中下拉菜单中"目标'Target 1'选项",出现如图 12-6 所示的界面。单击"对象"标签,在时钟(MHz)栏中选择试验板的晶振频率,默认为 33 MHz,试验板的单片机晶振频率为 11.059 2 MHz,因此要将 33.0 改为 11.059 2。然后单击"输出"标签,在"生成 hex 格式文件"前打勾选中,如图 12-7 所示。其他采用默认设置,然后单击"确定"按钮。

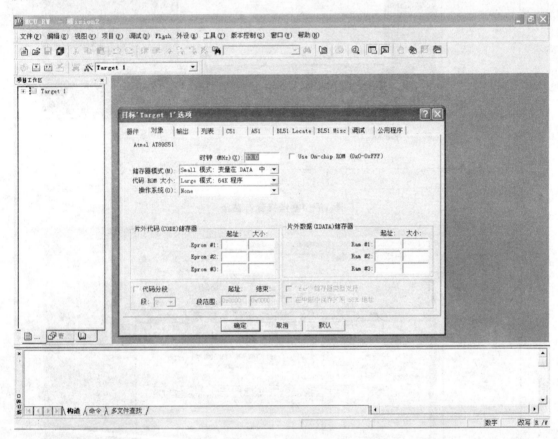

图 12-6 单击"对象"标签

2. 建立 C 语言源程序文件

单击"文件"菜单,在下拉菜单中选择"新建",随后在编辑窗口中输入以下的源程序(如图 12-8 所示)。

```
#include<REG51.H>          //包含头文件
#include<ABSACC.H>         //包含头文件
#define uchar unsigned char    //数据类型的宏定义
#define uint unsigned int      //数据类型的宏定义
```

第 12 章 CPLD/FPGA 与单片机的接口及数据传输

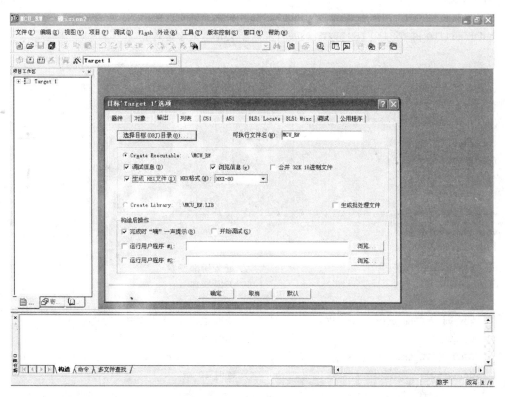

图 12-7 单击"输出"标签

图 12-8 建立源程序文件

```c
#define CPLD_PORT1_KEY_REG XBYTE[0x0000]    //外部地址宏定义
#define CPLD_PORT2_LED_REG XBYTE[0x0001]    //外部地址宏定义

//****************************************************
void delay(uint k)                          //延时 k*1 ms 的子程序
{
uint i,j;
for(i=0;i<k;i++){
for(j=0;j<120;j++)
{;}}
}
/****************************************************/
void main(void)                             //定义主函数
{
uchar key_val;                              //定义局部变量
  while(1)                                  //无限循环
  {
    key_val = CPLD_PORT1_KEY_REG;           //读取 CPLD 外接的按键开关状态
    delay(10);                              //延时 10 ms
    CPLD_PORT2_LED_REG = ~key_val;          //将按键开关状态取反后送回 CPLD 点亮 LED
    delay(10);                              //延时 10 ms
  }
}                                           //主函数结束
```

程序输入完成后,选择"文件",在下拉菜单中选择"另存为",将该文件以扩展名为.c 格式(如 MCU_RW.c)保存在 test 文件夹中。

3. 添加文件到当前项目组中及编译文件

单击工程管理器中"Target 1"前的"+"号,出现"Source Group1"后再单击,加亮后右击。在出现的下拉窗口中选择"Add Files to Group'Source Group 1'",如图 12-9 所示。在增加文件窗口中选择刚才以 c 格式编辑的文件 test.c,鼠标单击"Add"按钮,这时 test.c 文件便加入到 Source Group 1 这个组里了,随后关闭此对话窗口。

选择主菜单栏中的"项目",在下拉菜单中选择"重新构造所有对象文件",这时输出窗口出现源程序的编译结果,如图 12-10 所示。如果编译出错,将提示错误 Error(s)的类型和行号。

4. 检查并修改源程序文件中的错误

可以根据输出窗口的错误或警告提示重新修改源程序,直至编译通过为止,编译通过后将输出一个以 hex 为后缀名的目标文件,如 MCU_RW.hex。

5. 软件模拟仿真调试

编译通过后,如有必要,还可进行软件模拟仿真调试。由于这段程序比较简单,这里就不做软件模拟仿真了。

6. 下载程序(编程操作)

双击下载软件 progisp.exe 的快捷图标,出现图 12-11 的 PROGISP 下载软件界面。

第12章 CPLD/FPGA 与单片机的接口及数据传输

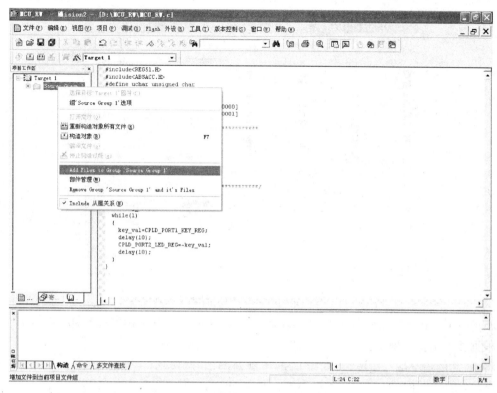

图 12-9　添加文件到当前项目组中

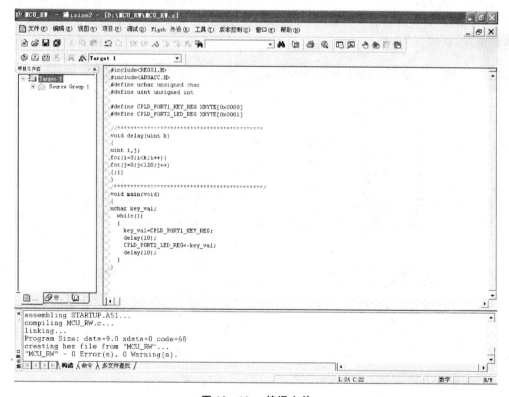

图 12-10　编译文件

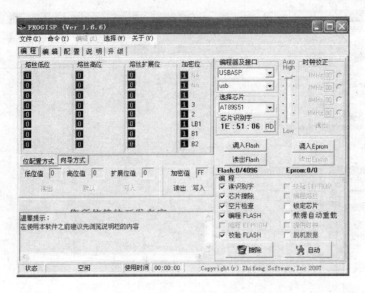

图 12-11 双击 progisp.exe 图标,出现下载软件界面

在 PROGISP 下载软件界面中:"编程器及接口"栏选择"USBASP"和"usb"。"选择芯片"栏可根据要求选择。例如:如果使用 AT89S51,就选择"AT89S51"。

将 10 芯的扁平编程电缆,一端插 USB 下载器的 10 芯座,另一端插试验板的 MCU-ISP 下载口(注意不要插错)。

选择好芯片后,单击"调入 Flash"按钮,找到需要烧写的 hex 文件。"编程"栏:在"读识别字"、"芯片擦除"、"空片检查"、" 编程 FLASH"、"校验 FLASH"前选中打勾。单击"自动"按钮进行编程(见图 12-12)。

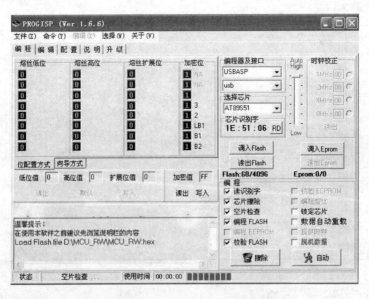

图 12-12 单击"自动"按钮进行编程

编程成功则下方的窗口会出现"Successfully done"的成功提示(见图 12-13)。

注意:由于板上的单片机与 CPLD 的引脚是相连的,有可能会产生单片机无法下载程序

第12章 CPLD/FPGA 与单片机的接口及数据传输

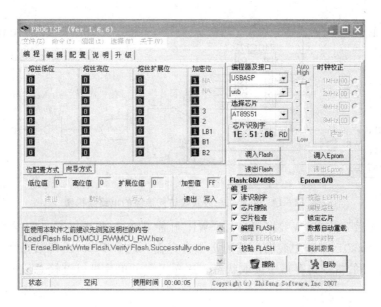

图 12-13 下方的窗口会出现"Successfully done"的成功提示

的现象。如果遇到这种情况,可以按以下步骤操作。

① 先擦除 CPLD,使得 CPLD 的引脚呈高阻态。

② 下载单片机程序。

③ 再下载 CPLD 程序。

MCU&CPLD DEMO 试验板通电后,可以看到 LED7~LED0 这 8 个发光管全部点亮,这是因为按键 K3~K0 及开关 S3~S0 都是断开的。改变 K3~K0 或 S3~S0 的输入状态(变成闭合),可以观察到相应的发光管就会熄灭,这是单片机读取开关按键状态后取反又返送回CPLD 的缘故。

12.2 单片机直接访问方式驱动液晶

12.2.1 实验要求

单片机使用总线直接访问方式驱动液晶,在液晶上显示出相应的内容。

12.2.2 实现方法

常见的单片机总线直接访问液晶的电路结构图如图 12-14 所示。可以将液晶当作单片机的外部 RAM 来进行读/写操作。

单片机使用 MOVX 指令对外部 RAM 操作时:首先,P0 口(总线数据)出现低 8 位地址信号,在 ALE 脉冲的下降沿,将低 8 位地址打入 CPLD 内构建的地址锁存器(74HC373)中。如果低 8 位地址为 0xxxxx00,则选中液晶内部的指令寄存器。之后 P0 口出现数据信号,在"$\overline{WR}$"脉冲下降沿,将数据写入指令寄存器;如果低 8 位地址为 0xxxxx10,则选中液晶内部的

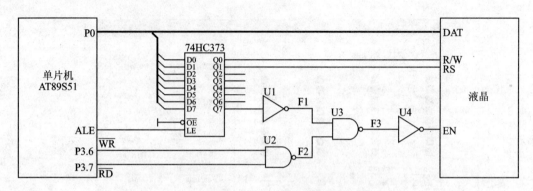

图 12-14 单片机总线直接访问液晶的电路结构图

数据寄存器。之后 P0 口出现数据信号,在"$\overline{WR}$"脉冲下降沿,将数据写入数据寄存器;如果低 8 位地址为 0xxxxx01,则选中液晶内部的指令寄存器。之后 P0 口出现数据信号,在"$\overline{RD}$"脉冲下降沿,从液晶的指令寄存器中读取状态。这样实现了单片机以直接总线的方式对液晶的读/写操作。

12.2.3 CPLD/FPGA 程序设计

在 D 盘中先建立一个文件名为 LCD_DRIVE 的文件夹,然后建立一个 LCD_DRIVE 的新项目,输入以下源代码并保存为 LCD_DRIVE.v。

```verilog
//模块声明及输入、输出端口列表
module LCD_DRIVE(CLRB,CLK,ALE,D,Q0,Q1,NEG_WR,NEG_RD,EN);
input CLRB,CLK;              //定义输入端口
input ALE;                   //定义输入端口
input [7:0] D;               //定义输入端口
input NEG_WR,NEG_RD;         //定义输入端口
output Q0,Q1;                //定义输出端口
output EN;                   //定义输出端口
reg [7:0] ADDRESS;           //定义 ADDRESS 为寄存器类型的 8 位变量
//------------------------------------------------------------
wire F1,F2,F3;               //定义 F1、F2、F3 为连线型变量
//------------------------------------------------------------
//每当 CLK 产生上升沿或 CLRB 产生下降沿时,执行一遍 begin-end 块内的语句
always @(posedge CLK or negedge CLRB)
begin                        //begin-end 块开始
    if(!CLRB)                //如果 CLRB 为低电平
        ADDRESS = 8'h00;     //ADDRESS 清零
    else if(CLK&&ALE)        //否则如果 CLK 与 ALE 都为高电平
        ADDRESS = D;         //将 D 锁存在 ADDRESS 中
end                          //begin-end 块结束
//------------------------------------------------------------
assign Q1 = ADDRESS[1];      //持续赋值语句
assign Q0 = ADDRESS[0];      //持续赋值语句
```

```
//----------------------------------------------------
not U1(F1,ADDRESS[7]);           //门级结构描述的非门 U1
nand U2(F2,NEG_WR,NEG_RD);        //门级结构描述的与非门 U2
nand U3(F3,F1,F2);               //门级结构描述的与非门 U3
not U4(EN,F3);                   //门级结构描述的非门 U4
//----------------------------------------------------
Endmodule                        //模块结束
```

源代码输入完成后,将器件选择为 EPM7128SLC84 – 15。引脚分配需要参考 MCU&CPLD DEMO 试验板的电路原理,这里的引脚分配见表 12 – 2。器件编译通过后,可根据需要进行仿真,接下来进行 *.pof 至 *.jed 的文件转换,最后将 *.jed 文件下载到 ATF1508AS 芯片中。

表 12 – 2 单片机直接访问方式驱动液晶的引脚分配

引脚名	引脚号	输入或输出	板上丝印符号
CLK	83	Input	
CLRB	1	Input	GCLR
ALE	15	Input	
NEG_RD	22	Input	
NEG_WR	21	Input	
D7	79	Input	
D6	80	Input	
D5	81	Input	
D4	4	Input	
D3	5	Input	
D2	6	Input	
D1	8	Input	
D0	9	Input	
Q1	12	Output	
Q0	11	Output	
EN	10	Output	

12.2.4 单片机程序设计

在 D 盘建立一个文件目录(MCU_DRIVE),然后建立 MCU_DRIVE.uv2 的工程项目,最后建立源程序文件(MCU_DRIVE.c)。输入下面的程序:

```
#include <reg51.h>                            //包含头文件
#include<intrins.h>
#define  Uchar unsigned char                  //变量类型标识的宏定义
#define Uint unsigned int
/*----------LCM端口地址定义----------*/
char xdata Lcd1602CmdPort _at_ 0xff7c;        //LCM 命令口地址
```

```c
char xdata Lcd1602WdataPort _at_ 0xff7e;        //LCM 数据口地址
char xdata Lcd1602StatusPort _at_ 0xff7d;       //LCM 状态口地址
#define Busy    0x80                            //常量定义
code char exampl[] = "For an example.   - By = SBS = \n";   //待显字符串

void Delay400Ms(void);                          //延时 400 ms 子函数声明
void Delay5Ms(void);                            //延时 5 ms 子函数声明
void LcdWriteData( char dataW );                //读数据到 LCM 子函数声明
void LcdWriteCommand( Uchar CMD,Uchar AttribC );//写指令到 LCM 子函数声明

void LcdReset( void );                          //LCM 初始化子函数声明
void Display( Uchar dd );                       //Display 子函数声明
void DispOneChar(Uchar x,Uchar y,Uchar Wdata);  //DispOneChar 子函数声明
void ePutstr(Uchar x,Uchar y, Uchar code * ptr);//ePutstr 子函数声明
void LcdWriteCommand( Uchar CMD,Uchar AttribC );

//******************* 主函数 *******************
void main(void)
{
    Uchar temp;

    Delay400Ms();                               //延时等待电源稳定
    LcdReset();                                 //复位液晶
    temp = 32;
    ePutstr(0,0,exampl);                        //显示一个预定的字符串

    Delay400Ms();
    Delay400Ms();
    Delay400Ms();
    Delay400Ms();
    Delay400Ms();
    Delay400Ms();
    Delay400Ms();
    Delay400Ms();

    while(1)                                    //无限循环
    {
        temp &= 0x7f;

        if (temp<32)temp = 32;
        Display( temp++ );                      //显示移动的 ASC 码

        Delay400Ms();
    }
}
```

/* ------------------显示指定坐标的一串字符子函数-------------------*/
```c
void ePutstr(Uchar x,Uchar y, Uchar code * ptr)
{
Uchar i,l = 0;
    while (ptr[l] >31){l++ ;};
    for (i = 0;i<l;i++)
    {
        DispOneChar(x++ ,y,ptr[i]);
        if (x = = 16)
        {
            x = 0; y ^= 1;
        }
    }
}
```
/* ------------------演示第二行移动字符串子函数-------------------*/
```c
void Display( Uchar dd )
{
Uchar i;
    for (i = 0;i<16;i++)
    {
        DispOneChar(i,1,dd++ );
        dd &= 0x7f;
        if (dd<32) dd = 32;
    }
}
```
/* ---------------------显示光标定位子函数---------------------*/
```c
void LocateXY( char posx,char posy)
{
Uchar temp;
    temp = posx & 0xf;
    posy &= 0x1;
    if ( posy )temp |= 0x40;
    temp |= 0x80;
    LcdWriteCommand(temp,0);
}
```
/* ------------------显示指定坐标的一个字符子函数-------------------*/
```c
void DispOneChar(Uchar x,Uchar y,Uchar Wdata)
{
    LocateXY( x, y );
    LcdWriteData( Wdata );
}
```
/* ---------------------LCM 初始化子函数----------------------*/
```c
void LcdReset( void )
{
    LcdWriteCommand( 0x38, 0);
```

```
        Delay5Ms();
    LcdWriteCommand( 0x38, 0);
        Delay5Ms();
    LcdWriteCommand( 0x38, 0);
        Delay5Ms();
    LcdWriteCommand( 0x38, 1);
    LcdWriteCommand( 0x08, 1);
    LcdWriteCommand( 0x01, 1);
    LcdWriteCommand( 0x06, 1);
    LcdWriteCommand( 0x0c, 1);
}

/* ------------------------写指令到 LCM 子函数---------------------*/
void LcdWriteCommand(Uchar CMD, Uchar AttribC)
{
    if (AttribC) while( Lcd1602StatusPort & Busy );
    Lcd1602CmdPort = CMD;
}
/* ------------------------写数据到 LCM 子函数---------------------*/
void LcdWriteData( char dataW )
{
    while( Lcd1602StatusPort & Busy );

    Lcd1602WdataPort = dataW;
}
/* ------------------------5 ms 短延时子函数---------------------*/
void Delay5Ms(void)
{
    Uint i = 5552;
    while(i--);
}
/* ------------------------400 ms 长延时子函数---------------------*/
void Delay400Ms(void)
{
    Uchar i = 5;
    Uint j;
    while(i--)
    {
        j = 7269;
        while(j--);
    };
}
```

编译通过后,将生成的 MCU_DRIVE.hex 文件下载到 MCU&CPLD DEMO 试验板上的单片机中。将一个 1602 字符型液晶模组正确地插入 LCD16×2 单排座,上电以后,可以看到屏幕的第一行显示"For an example."，第一行显示移动的 ASC 码。说明单片机通过总线直接访问方式驱动液晶，在液晶上显示出需要的内容。图 12-15 为实验的照片。

图 12-15　单片机通过总线直接访问方式驱动液晶的实验照片

12.3　单片机间接控制方式驱动液晶

12.3.1　实验要求

单片机使用间接控制方式驱动液晶，在液晶上显示出相应的内容。

12.3.2　实现方法

图 12-16 为常见的单片机间接控制方式驱动液晶的电路结构图。

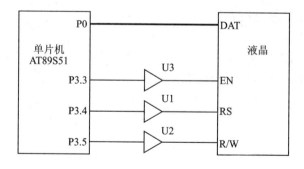

图 12-16　单片机间接控制方式驱动液晶的电路结构图

单片机使用间接控制方式驱动液晶就是用软件的方式，模拟出液晶的控制时序，从而实现对液晶的控制与驱动。

12.3.3　CPLD/FPGA 程序设计

在 D 盘中先建立一个文件名为 LCD_DRI 的文件夹,然后建立一个 LCD_DRI 的新项目,输入以下源代码并保存为 LCD_DRI.v。

```
//模块声明及输入、输出端口列表
module LCD_DRI(RS_I,RW_I,EN_I,RS_O,RW_O,EN_O);
    input RS_I,RW_I,EN_I;            //定义输入端口
    output RS_O,RW_O,EN_O;           //定义输出端口

    buf U1(RS_O,RS_I);               //门级结构描述的缓冲器 U1
    buf U2(RW_O,RW_I);               //门级结构描述的缓冲器 U2
    buf U3(EN_O,EN_I);               //门级结构描述的缓冲器 U3
endmodule                            //模块结束
```

源代码输入完成后,将器件选择为 EPM7128SLC84 - 15。引脚分配需要参考 MCU&CPLD DEMO 试验板的电路原理,这里的引脚分配见表 12 - 3。器件编译通过后,可根据需要进行仿真,接下来进行 *.pof 至 *.jed 的文件转换,最后将 *.jed 文件下载到 ATF1508AS 芯片中。

表 12 - 3　单片机间接控制方式驱动液晶的引脚分配

引脚名	引脚号	输入或输出	板上丝印符号
EN_I	17	Input	
RS_I	18	Input	
RW_I	20	Input	
EN_O	10	Output	EN
RS_O	12	Output	RS
RW_O	11	Output	R/W

12.3.4　单片机程序设计

在 D 盘建立一个文件目录(MCU_DRI),然后建立 MCU_DRI.uv2 的工程项目,最后建立源程序文件(MCU_DRI.c)。输入下面的程序:

```
#include <REG51.H>                           //器件配置文件
sbit LCM_EN = P3^3;                          //引脚定义
sbit LCM_RS = P3^4;                          //引脚定义
sbit LCM_RW = P3^5;                          //引脚定义
#define DATA_PORT P0                         //数据口定义
unsigned char ReadStatusLCM(void);           //读数据到 MCU 子函数声明
unsigned char code str0[] = {" - This is a LCD - !"};   //待显字符串
unsigned char code str1[] = {" - Design by ZXH - !"};   //待显字符串
unsigned char code str2[] = {"                    "};   //待显空字符串
```

```c
//************************************************************
void delay(unsigned int k)                      //延时 k*1ms 子函数
{
unsigned int i,j;
for(i=0;i<k;i++)
{
for(j=0;j<121;j++)
{;}
}
}
/*---------------------写指令到 LCM 子函数--------------------*/
void WriteCommandLCM(unsigned char WCLCM, unsigned char BusyC)
{
if(BusyC)ReadStatusLCM();
DATA_PORT = WCLCM;                              //将变量 WCLCM 中的指令传送至数据口
LCM_RS = 0;                                     //选中指令寄存器
LCM_RW = 0;                                     //写模式
LCM_EN = 0;
LCM_EN = 0;
LCM_EN = 1;
}
/*---------------------写数据到 LCM 子函数--------------------*/
void WriteDataLCM(unsigned char WDLCM)
{
ReadStatusLCM();                                //调用 ReadStatusLCM 子函数检测忙信号
DATA_PORT = WDLCM;                              //将变量 WDLCM 中数据传送至数据口
LCM_RS = 1;                                     //选中数据寄存器
LCM_RW = 0;                                     //写模式
LCM_EN = 0;
LCM_EN = 0;
LCM_EN = 1;
}
/*---------------------读状态到 MCU 子函数--------------------*/
unsigned char ReadStatusLCM(void)
{
DATA_PORT = 0xFF;                               //置数据口为全 1
LCM_RS = 0;                                     //选中指令寄存器
LCM_RW = 1;                                     //读模式
LCM_EN = 0;
LCM_EN = 0;
LCM_EN = 1;
while(DATA_PORT&0x80);                          //检测忙信号。液晶忙时,程序原地踏步
return(DATA_PORT);                              //返回数据口的内容
}
/*---------------------液晶初始化子函数--------------------*/
```

```c
void InitLcd()
{
WriteCommandLCM(0x38,1);            //8位数据传送,2行显示,5×7字形,检测忙信号
WriteCommandLCM(0x08,1);            //关闭显示,检测忙信号
WriteCommandLCM(0x01,1);            //清屏,检测忙信号
WriteCommandLCM(0x06,1);            //显示光标右移设置,检测忙信号
WriteCommandLCM(0x0c,1);            //显示屏打开,光标不显示、不闪烁,检测忙信号
}
/*------------------显示指定坐标的一个字符子函数---------------*/
void DisplayOneChar(unsigned char X,unsigned char Y,unsigned char DData)
{
Y& = 1;                             //Y坐标的变化范围0~1
X& = 15;                            // X坐标的变化范围0~15
if(Y)X| = 0x40;                     //若Y为1(显示第二行),地址码+0x40
X| = 0x80;                          //指令码为地址码+0x80
WriteCommandLCM(X,0);               //将指令X写入LCM,忽略忙信号检测
WriteDataLCM(DData);                //再将数据 Ddata 写入 LCM
}
/*-------------------显示指定坐标的一串字符子函数-----------------*/
void DisplayListChar(unsigned char X,unsigned char Y,unsigned char code * DData)
{
unsigned char ListLength = 0;
Y& = 0x1;                           //Y坐标的变化范围0~1
X& = 0xF;                           // X坐标的变化范围0~15
while(X< = 15)                      //X<=15时进入while语句循环
{
DisplayOneChar(X,Y,DData[ListLength]);   //显示单个字符
ListLength ++ ;                     //数组指针递增
X ++ ;                              //X坐标递增
}
}
//************************ 主函数 *********************
void main(void)
{
char i,m;
delay(500);                         //延时500 ms,等电源稳定
InitLcd();                          //LCM 初始化
/***************** 从右向左移到显示屏 *****************/
for(i = 15;i> = 0;i -- )
{
WriteCommandLCM(0x01,1);
DisplayOneChar(i,0,0x20);
DisplayListChar(i,0,str0);
DisplayListChar(i,1,str1);
delay(200);
```

```
}
delay(2800);
/**************自左向右退出显示屏******************/
for(i=0;i<16;i++)
{
WriteCommandLCM(0x01,1);
DisplayOneChar(i,0,0x20);
DisplayListChar(i,0,str0);
DisplayListChar(i,1,str1);
delay(200);
}
WriteCommandLCM(0x01,1);
delay(3000);
/******************闪烁5次**************/
for(i=0;i<10;i++)
{
WriteCommandLCM(0x01,1);
delay(500);
DisplayListChar(0,0,str0);
DisplayListChar(0,1,str1);
delay(500);
i++;
}
delay(3000);
/*****************************************************/
while(1)                              //无限循环
{
/****************从右向左移到显示屏**************/
for(i=15;i>=0;i--)
{
WriteCommandLCM(0x01,1);
DisplayOneChar(i,0,0x20);
DisplayListChar(i,0,str0);
DisplayListChar(i,1,str1);
delay(200);
}
/***************自右向左退出显示屏****************/
for(i=1;i<16;i++)
{
m=16-i;
WriteCommandLCM(0x01,1);
DisplayOneChar(0,0,0x20);
DisplayListChar(0,0,&str0[i]);
DisplayListChar(0,1,&str1[i]);
DisplayListChar(m,0,str2);
```

```
DisplayListChar(m,1,str2);
delay(200);
}
WriteCommandLCM(0x01,1);
delay(200);
}
}
```

编译通过后,将生成的 MCU_DRI.hex 文件下载到 MCU&CPLD DEMO 试验板上的单片机中。将 1602 字符型液晶模组正确地插入 LCD16×2 单排座,上电以后,可以看到屏幕的第一行显示"-This is a LCD-!",第二行显示"-Design by ZXH-!"。接着两行字符从右向左移出到显示屏,然后向右退出显示屏。跟着两行字符显示于屏幕并闪烁 5 次。最后两行字符从右向左滚动显示,无限循环。图 12-17 为实验的照片。

图 12-17 单片机间接控制方式驱动液晶的实验照片

第 13 章

CPLD/FPGA 与单片机的联合设计实例——液晶显示频率计

CPLD/FPGA 的最大优势就是它的高速特性,将它与单片机的特长(使用方便、运算灵活、控制能力强)结合起来,可制成一系列功能强大而成本低廉的智能化仪器或产品,例如:多功能函数(信号)发生器,智能频率计等。这里介绍一种液晶显示的音频频率计的设计。

13.1 设计要求

液晶智能显示,以 6 位数显示频率,显示单位(Hz 与 kHz)自动转换,具有超量程告警指示。作为一个实例设计,频率的测量范围定为:1 Hz~65 kHz。

13.2 实现方法

13.2.1 CPLD/FPGA 的功能设计

前面说过,如果数字系统比较复杂,可采用"Top-down"的方法进行设计,将系统分为几个模块,还可将模块再分为几个子模块,直到易于实现为止。这里就采用这种方法进行设计。

将整个系统分为 5 个模块:即秒信号分频模块(DIV)、逻辑控制模块(CON_LOGIC)、计数模块(FX_CNT)、数据锁存模块(FX_LATCH)和数据输出模块(DOUT)。另外在顶层设计中,使用图形法表达各子模块的连接关系和芯片内部逻辑到引脚的接口。

1. 秒信号分频模块(DIV)

秒信号分频模块通过对 24 MHz 有源晶振分频后得到,它产生 1 s 的闸门信号,在 1 s 内对被测信号脉冲进行计数,所计的脉冲数即为被测信号的频率。

2. 逻辑控制模块(CON_LOGIC)

逻辑控制模块负责测试时的逻辑控制,它可产生计数使能信号(CNT_EN)、计数清除信号(CNT_CLR)以及计数完成信号(LOAD)。其中计数完成信号除了可用作计数值的锁存触发信号外,还作为单片机的中断信号,通知单片机从 CPLD 中取数。

3. 计数模块(FX_CNT)

由于要测的频率高达65 kHz，因此要在CPLD内建立一个16位的计数器，这样可以确保计数频率的范围1 Hz～65 kHz。

4. 数据锁存模块(FX_LATCH)

每次测量(计数)完成后，需要将该次的计数值锁存起来供单片机读取。这样能够确保数据不会紊乱。

5. 数据输出模块(DOUT)

计数完成后CPLD/FPGA发出中断信号通知单片机读取。由于数据的长度为16位，故每次单片机读取时，会发出选择信号SEL，分两次从CPLD中取出16位的数据。

13.2.2 单片机的功能设计

单片机通过中断响应的方式读取测量的频率计数值，经过运算，将结果以5位数字的形式显示在液晶屏上。单片机使用间接控制方式驱动液晶显示。

13.3 CPLD/FPGA 程序设计

① 在D盘中先建立一个文件名为DIV的文件夹，然后在DIV文件夹中建立一个名为DIV的新项目，输入以下源代码并保存为DIV.v。

```verilog
module DIV (F_B,GATE);                    //模块声明及输入、输出端口列表
    input    F_B;                         //定义输入端口
    output   GATE;                        //定义输出端口
    reg      GATE;                        //定义GATE为寄存器类型的变量
    reg      [24:0]count;                 //定义count为寄存器类型的25位变量
//-----------------------------------------------------------
//每当F_B产生上升沿时，执行一遍begin-end块内的语句
    always @ ( posedge F_B )
    begin                                 //begin-end块开始
        count = count + 1;                //计数值增加
        begin
            if( count == 12000000 )       //如果计数值为12 000 000
                GATE = 0;                 //GATE清零
            else if( count == 24000000 )  //否则如果计数值为24 000 000
                begin
                    count = 0;            //计数值清零
                    GATE = 1;             //GATE置位
                end
        end
    end                                   //begin-end块结束
endmodule                                 //模块结束
```

第13章 CPLD/FPGA 与单片机的联合设计实例——液晶显示频率计

源代码输入完成后,将器件选择为 EPM7128SLC84-15。单击 Start Analysis & Synthesis 进行语法分析及综合,如果没有问题,再选择 File→Create_Update→Create Symbol Files for Current File,生成 DIV.bsf 模块符号(见图 13-1)。

② 在 D 盘中先建立一个文件名为 CON_LOGIC 的文件夹,然后在 CON_LOGIC 文件夹中建立一个名为 CON_LOGIC 的新项目,输入以下源代码并保存为 CON_LOGIC.v。

```
module CON_LOGIC(CLK,CNT_EN,CNT_CLR,LOAD);    //模块声明及输入、输出端口列表
    input    CLK;                              //定义输入端口
    output   CNT_EN,CNT_CLR,LOAD;              //定义输出端口
    reg CNT_EN,LOAD;                           //定义 CNT_EN、LOAD 为寄存器类型的变量
//------------------------------------------------------------
//每当 CLK 产生上升沿时,执行一遍 begin-end 块内的语句
always @(posedge CLK)
    begin                                      //begin-end 块开始
        CNT_EN< = ~CNT_EN;                     //产生 CNT_EN 的反相信号
        LOAD< = CNT_EN;                        //将 CNT_EN 信号赋予 LOAD
    End                                        //begin-end 块结束
assign CNT_CLR = ~CLK&LOAD;                    //产生清零信号
endmodule                                      //模块结束
```

源代码输入完成后,将器件选择为 EPM7128SLC84-15。单击 Start Analysis & Synthesis 进行语法分析及综合,如果没有问题,再选择 File、Create_Update、Create Symbol Files for Current File,生成 CON_LOGIC.bsf 模块符号(见图 13-2)。

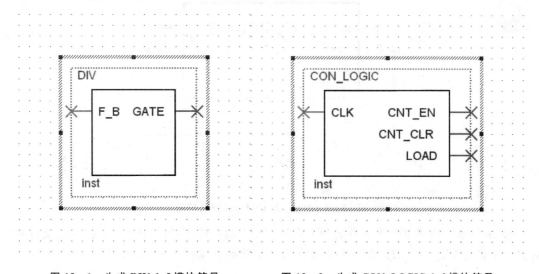

图 13-1　生成 DIV.bsf 模块符号　　图 13-2　生成 CON_LOGIC.bsf 模块符号

③ 在 D 盘中先建立一个文件名为 FX_CNT 的文件夹,然后在 FX_CNT 文件夹中建立一个名为 FX_CNT 的新项目,输入以下源代码并保存为 FX_CNT.v。

```
module FX_CNT (EN,CLR,F_X,FX_CNT);             //模块声明及输入、输出端口列表
    input    F_X,EN,CLR;                       //定义输入端口
    output   [15:0]FX_CNT;                     //定义输出端口
```

```
    reg      [15:0]FX_CNT;                    //定义 FX_CNT 为寄存器类型的 16 位变量
//-----------------------------------------------------------
//每当 F_X 或 CLR 产生上升沿时,执行一遍 begin-end 块内的语句
    always @(posedge F_X or posedge CLR)
      begin                                    //begin-end 块开始
        if(CLR)                                //如果复位端 CLR 为高电平
          FX_CNT = 0;                          //计数值 FX_CNT 清零
        else if(EN)                            //否则如果使能端 EN 为高电平
          begin
            if(FX_CNT = = 65001) FX_CNT = 65001;   //最大计数值为 65 001
            else FX_CNT = FX_CNT + 1;          //计数(测频)
          end
      end                                      //begin-end 块结束
endmodule                                      //模块结束
```

源代码输入完成后,将器件选择为 EPM7128SLC84-15。单击 Start Analysis & Synthesis 进行语法分析及综合,如果没有问题,再选择 File→Create_Update→Create Symbol Files for Current File,生成 FX_CNT.bsf 模块符号(见图 13-3)。

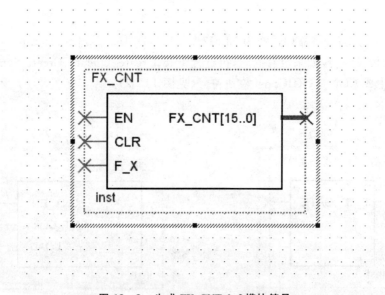

图 13-3　生成 FX_CNT.bsf 模块符号

④ 在 D 盘中先建立一个文件名为 FX_LATCH 的文件夹,然后在 FX_LATCH 文件夹中建立一个名为 FX_LATCH 的新项目,输入以下源代码并保存为 FX_LATCH.v。

```
module FX_LATCH (LOAD,FX_CNT,FX_LATCH_OUT);   //模块声明及输入、输出端口列表
    input    LOAD;                            //定义输入端口
    input    [15:0]FX_CNT;                    //定义输入端口
    output   [15:0]FX_LATCH_OUT;              //定义输出端口
    reg      [15:0]FX_LATCH_OUT;              //定义 FX_LATCH_OUT 为寄存器类型的 16 位变量
//-----------------------------------------------------------
    always @ (posedge LOAD)                   //每当 LOAD 产生上升沿
```

第13章　CPLD/FPGA与单片机的联合设计实例——液晶显示频率计

```
        FX_LATCH_OUT = FX_CNT;              //将计数值 FX_CNT 打入锁存器 FX_LATCH_OUT
Endmodule                                    //模块结束
```

源代码输入完成后,将器件选择为 EPM7128SLC84 - 15。单击 Start Analysis & Synthesis 进行语法分析及综合,如果没有问题,再选择 File→Create_Update→Create Symbol Files for Current File,生成 FX_LATCH.bsf 模块符号(见图13 - 4)。

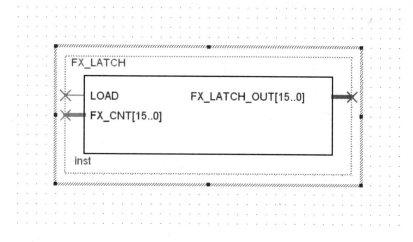

图 13 - 4　生成 FX_LATCH.bsf 模块符号

⑤ 在 D 盘中先建立一个文件名为 DOUT 的文件夹,然后在 DOUT 文件夹中建立一个名为 DOUT 的新项目,输入以下源代码并保存为 DOUT.v。

```
module     DOUT (SEL,IN_16,OUT_8);           //模块声明及输入、输出端口列表
    input    SEL;                            //定义输入端口
    input    [15:0]IN_16;                    //定义输入端口
    output   [7:0]OUT_8;                     //定义输出端口
    reg      [7:0]OUT_8;                     //定义 OUT_8 为寄存器类型的 8 位变量
//------------------------------------------------------------
//每当 SEL 或 IN_16 发生变化时,执行一遍 begin - end 块内的语句
    always @ (SEL or IN_16)
         begin                               //begin_end 块开始
           case (SEL)                        //case 语句,根据 SEL 的值,产生散转分支
             1'b0:   OUT_8 = IN_16[7:0];     //SEL 为 0 时,将 IN_16 寄存器中的低 8 位
                                             //传送给 OUT_8
             1'b1:   OUT_8 = IN_16[15:8];    //SEL 为 0 时,将 IN_16 寄存器中的高 8 位
                                             //传送给 OUT_8
             default: OUT_8 = 8'bx;          //默认情况下,OUT_8 输出无关值
           endcase                           //case 语句结束
         end                                 //begin - end 块结束
endmodule                                    //模块结束
```

源代码输入完成后,将器件选择为 EPM7128SLC84 - 15。单击 Start Analysis & Synthesis 进行语法分析及综合,如果没有问题,再选择 File→Create_Update→Create Symbol Files for Current File,生成 DOUT.bsf 模块符号(见图 13 - 5)。

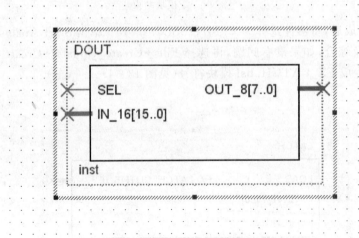

图 13-5 生成 DOUT.bsf 模块符号

⑥ 在 D 盘中先建立一个文件名为 CYMOMETER 的文件夹,然后在 CYMOMETER 文件夹中建立一个名为 CYMOMETER 的新项目(顶层模块),器件选择为 EPM7128SLC84-15,最后新建 Block Diagram/Schematic File 文件,如图 13-6 所示。选择 Edit→Insert

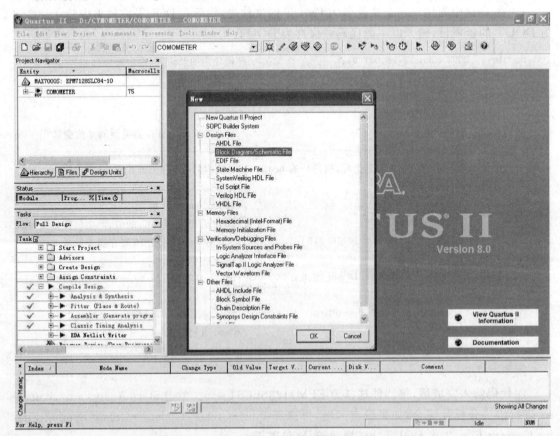

图 13-6 新建 Block Diagram/Schematic File 文件

第 13 章　CPLD/FPGA 与单片机的联合设计实例——液晶显示频率计

Symbol..,通过浏览按钮找到刚才生成的 5 个模块符号,即 DIV.bsf、CON_LOGIC.bsf、FX_CNT.bsf、FX_LATCH.bsf、DOUT.bsf,将 5 个模块有序地摆放整齐并连接好,并保存为 CYMOMETER.bdf,如图 13-7 所示(这里也同时生成了驱动液晶的模块 LCM_DRI.bsf,在图下方)。

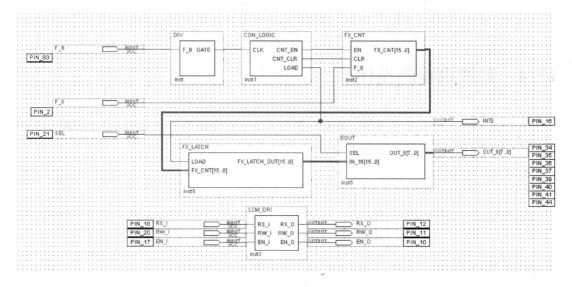

图 13-7　将 5 个模块有序地摆放整齐并连接好

将 DIV.v、CON_LOGIC.v、FX_CNT.v、FX_LATCH.v、DOUT.v 这 5 个文件复制到 CYMOMETER 的文件夹中。引脚分配需要参考 MCU&CPLD DEMO 试验板的电路原理,这里的引脚分配见表 13-1。最后选择 Processing Compilation 编译整个程序,编译通过后,可根据需要进行仿真,接下来进行 *.pof 至 *.jed 的文件转换,最后将 *.jed 文件下载到 ATF1508AS 芯片中。

表 13-1　液晶显示频率计的引脚分配

引脚名	引脚号	输入或输出	板上丝印符号
F_X	2	Input	CGLK2
F_B	83	Input	
SEL	21	Input	
INT0	16	Output	INT0
OUT_8[7]	34	Output	
OUT_8[6]	35	Output	
OUT_8[5]	36	Output	
OUT_8[4]	37	Output	
OUT_8[3]	39	Output	
OUT_8[2]	40	Output	
OUT_8[1]	41	Output	
OUT_8[0]	44	Output	
EN_I	17	Input	
RS_I	18	Input	

续表 13-1

引脚名	引脚号	输入或输出	板上丝印符号
RW_I	20	Input	
EN_O	10	Output	EN
RS_O	12	Output	RS
RW_O	11	Output	R/W

13.4 单片机程序设计

① 在 D 盘建立一个文件目录（MCU），然后在 MCU 文件夹中建立 MCU.uv2 的工程项目，最后建立源程序文件并保存为 MCU.c。

```
#include<REG51.H>              //包含器件配置文件
#include<lcd1602_8bit.h>       //包含液晶的驱动文件
#define uint unsigned int
#define uchar unsigned char
#define ulong unsigned long
#define CPLD_DATA P1           //定义 P1 口为 CPLD 的数据接收口

uchar F_X_DATA[2]={0,0};       //接收待测频率的计数值
ulong F_X;                     //得到的待测频率计数值
uchar f1,f2,f3,f4,f5;
uchar f6,f7;

sbit line0 = P3^6;             //选择 CPLD 数据输出寄存器的高 8 位或低 8 位

#define SEL_F_X_DATA0   line0 = 0    //选择低 8 位数据
#define SEL_F_X_DATA1   line0 = 1    //选择高 8 位数据

bit extern_int0_flag;          //中断标志

uchar code str0[]={"    SBS Studio    "};  //待显字符串
uchar code str1[]={"Frequen:        Hz"};  //待显字符串
//******************************
void mov_data(void);           //函数声明
void operation(void);          //函数声明
void display(void);            //函数声明
//**************初始化单片机******************
void InitMCU(void)
{
EX0 = 1;
IT0 = 1;
EA = 1;
```

第 13 章 CPLD/FPGA 与单片机的联合设计实例——液晶显示频率计

```c
}
//******************外中断子函数*********************
void extern_int0(void) interrupt 0
{
    extern_int0_flag = 1;              //置中断标志为 1

}
//********************主函数*************
void main(void)
{
    delay(500);                        //延时 500 ms,等电源稳定
    InitMCU();                         //初始化单片机
    InitLcd();                         //初始化液晶
    while(1)                           //无限循环
    {
        if(extern_int0_flag)           //如果有中断发生
        {
            mov_data();                //接收 CPLD 数据
            extern_int0_flag = 0;      //清除中断标志
        }
        operation();                   //运算处理
        display();                     //液晶显示
        delay(200);                    //延时 200 ms
    }
}


/*************接收 CPLD 数据****************/
void mov_data(void)
{
    CPLD_DATA = 0xff;                  //先拉高数据口

    SEL_F_X_DATA0;delay(1);            //选择 CPLD 数据输出寄存器的低 8 位
    F_X_DATA[0] = CPLD_DATA;           //读取低 8 位数据

    SEL_F_X_DATA1;delay(1);            //选择 CPLD 数据输出寄存器的高 8 位
    F_X_DATA[1] = CPLD_DATA;           //读取高 8 位数据
}
//******************运算处理******************
void Operation(void)
{
    ulong temp1,temp0;
    temp1 = F_X_DATA[1];
    temp0 = F_X_DATA[0];
    F_X = (temp1<<8) + temp0;          //将两个 8 位数据合并为一个 16 位数据
```

}
// ******************液晶显示******************
```c
void Display(void)
{
    DisplayListChar(0,0,str0);              //显示预定的字符串
    DisplayListChar(0,1,str1);              //显示预定的字符串
    f1 = F_X/10000;                         //分离出数据的万位
    f2 = F_X/1000 % 10;                     //分离出数据的千位
    f3 = F_X/100 % 10;                      //分离出数据的百位
    f4 = F_X/10 % 10;                       //分离出数据的十位
    f5 = F_X % 10;                          //分离出数据的个位
    if(F_X >= 65001)                        //如果测得的频率大于65 001,液晶上显示"over"
    {
        DisplayOneChar(8,1,' ');
        DisplayOneChar(9,1,'o');
        DisplayOneChar(10,1,'v');
        DisplayOneChar(11,1,'e');
        DisplayOneChar(12,1,'r');
        DisplayOneChar(13,1,' ');
    }
    else if(!f1&&!f2&&!f3&&!f4)             //否则,如果f1~f4是0,液晶显示"f5.f6f7Hz"
    {
        F_X = (ulong)(F_X * 100);
        f6 = F_X/10 % 10;
        f7 = F_X % 10;

        DisplayOneChar(8,1,' ');
        DisplayOneChar(9,1,' ');
        DisplayOneChar(10,1,f5|0x30);
        DisplayOneChar(11,1,'.');
        DisplayOneChar(12,1,f6|0x30);
        DisplayOneChar(13,1,f7|0x30);
    }
    else if(!f1&&!f2&&!f3)                  //否则,如果f1~f3是0,液晶显示"f4f5.f6f7Hz"
    {
        F_X = F_X * 100;
        f6 = F_X/10 % 10;
        f7 = F_X % 10;

        DisplayOneChar(8,1,' ');
        DisplayOneChar(9,1,f4|0x30);
        DisplayOneChar(10,1,f5|0x30);
        DisplayOneChar(11,1,'.');
        DisplayOneChar(12,1,f6|0x30);
```

第13章 CPLD/FPGA 与单片机的联合设计实例——液晶显示频率计

```
        DisplayOneChar(13,1,f7|0x30);
    }
    else if(!f1&&!f2)                    //否则,如果 f1~f2 是 0,液晶显示"f3f4f5.f6f7Hz"
    {
        uchar f6,f7;
        F_X = F_X * 100;
        f6 = F_X/10 % 10;
        f7 = F_X % 10;

        DisplayOneChar(8,1,f3|0x30);
        DisplayOneChar(9,1,f4|0x30);
        DisplayOneChar(10,1,f5|0x30);
        DisplayOneChar(11,1,'.');
        DisplayOneChar(12,1,f6|0x30);
        DisplayOneChar(13,1,f7|0x30);
    }
    else if(!f1)                         //否则,如果 f1 是 0,液晶显示"f2.f3f4f5KHz"
    {
        DisplayOneChar(8,1,f2|0x30);
        DisplayOneChar(9,1,'.');
        DisplayOneChar(10,1,f3|0x30);
        DisplayOneChar(11,1,f4|0x30);
        DisplayOneChar(12,1,f5|0x30);
        DisplayOneChar(13,1,'K');
    }
    else                                 //否则,液晶显示"f1f2.f3f4f5KHz"
    {
        DisplayOneChar(7,1,f1|0x30);
        DisplayOneChar(8,1,f2|0x30);
        DisplayOneChar(9,1,'.');
        DisplayOneChar(10,1,f3|0x30);
        DisplayOneChar(11,1,f4|0x30);
        DisplayOneChar(12,1,f5|0x30);
        DisplayOneChar(13,1,'K');
    }

    DisplayOneChar(14,1,'H');
    DisplayOneChar(15,1,'z');

}
```

② 在 MCU.uv2 项目中,再新建源程序文件,输入下面的源程序并保存为 lcd1602_8bit.h。

```
#include <REG51.H>              //器件配置文件
```

```c
sbit LCM_RS = P3^4;                              //引脚定义
sbit LCM_RW = P3^5;                              //引脚定义
sbit LCM_EN = P3^3;                              //引脚定义
#define DATA_PORT P0
unsigned char ReadStatusLCM(void);               //读数据到MCU子函数声明
//****************延时子函数****************
void delay(unsigned int k)
{
unsigned int i,j;
for(i=0;i<k;i++)
{
for(j=0;j<60;j++)
{;}
}
}
/*----------写指令到LCM子函数----------*/
void WriteCommandLCM(unsigned char WCLCM, unsigned char BusyC)
{
if(BusyC)ReadStatusLCM();
DATA_PORT = WCLCM;
LCM_RS = 0;LCM_RS = 0;LCM_RS = 0;
LCM_RW = 0;LCM_RW = 0;LCM_RW = 0;
LCM_EN = 0;LCM_EN = 0;LCM_EN = 0;
LCM_EN = 0;
LCM_EN = 1;
}
/*----------写数据到LCM子函数----------*/
void WriteDataLCM(unsigned char WDLCM)
{
ReadStatusLCM();
DATA_PORT = WDLCM;
LCM_RS = 1;LCM_RS = 1;LCM_RS = 1;
LCM_RW = 0;LCM_RW = 0;LCM_RW = 0;
LCM_EN = 0;LCM_EN = 0;LCM_EN = 0;
LCM_EN = 0;
LCM_EN = 1;
}
/*------------读状态到MCU子函数----------*/
unsigned char ReadStatusLCM(void)
{
DATA_PORT = 0xFF;
LCM_RS = 0;LCM_RS = 0;LCM_RS = 0;
LCM_RW = 1;LCM_RW = 1;LCM_RW = 1;
```

第 13 章　CPLD/FPGA 与单片机的联合设计实例——液晶显示频率计

```c
LCM_EN = 0;LCM_EN = 0;LCM_EN = 0;
LCM_EN = 0;
LCM_EN = 1;
while(DATA_PORT&0x80);
return(DATA_PORT);
}


/* --------LCM 初始化子函数 ----------*/
void InitLcd()
{
WriteCommandLCM(0x38,1);
WriteCommandLCM(0x08,1);
WriteCommandLCM(0x01,1);
WriteCommandLCM(0x06,1);
WriteCommandLCM(0x0c,1);
}
/* ----显示指定坐标的一个字符子函数 -----*/
void DisplayOneChar(unsigned char X,unsigned char Y,unsigned char DData)
{
Y& = 1;
X& = 15;
if(Y)X| = 0x40;
X| = 0x80;
WriteCommandLCM(X,0);
WriteDataLCM(DData);
}
/* -----显示指定坐标的一串字符子函数 ---*/
void DisplayListChar(unsigned char X,unsigned char Y,unsigned char code * DData)
{
unsigned char ListLength = 0;
Y& = 0x1;
X& = 0xF;
while(X< = 15)
{
DisplayOneChar(X,Y,DData[ListLength]);
ListLength ++ ;
X ++ ;
}
}
```

编译通过后,将生成的 MCU.hex 文件下载到 MCU&CPLD DEMO 试验板上的单片机中。将 1602 字符型液晶模组正确地插入 LCD16×2 单排座,将信号发生器的输出端连到 GCLK2 上,幅度调至 5 V。MCU&CPLD DEMO 试验板上电以后就能看到显示屏显示出所测得的频率,图 13-8 为测试的照片。

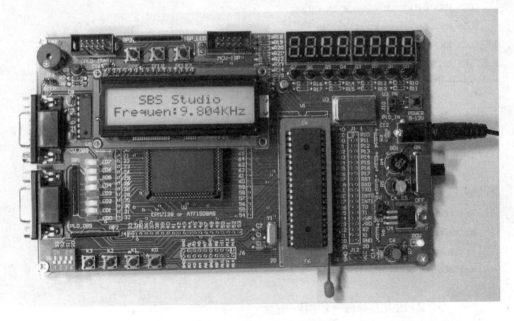

图 13-8 液晶显示频率计的测试照片

参考文献

[1] 王金明. 数字系统设计与 Verilog HDL. 2 版. 北京:电子工业出版社,2005.
[2] 常晓明. Verilog-HDL 实践与应用系统设计. 北京:北京航空航天大学出版社,2003.
[3] J. Bhasker 著. Verilog HDL 综合实用教程. 孙海平等译. 北京:清华大学出版社,2004.
[4] 周立功,夏宇闻,等. 单片机与 CPLD 综合应用技术. 北京:北京航空航天大学出版社,2003.
[5] 周兴华. 手把手教你学单片机 C 程序设计. 北京:北京航空航天大学出版社,2007.

北京航空航天大学出版社

单片机与嵌入式系统教材

ARM嵌入式系统基础教程（第2版） 周立功 38.50元 2008.09　　ARM&Linux嵌入式系统教程（第2版） 马忠梅 34.00元 2008.08　　嵌入式系统设计与实践 杨刚 45.00元 2009.02　　嵌入式系统开发与应用教程（第2版） 田泽 42.00元 2010.07　　ARM Cortex微控制器教程 马忠梅 38.00元 2010.01

嵌入式系统原理与设计 徐煜全 28.00元 2009.09　　嵌入式实时操作系统μC/OS-II原理及应用（第2版） 任哲 30.00元 2009.10　　嵌入式系统原理与应用——基于XScale和Windows CE 6.0 杨永杰 26.00元 2009.09　　嵌入式接口技术与Linux驱动开发 郑灵翔 32.00元 2010.04

单片机初级教程——单片机基础（第2版） 张迎新 26.00元 2006.08　　单片机中级教程——原理与应用（第2版） 张俊谟 24.00元 2006.10　　单片机高级教程——应用与设计（第2版） 何立民 29.00元 2007.01　　单片机原理及接口技术（第3版） 李朝青 27.00元 2005.10

单片机基础（第3版） 李广弟 24.00元 2007.06　　单片机的C语言应用程序设计（第4版） 马忠梅 32.00元 2007.02　　AVR单片机嵌入式系统原理与应用实践 马潮 52.00元 2007.10　　电动机的单片机控制（第2版） 王晓明 26.00元 2007.08　　PIC单片机原理及应用（第3版） 李学海 29.50元 2006.10

以上图书可在各地书店选购，或直接向北航出版社书店邮购（另加3元挂号费）
地　　址：北京市海淀区学院路37号北航出版社书店5分箱邮购部收（邮编：100191）
邮购电话：010-82316936　邮　购：bhcbssd@126.com
投稿电话：010-82317035　传　真：010-82317022　投稿Email：emsbook@gmail.com

北京航空航天大学出版社

● 嵌入式系统综合类

零存整取NetFPGA开发指南
陆佳华等 32.00元 2010.06

嵌入式系统软件设计与实战——基于IAR Embedded Workbench
唐思超 49.00元 2010.04

嵌入式Linux开发详解——基于ATMEL AT91SAM9200和Linux 2.6
刘庆敏等 29.00元 2010.05

精通嵌入式Linux编程——构建自己的Qt环境
李玉东 28.00元 2010.05

32位ARM微控制器系统设计与实践
黄智伟 48.00元 2010.03

Android程序设计（含光盘）
柯元旦 45.00元 2010.07

● DSP类

dsPIC数字信号控制器入门与实战——入门篇（含光盘）
石朝林 49.00元 2009.05

TMS320C55x DSP应用系统设计
赵洪亮 36.00元 2008.08

TMS320F24x DSP汇编及C语言多功能控制应用
林容益 65.00元 2009.05

电动机的DSC控制——微芯公司dsPIC应用
王晓明 56.00元 2009.05

电动机的DSP控制——TI公司DSP应用（第2版）
王晓明 49.00元 2009.08

TMS320X281x DSP原理及C程序开发（含光盘）
苏奎峰 48.00元 2008.02

● 单片机应用类

51单片机原理及应用——基于Keil C与Proteus
陈海宴 39.00元 2010.07

AVR单片机系统开发实用案例精选
江志红 49.00元 2010.04

PIC16系列单片机C程序设计与PROTEUS仿真（含光盘）
江科 48.00元 2010.06

单片机C语言程序设计实训100例——基于AVR+Proteus仿真
彭伟 65.00元 2010.05

MSP430单片机原理与应用实例详解
洪利 59.00元 2010.07

超低压SoC处理器C8051F9xx应用解析
包海涛 49.00元 2010.05

以上图书可在各地书店选购，或直接向北航出版社书店邮购（另加3元挂号费）
地　　址：北京市海淀区学院路37号北航出版社书店5分箱邮购部收（邮编：100191）
邮购电话：010-82316936　邮购Email: bhcbssd@126.com
投稿电话：010-82317035　传　真：010-82317022　投稿Email: emsbook@gmail.com